대한민국 법령 시리즈 298

건설산업기본법

법령
시행령
시행규칙

해광출판사

머리말

이 책은 방대한 법전을 보지 않고 간편하게 해당되는 법령만 참고해서 볼 수 있도록 하였습니다. 공공기관이나 관련 종사자들이 쉽고 간편하게 해당 법령을 참조 할 수 있도록 하였습니다.

특히 해당법률은 물론 관련 시행령, 시행규칙을 함께 실어 관련법을 서로 참고할 수 있게 하였습니다.

법률이라는 것이 크든 작든 항상 변하는 관계로, 출간 이후의 정확하고 최신의 법률은 법제처 국가법령정보센터에서 확인이 가능하니 법률의 실제 적용 시 확인이 필요한 점 유의하기를 바랍니다.

편집부

* 수록 법률은 법제처 국가법령정보센터에서 확인 가능합니다.
* 발행일 기준 시행 법률이므로 최신 법령은 위 센터에서 볼 수 있습니다.
* 본 책자에 수록된 법률의 문구에 대하여 법적인 효력은 없으며,
  실제 적용 법률은 위 센터에서 최신의 법률로 확인하시기 바랍니다.
* 해당 법령과 함께 시행령, 시행규칙도 수록되어 있습니다.
* 발행일 기준으로 개정 예정 법률은 밑줄로 별도 표시되어 있으며,
  보다 정확한 것은 법제처에서 확인하기 바랍니다.

목차

**개정 예정 법률 밑줄 별도 표시.

건설산업기본법

[시행 2022. 8. 4.] [법률 제18823호, 2022. 2. 3., 일부개정]

제1장 총칙 〈개정 2011. 5. 24.〉

제1조(목적) 이 법은 건설공사의 조사, 설계, 시공, 감리, 유지관리, 기술관리 등에 관한 기본적인 사항과 건설업의 등록 및 건설공사의 도급 등에 필요한 사항을 정함으로써 건설공사의 적정한 시공과 건설산업의 건전한 발전을 도모함을 목적으로 한다.

[전문개정 2011. 5. 24.]

제2조(정의) 이 법에서 사용하는 용어의 뜻은 다음과 같다. 〈개정 2018. 8. 14., 2019. 4. 30., 2020. 6. 9.〉

1. "건설산업"이란 건설업과 건설용역업을 말한다.
2. "건설업"이란 건설공사를 하는 업(業)을 말한다.
3. "건설용역업"이란 건설공사에 관한 조사, 설계, 감리, 사업관리, 유지관리 등 건설공사와 관련된 용역(이하 "건설용역"이라 한다)을 하는 업(業)을 말한다.
4. "건설공사"란 토목공사, 건축공사, 산업설비공사, 조경공사, 환경시설공사, 그 밖에 명칭과 관계없이 시설물을 설치·유지·보수하는공사(시설물을 설치하기 위한 부지조성공사를 포함한다) 및 기계설비나 그 밖의 구조물의 설치 및 해체공사 등을 말한다. 다만, 다음 각 목의 어느 하나에 해당하는 공사는 포함하지 아니한다.
   가. 「전기공사업법」에 따른 전기공사
   나. 「정보통신공사업법」에 따른 정보통신공사
   다. 「소방시설공사업법」에 따른 소방시설공사
   라. 「문화재 수리 등에 관한 법률」에 따른 문화재 수리공사
5. "종합공사"란 종합적인 계획, 관리 및 조정을 하면서 시설물을

시공하는 건설공사를 말한다.

6. “전문공사”란 시설물의 일부 또는 전문 분야에 관한 건설공사를 말한다.

7. “건설사업자”란 이 법 또는 다른 법률에 따라 등록 등을 하고 건설업을 하는 자를 말한다.

8. “건설사업관리”란 건설공사에 관한 기획, 타당성 조사, 분석, 설계, 조달, 계약, 시공관리, 감리, 평가 또는 사후관리 등에 관한 관리를 수행하는 것을 말한다.

9. “시공책임형 건설사업관리”란 종합공사를 시공하는 업종을 등록한 건설사업자가 건설공사에 대하여 시공 이전 단계에서 건설사업관리 업무를 수행하고 아울러 시공 단계에서 발주자와 시공 및 건설사업관리에 대한 별도의 계약을 통하여 종합적인 계획, 관리 및 조정을 하면서 미리 정한 공사 금액과 공사기간 내에 시설물을 시공하는 것을 말한다.

10. “발주자”란 건설공사를 건설사업자에게 도급하는 자를 말한다. 다만, 수급인으로서 도급받은 건설공사를 하도급하는 자는 제외한다.

11. “도급”이란 원도급, 하도급, 위탁 등 명칭과 관계없이 건설공사를 완성할 것을 약정하고, 상대방이 그 공사의 결과에 대하여 대가를 지급할 것을 약정하는 계약을 말한다.

12. “하도급”이란 도급받은 건설공사의 전부 또는 일부를 다시 도급하기 위하여 수급인이 제3자와 체결하는 계약을 말한다.

13. “수급인”이란 발주자로부터 건설공사를 도급받은 건설사업자를 말하고, 하도급의 경우 하도급하는 건설사업자를 포함한다.

14. “하수급인”이란 수급인으로부터 건설공사를 하도급받은 자를 말한다.

15. “건설기술인”이란 관계 법령에 따라 건설공사에 관한 기술이나 기능을 가졌다고 인정된 사람을 말한다.

[전문개정 2011. 5. 24.]

제3조(기본이념) 이 법은 건설산업이 설계, 감리, 시공, 사업관리, 유지관리 등의 분야에 걸쳐 국제경쟁력을 갖출 수 있도록 이를 균형 있게 발전시킴으로써 국민경제와 국민의 생활안전에 이바지함을 기본이념으로 한다.

[전문개정 2011. 5. 24.]

제4조(다른 법률과의 관계) 건설산업에 관하여 다른 법률에서 정하고 있는 경우를 제외하고는 이 법을 적용한다. 다만, 건설공사의 범위와 건설업 등록에 관한 사항에 대하여는 다른 법률의 규정에도 불구하고 이 법을 우선 적용하고, 건설용역업에 대하여는 제6조 및 제26조와 제8장(제69조부터 제79조까지, 제79조의2 및 제80조)을 적용한다. 〈개정 2013. 8. 6.〉

[전문개정 2011. 5. 24.]

제5조(외국 건설사업자에 대한 기준의 설정) 국토교통부장관은 외국인 또는 외국법인의 건설업 등록을 위하여 필요한 경우에는 건설업에 관하여 외국에서 받은 자격, 학력, 경력 등의 인정에 관한 기준을 정할 수 있다. 〈개정 2013. 3. 23.〉

[전문개정 2011. 5. 24.]

[제목개정 2019. 4. 30.]

제6조(건설산업진흥 기본계획의 수립) ① 국토교통부장관은 건설산업의 육성, 건설기술의 개발, 건설공사의 안전 및 품질 확보 등을 위하여 5년마다 건설산업진흥 기본계획을 수립·시행하여야 한다. 〈개정 2013. 3. 23.〉

② 제1항에 따른 건설산업진흥 기본계획에는 다음 각 호의 사항이 포함되어야 한다.

1.건설산업진흥시책의기본 방향

2. 건설기술의 개발 및 건설기술인력의 육성에 관한 대책

3. 건설산업의 국제화와 해외 진출의 지원

4. 건설공사에 관한 안전·환경보전 및 품질의 확보대책

5. 중소건설업 및 중소건설용역업의 육성대책

6. 건설공사의 생산성 향상 대책 등 그 밖에 대통령령으로 정하는 사항

③ 국토교통부장관은 건설시장의 동향, 건설기술의 개발 등을 고려하여 제1항에 따른 건설산업진흥 기본계획의 범위에서 연차별 계획을 수립·시행할 수 있다. 〈개정 2013. 3. 23.〉

[전문개정 2011. 5. 24.]

제7조(건설 관련 주체의 책무) ① 정부는 건설공사의 품질과 안전을 확보하기 위하여 건설공사의 설계, 시공, 감리 및 유지관리에 관한

기준, 건설자재의 품질과 규격에 관한 기준 및 도급계약의 방법 등에 관한 사항을 정하여 보급하여야 하고, 건설사업자의 시공능력, 자본금, 경영실태 및 공사실적 등의 정보를 제공하기 위하여 노력하여야 한다. 〈개정 2019. 4. 30.〉

② 건설공사의 발주자는 시설물이 공공의 안전과 복리에 적합하게 건설되도록 공정한 기준과 절차에 따라 능력있는 건설사업자를 선정하여야 하고, 건설공사가 적정하게 시공되도록 노력하여야 한다. 〈개정 2019. 4. 30.〉

③ 건설사업자는 다음 각 호의 사항을 성실히 이행할 책무를 진다. 〈개정 2021. 7. 27.〉

1. 시설물의 품질과 안전이 확보되도록 건설공사 및 건설용역에 관한 법령을 준수할 것

2. 「근로기준법」에 따라 건설근로자에게 임금을 직접 지급하는 등 근로관계 법령을 준수할 것

3. 설계도서(設計圖書), 시방서(示方書) 및 도급계약의 내용 등에 따라 성실하게 업무를 수행할 것

4. 건설공사 실적, 기술자 보유현황, 재무상태, 그 밖에 시공능력과 관련된 정보를 거짓으로 제공하거나 광고하지 아니할 것

[전문개정 2011. 5. 24.]

제2장 건설업 등록 〈개정 2011. 5. 24.〉

제8조(건설업의 종류) ① 건설업의 종류는 종합공사를 시공하는 업종과 전문공사를 시공하는 업종으로 한다.

② 건설업의 구체적인 종류 및 업무범위 등에 관한 사항은 대통령령으로 정한다.

[전문개정 2011. 5. 24.]

제9조(건설업 등록 등) ① 건설업을 하려는 자는 대통령령으로 정하는 업종별로 국토교통부장관에게 등록을 하여야 한다. 다만, 대통령령으로 정하는 경미한 건설공사를 업으로 하려는 경우에는 등록을 하지 아니하고 건설업을 할 수 있다. 〈개정 2013. 3. 23.〉

② 제1항에 따라 건설업의 등록을 하려는 자는 국토교통부령으로 정하는 바에 따라 국토교통부장관에게 신청하여야 한다. 〈개정 2013. 3. 23.〉

③ 국가나 지방자치단체가 자본금의 100분의 50 이상을 출자한 법인이나 영리를 목적으로 하지 아니하는 법인은 다른 법률에 특별한 규정이 있는 경우를 제외하고는 제1항에 따른 건설업 등록을 신청할 수 없다.

④ 삭제 〈2016. 2. 3.〉

[전문개정 2011. 5. 24.]

제9조의2(등록증의 발급 등) ① 국토교통부장관은 건설업 등록을 하면 국토교통부령으로 정하는 바에 따라 건설업 등록증 및 건설업 등록수첩을 발급하여야 한다. 〈개정 2013. 3. 23.〉

② 제1항에 따라 건설업 등록증이나 건설업 등록수첩을 발급받은 자는 그 건설업 등록증 또는 건설업 등록수첩의 기재 사항(記載 事項) 중 대통령령으로 정하는 사항이 변경되면 국토교통부령으로 정하는 바에 따라 30일 이내에 국토교통부장관에게 기재 사항의 변경을 신청하여야 한다. 〈개정 2013. 3. 23.〉

③ 제1항에 따른 건설업 등록증이나 건설업 등록수첩을 잃어버리거나 못 쓰게 된 경우에는 국토교통부령으로 정하는 바에 따라 재발급받을 수 있다. 〈개정 2013. 3. 23.〉

[전문개정 2011. 5. 24.]

제9조의3(건설업의 교육) ① 제9조제1항에 따라 건설업을 등록한 자(건설사업자가 추가로 다른 업종을 등록하는 경우는 제외한다)는 건설업을 등록한 날부터 6개월 이내에 국토교통부장관이 실시하는 건설업 윤리 및 실무 관련 교육을 받아야 한다. 이 경우 교육을 받아야 하는 자가 법인인 경우에는 등기부상 임원 1명 이상(대표이사를 포함한다)이 교육을 받아야 한다. 〈개정 2019. 4. 30.〉

② 국토교통부장관은 제1항에 따른 교육 대상자 외의 건설사업자를 대상으로 하는 건설업 윤리 및 실무 관련 교육을 실시할 수 있으며, 이 경우 교육 이수자에 대하여 제84조에 따라 영업정지의 기간 등을 감경할 수 있다. 〈개정 2019. 4. 30.〉

③ 제1항 및 제2항에 따른 교육의 방법 · 기준 · 절차 및 교육기관과 그 밖에 필요한 사항은 대통령령으로 정한다.

[본조신설 2015. 8. 11.]

제10조(건설업의 등록기준) 제9조제1항에 따른 건설업의 등록기준이 되는 다음 각 호의 사항은 대통령령으로 정한다.

1. 기술능력
2. 자본금(개인인 경우에는 자산평가액을 말한다. 이하 같다)
3. 시설 및 장비
4. 그 밖에 필요한 사항
[전문개정 2011. 5. 24.]

제11조(표시 · 광고의 제한) ① 제9조에 따라 업종별로 건설업 등록을 하지 아니한 자는 사업장, 광고물 등에 해당 업종의 건설사업자임을 표시 · 광고하거나 해당 업종의 건설사업자로 오인될 우려가 있는 표시 · 광고를 하여서는 아니 된다. 〈개정 2019. 4. 30.〉

② 국토교통부장관은 소속 공무원으로 하여금 제1항을 위반하여 표시 · 광고한 자에 대하여 광고물의 강제 철거 등 적절한 조치를 하게 할 수 있다. 〈개정 2013. 3. 23.〉

[전문개정 2011. 5. 24.]

제12조 삭제 〈2007. 5. 17.〉

제13조(건설업 등록의 결격사유) ① 다음 각 호의 어느 하나에 해당하는 자(법인인 경우 다음 각 호의 어느 하나에 해당하는 사람이 임원으로 있는 경우를 포함한다)는 제9조제1항에 따른 건설업 등록을 할 수 없다. 외국인이나 외국법인이 해당 국가에서 다음 각 호의 어느 하나에 해당하는 사유와 같거나 유사한 사유에 해당하는 경우에도 같다. 〈개정 2011. 5. 24., 2012. 6. 1., 2014. 5. 14., 2017. 3. 21.〉

1. 파산선고를 받고 복권되지 아니한 자
2. 피성년후견인 또는 피한정후견인
3.제82조의2 또는 제83조에 따라 건설업의 등록이 말소된 자로서 다음 각 목의 어느 하나에 해당하는 자. 이 경우 건설업 등록이 말소된 자가 법인인 경우에는 말소 당시의 원인이 된 행위를 한 사람과 대표자를 포함한다.

가. 제83조제5호에 해당하는 사유로 건설업의 등록이 말소된 후 10년이 지나지 아니한 자

나. 제82조의2제3항, 제83조제1호 · 제3호의3 · 제8호 · 제10호 및 제13호에 해당하는 사유로 건설업의 등록이 말소된 후 5년이 지나지 아니한 자

다. 삭제 〈2021. 7. 27.〉

라. 제82조의2제3항, 제83조제1호·제3호의3·제4호·제5호·제8호·제10호 및 제13호 외의 사유로 건설업의 등록이 말소된 후 1년 6개월이 지나지 아니한 자

4. 이 법 또는 「주택법」을 위반하여 금고 이상의 실형을 선고받고 그 집행이 종료(집행이 종료된 것으로 보는 경우를 포함한다)되거나 그 집행이 면제된 날부터 3년이 지나지 아니한 자

5. 「형법」 제129조부터 제133조까지의 죄 중 어느 하나에 해당하는 죄를 범하여 금고 이상의 실형을 선고받고 그 집행이 종료(집행이 종료된 것으로 보는 경우를 포함한다)되거나 집행이 면제된 날부터 5년이 지나지 아니한 자

6. 제4호 또는 제5호의 죄를 범하여 형의 집행유예를 선고받고 그 유예기간 중에 있는 자

② 삭제 〈2005. 11. 8.〉

③ 국토교통부장관은 제9조제2항에 따라 등록을 신청한 자 중에서 제1항에 따라 건설업 등록을 할 수 없는 자에게 그 사유를 알려야 한다. 〈개정 2011. 5. 24., 2013. 3. 23.〉

[제목개정 1999. 4. 15., 2011. 5. 24.]

제14조(영업정지처분 등을 받은 후의 계속 공사) ① 제82조, 제82조의2 또는 제83조에 따른 영업정지처분 또는 등록말소처분을 받은 건설사업자와 그 포괄승계인은 그 처분을 받기 전에 도급계약을 체결하였거나 관계 법령에 따라 허가, 인가 등을 받아 착공한 건설공사는 계속 시공할 수 있다. 건설업 등록이 제20조의2에 따른 폐업신고에 따라 말소된 경우에도 같다. 〈개정 2019. 4. 30.〉

② 제82조, 제82조의2 또는 제83조에 따른 영업정지처분 또는 등록말소처분을 받은 건설사업자와 그 포괄승계인은 그 처분의 내용을 지체 없이 그 건설공사의 발주자에게 통지하여야 하고, 건설사업자가 하수급인인 경우에는 그 처분의 내용을 발주자 및 수급인에게 알려야 한다. 건설업 등록이 제20조의2에 따른 폐업신고에 따라 말소된 경우에도 같다. 〈개정 2019. 4. 30.〉

③ 건설사업자가 건설업 등록이 말소된 후 제1항에 따라 건설공사를 계속하는 경우에는 그 공사를 완성할 때까지는 건설사업자로 본다. 〈개정 2019. 4. 30.〉

④ 건설공사의 발주자는 특별한 사유가 있는 경우를 제외하고는

해당 건설사업자로부터 제2항에 따른 통지를 받은 날 또는 그 사실을 안 날부터 30일이 지나는 날까지 도급계약을 해지할 수 있다. 〈개정 2019. 4. 30.〉

⑤ 발주자는 건설사업자인 하수급인으로부터 제2항에 따른 통지를 받은 경우에는 해당 공사에 대하여 수급인에게 하도급계약의 해지를 요청할 수 있다. 〈개정 2019. 4. 30.〉

⑥ 수급인은 해당 하수급인으로부터 제2항에 따른 통지를 받은 경우에는 특별한 사유가 있는 경우를 제외하고는 그 통지를 받거나 처분사실을 안 날(제5항에 따른 하도급계약의 해지를 요청받은 경우에는 그 요청을 받은 날)부터 30일이 지나는 날까지 하도급계약을 해지할 수 있다.

[전문개정 2011. 5. 24.]

제15조 삭제 〈1999. 4. 15.〉

제16조(건설공사의 시공자격) ① 건설공사를 도급받으려는 자는 해당 건설공사를 시공하는 업종을 등록하여야 한다. 다만, 다음 각 호의 어느 하나에 해당하는 경우에는 해당 건설업종을 등록하지 아니하고도 도급받을 수 있다. 〈개정 2019. 4. 30.〉

1. 2개 업종 이상의 전문공사를 시공하는 업종을 등록한 건설사업자가 그 업종에 해당하는 전문공사로 구성된 종합공사를 도급받는 경우

2. 전문공사를 시공할 수 있는 자격을 보유한 건설사업자가 전문공사에 해당하는 부분을 시공하는 조건으로 하여, 종합공사를 시공할 수 있는 자격을 보유한 건설사업자가 종합적인 계획, 관리 및 조정을 하는 공사를 공동으로 도급받는 경우

3. 전문공사를 시공하는 업종을 등록한 2개 이상의 건설사업자가 그 업종에 해당하는 전문공사로 구성된 종합공사를 공정관리, 하자책임 구분 등을 고려하여 국토교통부령으로 정하는 바에 따라 공동으로 도급받는 경우

4. 종합공사를 시공하는 업종을 등록한 건설사업자가 제8조제2항에 따라 시공 가능한 시설물을 대상으로 하는 전문공사를 국토교통부령으로 정하는 바에 따라 도급받는 경우

5. 제9조제1항에 따라 등록한 업종에 해당하는 건설공사(제1호, 제3호 및 제4호에 해당하는 건설공사를 포함한다)와 그 부대공사를

함께 도급받는 경우

6. 제9조제1항에 따라 등록한 업종에 해당하는 건설공사를 이미 도급받아 시공하였거나 시공 중인 건설공사의 부대공사로서 다른 건설공사를 도급받는 경우

7. 발주자가 공사품질이나 시공상 능률을 높이기 위하여 필요하다고 인정한 경우로서 기술적 난이도, 공사를 구성하는 전문공사 사이의 연계 정도 등을 고려하여 대통령령으로 정하는 경우

② 제1항제5호 및 제6호에 따른 부대공사는 주된 공사에 따르는 종된 공사로 그 범위와 기준은 대통령령으로 정한다.

③ 제1항제1호, 제3호 및 제4호에 따라 종합공사 또는 전문공사를 도급받아 시공하기 위해서는 도급계약을 체결하기 전(입찰계약의 경우에는 입찰참가 등록마감일까지를 말한다)에 해당 공사를 시공하는 업종의 등록기준을 갖추어야 하고, 이를 시공 중에는 유지하여야 한다. 다만, 2개 업종 이상의 전문공사를 시공하는 업종을 등록한 건설사업자가 그 업종에 해당하는 전문공사로 구성된 종합공사를 하도급받는 경우에는 그러하지 아니하며, 제3호의 경우에는 공동수급체 구성원들이 공동으로 필요한 등록기준을 갖춘 경우 충족한 것으로 본다. 〈개정 2019. 4. 30.〉

④ 제3항의 등록기준 구비에 관한 세부절차 및 방법 등은 국토교통부령으로 정한다.

[전문개정 2018. 12. 31.]

[시행일:2024. 1. 1.] 제16조제1항제3호, 제16조제1항제4호(공사예정금액이 2억원 미만인 전문공사를 원도급 받는 경우에 한정한다)

제17조(건설업의 양도 등) ① 건설사업자는 다음 각 호의 어느 하나에 해당하는 경우에는 국토교통부령으로 정하는 바에 따라 국토교통부장관에게 신고하여야 한다. 〈개정 2012. 6. 1., 2013. 3. 23., 2019. 4. 30.〉

1. 건설사업자가 건설업을 양도하려는 경우

2. 건설사업자인 법인이 다른 법인과 합병하려는 경우. 다만, 건설사업자인 법인이 건설사업자가 아닌 법인을 흡수합병하려는 경우는 제외한다.

② 제1항제1호에 따라 건설업양도신고를 하려는 자가 「국가를 당사자로 하는 계약에 관한 법률」 또는 「지방자치단체를 당사자로 하

는 계약에 관한 법률」에 따라 부정당업자로서 입찰참가자격 제한의 처분을 받고 제한기간 중에 있는 때에는 그 사실을 양수자가 확인하였음을 국토교통부령으로 정하는 바에 따라 증명하여야 한다. 〈개정 2013. 3. 23.〉

③ 제1항에 따른 건설업 양도가 신고된 때에는 건설업을 양수한 자는 건설업을 양도한 자의 건설사업자로서의 지위를 승계하고, 법인 합병이 신고된 경우에는 합병으로 설립되거나 존속하는 법인은 합병으로 소멸되는 법인의 건설사업자로서의 지위를 승계한다. 〈개정 2019. 4. 30.〉

④ 건설업을 상속받는 경우에는 제1항과 제3항을 준용한다. 이 경우 상속인이 제13조제1항 각 호의 어느 하나의 결격사유에 해당하면 3개월 이내에 그 건설업을 다른 사람에게 양도하여야 한다.

[전문개정 2011. 5. 24.]

제17조(건설업의 양도 등) ① 건설사업자는 다음 각 호의 어느 하나에 해당하는 경우에는 국토교통부령으로 정하는 바에 따라 국토교통부장관에게 신고하여야 한다. 〈개정 2012. 6. 1., 2013. 3. 23., 2019. 4. 30.〉

1. 건설사업자가 건설업을 양도하려는 경우

2. 건설사업자인 법인이 다른 법인과 합병하려는 경우. 다만, 건설사업자인 법인이 건설사업자가 아닌 법인을 흡수합병하려는 경우는 제외한다.

② 제1항제1호에 따라 건설업양도신고를 하려는 자가 「국가를 당사자로 하는 계약에 관한 법률」 또는 「지방자치단체를 당사자로 하는 계약에 관한 법률」에 따라 부정당업자로서 입찰참가자격 제한의 처분을 받고 제한기간 중에 있는 때에는 그 사실을 양수자가 확인하였음을 국토교통부령으로 정하는 바에 따라 증명하여야 한다. 〈개정 2013. 3. 23.〉

③ 건설업을 양수한 자와 합병으로 설립되거나 존속하는 법인은 제1항에 따른 신고가 수리된 때부터 각각 건설업을 양도한 자와 합병으로 소멸되는 법인의 건설사업자로서의 지위를 승계한다. 〈개정 2023. 4. 18.〉

④ 상속인이 건설사업자로서의 지위를 상속받으려는 경우에는 제1항과 제3항을 준용한다. 이 경우 상속인이 제13조제1항 각 호의

어느 하나의 결격사유에 해당하면 3개월 이내에 그 건설업을 다른 사람에게 양도하여야 한다. 〈개정 2023. 4. 18.〉

⑤ 제4항에 따라 신고가 수리된 경우 피상속인의 사망일부터 신고가 수리된 날까지의 기간 동안 피상속인의 건설업 등록은 상속인의 건설업 등록으로 본다. 〈신설 2023. 4. 18.〉

[전문개정 2011. 5. 24.]

[시행일: 2023. 10. 19.] 제17조

제18조(건설업 양도의 공고) 제17조제1항제1호에 따라 건설업을 양도하려는 자는 국토교통부령으로 정하는 바에 따라 30일 이상 공고하여야 한다. 〈개정 2013. 3. 23.〉

[전문개정 2011. 5. 24.]

제19조(건설업 양도의 내용 등) ① 제17조제1항제1호에 따라 건설업을 양도할 때에는 양도하려는 업종에 관한 다음 각 호의 권리와 의무를 모두 양도하여야 한다.

1. 시공 중인 공사의 도급계약에 관한 권리와 의무

2. 하자담보책임기간 중에 있는 완성된 공사가 있는 경우에는 그 하자보수에 관한 권리와 의무

② 제1항제1호의 시공 중인 건설공사가 있을 때에는 해당 건설공사 발주자의 동의를 받거나 해당 건설공사의 도급계약을 해지한 경우에만 건설업을 양도할 수 있다.

[전문개정 2011. 5. 24.]

제20조(건설업 양도의 제한) 건설사업자는 다음 각 호의 어느 하나에 해당하면 건설업을 양도할 수 없다. 다만, 제17조제4항 후단에 해당되어 건설업을 양도하여야 하는 경우에는 다음 각 호의 어느 하나에 해당하더라도 양도할 수 있다. 〈개정 2019. 4. 30.〉

1. 제82조, 제82조의2 또는 제83조에 따른 영업정지 기간 중인 경우

2. 제82조의2 또는 제83조에 따라 건설업의 등록이 말소되었으나 「행정심판법」 또는 「행정소송법」에 따라 그 효력발생이 정지된 경우

[전문개정 2011. 5. 24.]

제20조의2(건설업의 폐업 등) ① 제9조에 따라 건설업 등록을 한 자가 폐업하려면 국토교통부령으로 정하는 바에 따라 국토교통부장

관에게 신고하여야 한다. 〈개정 2013. 3. 23.〉

② 제1항에 따른 폐업신고가 있으면 국토교통부장관은 건설업 등록을 말소하고 그 사실을 국토교통부령으로 정하는 바에 따라 공고하여야 한다. 〈개정 2013. 3. 23.〉

[전문개정 2011. 5. 24.]

제21조(건설업 등록증 등의 대여 및 알선 등 금지) ① 건설사업자는 다른 사람에게 자기의 성명이나 상호를 사용하여 건설공사를 수급 또는 시공하게 하거나 건설업 등록증 또는 건설업 등록수첩을 빌려주어서는 아니 된다. 〈개정 2019. 4. 30.〉

② 누구든지 건설사업자로부터 그 성명이나 상호를 빌려 건설공사를 수급 또는 시공하거나 건설업 등록증 또는 건설업 등록수첩을 빌려서는 아니 된다. 〈신설 2017. 3. 21., 2019. 4. 30.〉

③ 누구든지 제1항 및 제2항에서 금지된 행위를 알선하여서는 아니 된다. 〈개정 2017. 3. 21.〉

④ 건축주는 제1항을 위반한 건설사업자 또는 제2항을 위반한 자와 공모(共謀)하여 건설공사를 도급 또는 시공하게 하여서는 아니 된다. 〈신설 2017. 3. 21., 2019. 4. 30.〉

[전문개정 2011. 5. 24.]

[제목개정 2017. 3. 21.]

제21조의2(국가기술자격증 등의 대여 금지) 건설사업자는 국가기술자격증 또는 건설기술경력증을 다른 자에게 빌리거나 빌려 주어서는 아니 된다. 〈개정 2019. 4. 30.〉

[본조신설 2009. 12. 29.]

제3장 도급계약 및 하도급계약 〈개정 2011. 5. 24.〉

제22조(건설공사에 관한 도급계약의 원칙) ① 건설공사에 관한 도급계약(하도급계약을 포함한다. 이하 같다)의 당사자는 대등한 입장에서 합의에 따라 공정하게 계약을 체결하고 신의를 지켜 성실하게 계약을 이행하여야 한다.

② 건설공사에 관한 도급계약의 당사자는 계약을 체결할 때 도급금액, 공사기간, 그 밖에 대통령령으로 정하는 사항을 계약서에 분명하게 적어야 하고, 서명 또는 기명날인한 계약서를 서로 주고받아 보관하여야 한다.

③ 국토교통부장관은 계약당사자가 대등한 입장에서 공정하게 계약을 체결하도록 하기 위하여 건설공사의 도급 및 건설사업관리위탁에 관한 표준계약서(하도급의 경우는 「하도급거래 공정화에 관한 법률」에 따라 공정거래위원회가 권장하는 건설공사표준하도급계약서를 포함한다. 이하 "표준계약서"라 한다)의 작성 및 사용을 권장하여야 한다. 〈신설 2013. 8. 6.〉

④ 건설사업자는 국토교통부령으로 정하는 바에 따라 건설공사에 관한 사항을 건설공사대장에 적어야 한다. 〈개정 2013. 3. 23., 2013. 8. 6., 2019. 4. 30.〉

⑤ 건설공사 도급계약의 내용이 당사자 일방에게 현저하게 불공정한 경우로서 다음 각 호의 어느 하나에 해당하는 경우에는 그 부분에 한정하여 무효로 한다. 〈신설 2013. 8. 6., 2020. 6. 9.〉

1. 계약체결 이후 설계변경, 경제상황의 변동에 따라 발생하는 계약금액의 변경을 상당한 이유 없이 인정하지 아니하거나 그 부담을 상대방에게 떠넘기는 경우

2. 계약체결 이후 공사내용의 변경에 따른 계약기간의 변경을 상당한 이유 없이 인정하지 아니하거나 그 부담을 상대방에게 떠넘기는 경우

3. 도급계약의 형태, 건설공사의 내용 등 관련된 모든 사정에 비추어 계약체결 당시 예상하기 어려운 내용에 대하여 상대방에게 책임을 떠넘기는 경우

4. 계약내용에 대하여 구체적인 정함이 없거나 당사자 간 이견이 있을 경우 계약내용을 일방의 의사에 따라 정함으로써 상대방의 정당한 이익을 침해한 경우

5. 계약불이행에 따른 당사자의 손해배상책임을 과도하게 경감하거나 가중하여 정함으로써 상대방의 정당한 이익을 침해한 경우

6. 「민법」 등 관계 법령에서 인정하고 있는 상대방의 권리를 상당한 이유 없이 배제하거나 제한하는 경우

⑥ 건설사업자는 대통령령으로 정하는 바에 따라 제4항에 따른 건설공사대장의 기재 사항을 발주자에게 통보하여야 한다. 〈개정 2013. 8. 6., 2016. 2. 3., 2019. 4. 30.〉

⑦ 건설공사 도급계약의 당사자는 「고용보험 및 산업재해보상보험의 보험료징수 등에 관한 법률」에 따른 보험료, 「국민연금법」에 따

른 국민연금보험료, 「국민건강보험법」에 따른 건강보험료, 「노인장기요양보험법」에 따른 노인장기요양보험료 등 그 건설공사와 관련하여 건설사업자가 의무적으로 부담하여야 하는 비용의 금액을 대통령령으로 정하는 바에 따라 그 건설공사의 도급금액 산출내역서(하도급금액 산출내역서를 포함한다. 이하 이 항에서 같다)에 분명하게 적어야 한다. 이 경우 그 건설공사의 도급금액 산출내역서에 적힌 금액이 실제로 지출된 보험료 등보다 많은 경우에 그 정산에 관한 사항은 대통령령으로 정한다. 〈개정 2013. 8. 6., 2019. 4. 30.〉

⑧ 둘 이상의 건설사업자가 공동으로 국가, 지방자치단체 또는 대통령령으로 정하는 공공기관 외의 자가 발주하는 공사를 도급받기로 발주자와 약정한 후 그 건설사업자 중에서 발주자에게 약정내용의 변경을 요청하는 경우에는 요청일 10일 전까지 그 사유를 다른 건설사업자에게 서면으로 통보하여야 한다. 〈신설 2018. 12. 31., 2019. 4. 30.〉

[전문개정 2011. 5. 24.]

제22조의2(공사대금지급의 보증 등) ① 수급인이 국가, 지방자치단체 또는 대통령령으로 정하는 공공기관 외의 자가 발주하는 공사를 도급받은 경우로서 수급인이 발주자에게 계약의 이행을 보증하는 때에는 발주자도 수급인에게 공사대금의 지급을 보증하거나 담보를 제공하여야 한다. 다만, 발주자는 공사대금 지급보증 또는 담보 제공을 하기 곤란한 경우에는 수급인이 그에 상응하는 보험 또는 공제에 가입할 수 있도록 계약의 이행 보증을 받은 날부터 30일 이내에 보험료 또는 공제료(이하 "보험료등"이라 한다)를 지급하여야 한다. 〈개정 2019. 11. 26.〉

② 발주자 및 수급인은 소규모공사 등 대통령령으로 정하는 건설공사의 경우 제1항에 따른 계약이행의 보증이나 공사대금의 지급보증 등을 아니할 수 있다. 〈신설 2019. 11. 26.〉

③ 발주자가 제1항에 따른 공사대금의 지급보증, 담보의 제공 또는 보험료등의 지급을 하지 아니한 때에는 수급인은 상당한 기간을 정하여 발주자에게 그 이행을 최고하고 공사의 시공을 중지할 수 있다. 발주자가 최고한 기간 내에 그 이행을 하지 아니한 때에는 수급인은 도급계약을 해지할 수 있다. 〈개정 2019. 11. 26.〉

④ 제3항에 따라 수급인이 공사를 중지하거나 도급계약을 해지한

경우에는 발주자는 수급인에게 공사 중지나 도급계약의 해지에 따라 발생하는 손해배상을 청구하지 못한다. 〈개정 2019. 11. 26.〉

⑤ 제1항에 따른 공사대금의 지급보증 방법이나 절차 등에 관한 사항은 국토교통부령으로 정한다. 〈신설 2019. 11. 26.〉

[본조신설 2013. 8. 6.]

제22조의3(계약의 추정) ① 발주자가 도급계약을 하면서 제22조제2항의 사항을 적은 계약서를 발급하지 아니한 경우에는 수급인은 도급받은 건설공사의 내용, 계약금액 등 대통령령으로 정하는 사항을 발주자에게 서면으로 통지하여 도급받은 내용의 확인을 요청할 수 있다.

② 발주자는 제1항의 통지를 받은 날부터 15일 이내에 그 내용에 대한 인정 또는 부인(否認)의 의사를 수급인에게 서면으로 회신을 발송하여야 하며, 이 기간 내에 회신을 발송하지 아니한 경우에는 원래 수급인이 통지한 내용대로 도급이 있었던 것으로 추정한다. 다만, 천재나 그 밖의 사변으로 회신이 불가능한 경우에는 그러하지 아니하다.

③ 제1항의 통지에는 수급인이, 제2항의 회신에는 발주자가 서명 또는 기명날인하여야 한다.

④ 하도급계약의 추정에 대하여는 제1항부터 제3항까지를 준용한다. 이 경우 "발주자"는 "수급인"으로, "수급인"은 "하수급인"으로, "도급"은 "하도급"으로 각각 본다.

⑤ 제1항의 통지 및 제2항의 회신과 관련하여 필요한 사항은 대통령령으로 정한다.

⑥ 발주자, 수급인 및 하수급인은 대통령령으로 정하는 바에 따라 제1항 및 제2항에 따른 서면을 보관하여야 한다.

[본조신설 2016. 2. 3.]

제23조(시공능력의 평가 및 공시) ① 국토교통부장관은 발주자가 적정한 건설사업자를 선정할 수 있도록 하기 위하여 건설사업자의 신청이 있는 경우 그 건설사업자의 건설공사 실적, 자본금, 건설공사의 안전·환경 및 품질관리 수준 등에 따라 시공능력을 평가하여 공시하여야 한다. 〈개정 2011. 5. 24., 2013. 3. 23., 2019. 4. 30.〉

② 삭제 〈1999. 4. 15.〉

③ 제1항에 따른 시공능력의 평가 및 공시를 받으려는 건설사업

자는 국토교통부령으로 정하는 바에 따라 전년도 건설공사 실적, 기술자 보유현황, 재무상태, 그 밖에 국토교통부령으로 정하는 사항을 국토교통부장관에게 제출하여야 한다. 〈개정 2011. 5. 24., 2013. 3. 23., 2019. 4. 30.〉

④ 국토교통부장관은 제1항에 따른 시공능력 평가를 위하여 필요한 경우 그 시공능력 평가를 신청한 건설사업자, 건설공사의 발주자, 그 밖의 관계 기관·단체의 장에게 공사실적, 기술자 보유현황 등의 자료 제출을 요청할 수 있다. 이 경우 자료 제출을 요청받은 관계 기관·단체의 장 등은 특별한 사유가 없으면 이에 따라야 한다. 〈신설 2020. 4. 7.〉

⑤ 제1항, 제3항 및 제4항에 따른 시공능력의 평가방법, 제출 자료의 구체적인 사항, 공시 절차 및 자료 제출 요청, 그 밖에 필요한 사항은 국토교통부령으로 정한다. 〈개정 2011. 5. 24., 2013. 3. 23., 2020. 4. 7.〉

[제목개정 2011. 5. 24.]

제23조의2(건설사업관리능력의 평가 및 공시) ① 국토교통부장관은 발주자가 제26조제2항에 따른 건설사업관리자를 적정하게 선정할 수 있도록 하기 위하여 건설사업관리자의 신청이 있는 경우 그 건설사업관리자의 건설사업관리 실적 및 재무상태 등에 따라 건설사업관리능력을 평가하여 공시하여야 한다. 〈개정 2013. 3. 23.〉

② 제1항에 따른 평가 및 공시를 받으려는 건설사업관리자는 전년도 건설사업관리 실적, 건설사업관리 관련 인력 보유현황, 재무상태, 그 밖에 국토교통부령으로 정하는 사항을 국토교통부장관에게 제출하여야 한다. 〈개정 2013. 3. 23.〉

③ 제1항과 제2항에 따른 건설사업관리능력의 평가방법, 제출 자료의 구체적인 사항 및 공시 절차 등에 필요한 사항은 국토교통부령으로 정한다. 〈개정 2013. 3. 23.〉

[전문개정 2011. 5. 24.]

제24조(건설산업정보의 종합관리) ① 국토교통부장관은 건설사업자의 자본금, 경영실태, 공사 수행 상황 등 건설사업자에 관한 정보와 건설공사에 필요한 자재와 인력의 수급상황, 제56조제1항제1호에 따른 보증 및 행정제재 처분, 그 밖의 건설 관련 정보를 종합적으로 관리하고, 그 정보가 필요한 관련 기관 또는 단체 등에 제공할 수

있다. <개정 2013. 3. 23., 2019. 4. 30., 2020. 6. 9.>

② 국토교통부장관은 건설사업관리자의 자본금, 경영실태, 건설사업관리 수행 상황 등 건설사업관리자에 관한 정보와 건설사업관리에 필요한 인력의 수급 상황 등 건설사업관리 관련 정보를 종합적으로 관리하고, 그 정보가 필요한 관련 기관 또는 단체 등에 제공할 수 있다. <개정 2013. 3. 23., 2020. 6. 9.>

③ 국토교통부장관은 제1항과 제2항에 따른 건설산업정보를 체계적으로 관리하기 위하여 대통령령으로 정하는 바에 따라 건설산업정보 종합관리체계를 구축·운영할 수 있다. <개정 2013. 3. 23.>

④ 국토교통부장관은 제1항과 제2항에 따른 정보의 종합관리를 위하여 건설사업자, 건설사업관리자, 건설자재의 생산업자·공급업자, 관계 행정기관, 건설 관련 사업자단체, 건설 관련 공제·보험·보증 업무 수행기관 및 연구기관으로 하여금 공사 수행 상황, 건설자재의 생산·판매 상황, 건설인력의 현황 및 건설사업관리 실적 등에 관한 자료를 제출할 것을 요청할 수 있다. 이 경우 요청을 받은 자는 특별한 사유가 없으면 이에 따라야 한다. <개정 2013. 3. 23., 2019. 4. 30.>

⑤ 제4항에 따른 자료 제출의 요청 절차 등에 필요한 사항은 대통령령으로 정한다.

[전문개정 2011. 5. 24.]

제25조(수급인 등의 자격 제한) ① 발주자는 도급하려는 건설공사의 종합적인 계획·관리·조정의 필요성, 전문분야에 대한 시공역량, 시공기술상의 특성 및 현지여건 등을 고려하여 제16조의 시공자격을 갖춘 건설사업자에게 도급하여야 한다. <개정 2018. 12. 31., 2019. 4. 30.>

② 수급인은 제16조의 시공자격을 갖춘 건설사업자에게 하도급하여야 한다. <개정 2018. 12. 31., 2019. 4. 30.>

③ 발주자 또는 수급인은 공사특성에 따라 제23조제1항에 따라 공시된 시공능력과 공사실적, 기술능력 등을 기준으로 수급인 또는 하수급인의 자격을 제한할 수 있다.

④ 「시설물의 안전 및 유지관리에 관한 특별법」에 따른 1종시설물 및 2종시설물에 대한 인가, 허가, 승인 등의 처분을 하는 국가기관 또는 지방자치단체의 장은 해당 건설공사의 규모, 구조안전의 필

요성 등을 고려하여 시공자의 시공능력이 현저하게 부적합하다고 인정하는 경우에는 발주자에게 시공자의 교체를 권고할 수 있다. 〈개정 2017. 1. 17.〉

⑤ 국토교통부장관은 다음 각 호의 어느 하나에 해당하는 수급인에 대하여는 대통령령으로 정하는 바에 따라 벌점을 부과하고 이를 관리하여야 한다. 〈신설 2018. 12. 18.〉

1. 제82조제2항제6호, 제98조의2제1호 및 제99조제6호에 따라 처분을 받은 자

2. 「근로기준법」 제44조의2제1항을 위반하여 같은 법 제109조제1항에 따른 처벌을 받은 자

3. 「산업안전보건법」 제29조제3항을 위반하여 같은 법 제9조의2에 따라 산업재해 발생건수등이 하수급인과 함께 공표된 자(이 법 제29조의3제1항제4호가목부터 다목까지의 사업장에 한정한다)

4. 하수급인에게 산업재해 발생 사실을 은폐하도록 교사 또는 공모하여 「산업안전보건법」 제68조제1호에 따라 처벌을 받은 자

⑥ 제5항 각 호에 해당하는 처분 또는 처벌 등에 관한 법령을 담당하는 행정기관의 장은 해당 처분 또는 처벌 등을 받은 건설사업자가 발생한 경우 그 사실을 국토교통부장관에게 통보하여야 한다. 〈신설 2018. 12. 18., 2019. 4. 30.〉

[전문개정 2011. 5. 24.]

제26조(건설사업관리자의 업무 수행 등) ① 발주자는 필요한 경우 건설사업관리업무의 전부 또는 일부를 건설사업관리에 관한 전문지식과 기술능력을 갖춘 자에게 위탁할 수 있다.

② 발주자로부터 건설사업관리업무를 위탁받아 수행하는 자(이하 "건설사업관리자"라 한다)가 하는 건설사업관리업무의 내용이 이 법이나 관계 법령에 따라 신고·등록 등을 하여야 하는 업무인 경우에는 해당 법령에 따른 신고·등록 등을 한 후가 아니면 건설사업관리업무를 할 수 없다. 다만, 대규모 복합공사로서 공항, 고속철도, 발전소, 댐 또는 플랜트 공사의 건설사업관리자가 건축사·기술사 등 관계 법령에 따른 설계 또는 감리 업무를 할 수 있는 기술인력을 갖춘 경우에는 「건축사법」 제23조제1항 또는 「건설기술 진흥법」 제26조제1항에도 불구하고 설계 또는 감리 업무를 함께 위탁받아 수행할 수 있다. 〈개정 2013. 5. 22.〉

③ 건설사업관리자는 발주자를 위하여 선량한 관리자의 주의로 위탁받은 업무를 수행하여야 한다.

④ 건설사업관리자는 자기 또는 자기의 계열회사(「독점규제 및 공정거래에 관한 법률」 제2조제12호에 따른 계열회사를 말한다)가 해당 건설공사를 도급받도록 조언하여서는 아니 된다. 〈개정 2020. 12. 29.〉

⑤ 건설사업관리자는 건설사업관리업무를 할 때 고의나 과실로 발주자에게 재산상의 손해를 발생시킨 경우에는 그 손해를 배상하여야 한다.

⑥ 건설사업관리자의 손해배상에 관하여는 제44조를 준용한다. 이 경우 "건설사업자"는 "건설사업관리자"로 본다. 〈개정 2019. 4. 30.〉

⑦ 제1항부터 제6항까지의 규정은 시공책임형 건설사업관리자가 수행하는 건설사업관리에도 적용한다.

⑧ 시공책임형 건설사업관리를 수행하는 건설사업자가 발주자와 시공 단계에서 건설사업관리에 관한 계약을 체결하는 경우 그 계약의 내용은 제2조제4호에 따른 건설공사에 한정하여야 한다. 〈개정 2019. 4. 30.〉

[전문개정 2011. 5. 24.]

제27조(견적기간) 발주자는 수의계약으로 도급계약을 체결하는 경우에는 그 체결을 하기 전에, 경쟁계약으로 도급계약을 체결하는 경우에는 입찰에 부치기 전에 건설사업자가 해당 건설공사에 관한 견적을 낼 수 있도록 대통령령으로 정하는 일정 기간을 주어야 한다. 〈개정 2019. 4. 30.〉

[전문개정 2011. 5. 24.]

제28조(건설공사 수급인 등의 하자담보책임) ① 수급인은 발주자에 대하여 다음 각 호의 범위에서 공사의 종류별로 대통령령으로 정하는 기간에 발생한 하자에 대하여 담보책임이 있다. 〈개정 2015. 8. 11., 2020. 6. 9.〉

1. 건설공사의 목적물이 벽돌쌓기식구조, 철근콘크리트구조, 철골구조, 철골철근콘크리트구조, 그 밖에 이와 유사한 구조로 된 것인 경우: 건설공사의 완공일과 목적물의 관리·사용을 개시한 날 중에서 먼저 도래한 날부터 10년

2. 제1호 이외의 구조로 된 것인 경우: 건설공사 완공일과 목적물의 관리·사용을 개시한 날 중에서 먼저 도래한 날부터 5년

② 수급인은 다음 각 호의 어느 하나의 사유로 발생한 하자에 대하여는 제1항에도 불구하고 담보책임이 없다.

1. 발주자가 제공한 재료의 품질이나 규격 등이 기준미달로 인한 경우

2. 발주자의 지시에 따라 시공한 경우

3. 발주자가 건설공사의 목적물을 관계 법령에 따른 내구연한(耐久年限) 또는 설계상의 구조내력(構造耐力)을 초과하여 사용한 경우

③ 건설공사의 하자담보책임기간에 관하여 다른 법령(「민법」 제670조 및 제671조는 제외한다)에 특별하게 규정되어 있는 경우에는 그 법령에서 정한 바에 따른다. 다만, 공사 목적물의 성능, 특성 등을 고려하여 대통령령으로 정하는 바에 따라 도급계약에서 특별히 따로 정한 경우에는 도급계약에서 정한 바에 따른다. 〈개정 2015. 8. 11.〉

④ 하수급인의 하자담보책임에 대하여는 제1항부터 제3항까지를 준용한다. 이 경우 "수급인"은 "하수급인"으로, "발주자"는 "수급인"으로, "건설공사의 완공일과 목적물의 관리·사용을 개시한 날 중에서 먼저 도래한 날"은 "하수급인이 시공한 건설공사의 완공일 또는 목적물의 관리·사용을 개시한 날과 제37조제2항에 따라 수급인이 목적물을 인수한 날 중에서 먼저 도래한 날"로 본다. 〈신설 2014. 5. 14., 2015. 8. 11., 2021. 12. 7.〉

[전문개정 2011. 5. 24.]

[제목개정 2014. 5. 14.]

제28조의2(건설공사의 직접 시공) ① 건설사업자는 1건 공사의 금액이 100억원 이하로서 대통령령으로 정하는 금액 미만인 건설공사를 도급받은 경우에는 그 건설공사의 도급금액 산출내역서에 기재된 총 노무비 중 대통령령으로 정하는 비율에 따른 노무비 이상에 해당하는 공사를 직접 시공하여야 한다. 다만, 그 건설공사를 직접 시공하기 곤란한 경우로서 대통령령으로 정하는 경우에는 직접 시공하지 아니할 수 있다. 〈개정 2018. 12. 31., 2019. 4. 30.〉

② 제1항에 따라 건설공사를 직접 시공하는 자는 대통령령으로 정하는 바에 따라 직접시공계획을 발주자에게 통보하여야 한다. 다

만, 전문공사를 시공하는 업종을 등록한 건설사업자가 전문공사를 도급받은 경우에는 그러하지 아니하다. 〈개정 2016. 2. 3., 2019. 4. 30.〉

③ 발주자는 건설사업자가 제2항에 따라 직접시공계획을 통보하지 아니한 경우나 직접시공계획에 따라 공사를 시공하지 아니한 경우에는 그 건설공사의 도급계약을 해지할 수 있다. 〈개정 2019. 4. 30.〉

④ 국가, 지방자치단체 또는 대통령령으로 정하는 공공기관이 발주하는 공사의 발주자는 제2항에 따라 직접시공계획을 통보받은 경우 제1항 본문에 따른 직접 시공의 준수 여부를 확인하고 이를 국토교통부장관에게 보고 또는 통보하여야 한다. 다만, 관계 법령에 따른 감리가 있는 건설공사의 경우에는 감리를 수행하는 자로 하여금 그 준수 여부를 확인하게 할 수 있다. 〈신설 2017. 3. 21.〉

⑤ 제4항에 따른 직접 시공 준수 여부 확인의 방법, 절차 및 그 밖에 필요한 사항은 국토교통부령으로 정한다. 〈신설 2017. 3. 21.〉

[전문개정 2011. 5. 24.]

제29조(건설공사의 하도급 제한) ① 건설사업자는 도급받은 건설공사의 전부 또는 대통령령으로 정하는 주요 부분의 대부분을 다른 건설사업자에게 하도급할 수 없다. 다만, 건설사업자가 도급받은 공사를 대통령령으로 정하는 바에 따라 계획, 관리 및 조정하는 경우로서 대통령령으로 정하는 바에 따라 2인 이상에게 분할하여 하도급하는 경우에는 예외로 한다. 〈개정 2019. 4. 30.〉

② 수급인은 그가 도급받은 전문공사를 하도급할 수 없다. 다만, 다음 각 호의 요건을 모두 충족한 경우에는 건설공사의 일부를 하도급할 수 있다. 〈개정 2018. 12. 31., 2019. 4. 30.〉

1. 발주자의 서면 승낙을 받을 것

2. 공사의 품질이나 시공상의 능률을 높이기 위하여 필요한 경우로서 대통령령으로 정하는 요건에 해당할 것(종합공사를 시공하는 업종을 등록한 건설사업자가 전문공사를 도급받은 경우에 한정한다)

③ 하수급인은 하도급받은 건설공사를 다른 사람에게 다시 하도급할 수 없다. 다만, 다음 각 호의 어느 하나에 해당하는 경우에는 하도급할 수 있다. 〈개정 2013. 3. 23., 2018. 12. 31., 2019. 4.

30.〉

1. 종합공사를 시공하는 업종을 등록한 건설사업자가 하도급받은 경우로서 그가 하도급받은 건설공사 중 전문공사에 해당하는 건설공사를 그 전문공사를 시공하는 업종을 등록한 건설사업자에게 다시 하도급하는 경우(발주자가 공사품질이나 시공상 능률을 높이기 위하여 필요하다고 인정하여 서면으로 승낙한 경우에 한정한다)

2. 전문공사를 시공하는 업종을 등록한 건설사업자가 하도급받은 경우로서 다음 각 목의 요건을 모두 충족하여 하도급받은 전문공사의 일부를 그 전문공사를 시공하는 업종을 등록한 건설사업자에게 다시 하도급하는 경우

가. 공사의 품질이나 시공상의 능률을 높이기 위하여 필요한 경우로서 국토교통부령으로 정하는 요건에 해당할 것

나. 수급인의 서면 승낙을 받을 것

④ 건설사업자는 1건 공사의 금액이 10억원 미만인 건설공사를 도급받은 경우에는 그 건설공사의 일부를 종합공사를 시공하는 업종을 등록한 건설사업자에게 하도급할 수 없다. 〈신설 2018. 12. 31., 2019. 4. 30.〉

⑤ 제16조제1항제1호부터 제3호까지에 따라 전문공사를 시공하는 업종을 등록한 건설사업자가 종합공사를 도급받은 경우에는 그 건설공사를 하도급할 수 없다. 다만, 발주자가 공사의 품질이나 시공상의 능률을 높이기 위하여 필요하다고 인정하여 서면 승낙한 경우로서 대통령령으로 정하는 요건에 해당하는 경우에는 그 건설공사의 일부를 하도급할 수 있다. 〈신설 2018. 12. 31., 2019. 4. 30.〉

⑥ 도급받은 공사의 일부를 하도급(제3항 단서에 따라 다시 하도급하는 것을 포함한다)한 건설사업자와 제3항제2호에 따라 다시 하도급하는 것을 승낙한 자는 대통령령으로 정하는 바에 따라 발주자에게 통보를 하여야 한다. 다만, 다음 각 호의 어느 하나에 해당하는 경우에는 그러하지 아니하다. 〈개정 2012. 6. 1., 2018. 12. 31., 2019. 4. 30.〉

1. 제2항 단서, 제3항제1호, 제5항 단서에 따라 발주자가 하도급을 서면으로 승낙한 경우

2. 하도급을 하려는 부분이 그 공사의 주요 부분에 해당하는 경우로서 발주자가 품질관리상 필요하여 도급계약의 조건으로 사전승

인을 받도록 요구한 경우

[전문개정 2011. 5. 24.]

제29조의2(건설공사의 하도급관리) ① 수급인은 도급받은 건설공사를 하도급하는 경우에는 하수급인이 제29조제3항을 준수하도록 관리하여야 한다.

② 수급인은 하수급인이 제29조제3항을 위반하여 도급계약을 체결하는 경우에는 그 사유를 분명하게 밝혀 그 도급계약 내용의 변경이나 해지를 요구할 수 있다.

③ 수급인은 하수급인이 정당한 사유 없이 제2항에 따른 요구에 따르지 아니하는 경우에는 해당 건설공사에 관한 하수급인과의 계약을 해지할 수 있다.

[전문개정 2011. 5. 24.]

제29조의3(건설공사의 하도급 참여제한) ① 국토교통부장관은 다음 각 호의 어느 하나에 해당하는 건설사업자에 대하여는 국가, 지방자치단체 또는 대통령령으로 정하는 공공기관이 발주하는 건설공사(이하 이 조 및 제87조의3에서 "공공건설공사"라 한다)에 대한 하도급 참여를 제한하여야 한다. 이 경우 하도급 참여제한 기간은 2년 이내의 범위에서 대통령령으로 정하는 바에 따른다. 〈개정 2019. 4. 30., 2021. 7. 27.〉

1. 제29조제1항부터 제3항까지의 규정에 따른 하도급 제한을 위반하여 제82조제2항제3호에 따른 처분을 받은 자

2. 「건설근로자의 고용개선 등에 관한 법률」 제13조제1항에 따른 공제부금을 납부하지 않아 같은 법 제26조제3항제4호에 따른 과태료 처분을 받고 그 처분을 받은 날부터 2년 이내에 동일한 위반행위를 하여 2회 이상 과태료 처분을 받은 자

3. 「근로기준법」 제43조의2제1항에 따라 체불사업주로 명단이 공개된 자

4. 다음 각 목의 사업장에 해당되어 「산업안전보건법」 제9조의2제1항에 따라 산업재해 발생건수등이 공표된 자

가. 「산업안전보건법」 제2조제1호에 따른 산업재해로 인한 사망자(이하 "사망재해자"로 한다)가 연간 2명 이상 발생한 사업장

나. 「산업안전보건법」 제2조제7호에 따른 중대재해가 발생한 사업장으로서 해당 중대재해 발생연도의 연간 산업재해율이 규모별

같은 업종의 평균재해율 이상인 사업장

다. 사망만인율(사망재해자 수를 연간 상시근로자 1만명당 발생하는 사망재해자 수로 환산한 것을 말한다)이 규모별 같은 업종의 평균 사망만인율 이상인 사업장

라. 「산업안전보건법」 제10조제1항을 위반하여 산업재해 발생 사실을 은폐한 사업장

5. 「외국인근로자의 고용 등에 관한 법률」 제8조제4항에 따른 고용허가를 받지 아니하고 외국인근로자를 고용하여 같은 법 제20조제1항제1호에 따라 고용제한 처분을 받거나, 같은 법 제12조제3항에 따른 특례고용가능확인을 받지 아니하고 외국인근로자를 고용하여 고용제한 처분을 받은 자가 같은 법 제32조제1항제8호에 따라 처분을 받은 경우

6. 「출입국관리법」 제18조제3항을 위반하여 취업활동을 할 수 있는 체류자격을 가지지 아니한 자를 고용하거나, 같은 법 제21조제2항을 위반하여 근무처의 변경허가·추가허가를 받지 아니한 외국인을 고용하여 같은 법 제94조 또는 제95조에 따른 처벌을 받거나 같은 법 제102조제1항에 따른 처분을 받은 자

② 제1항 각 호의 어느 하나에 해당하는 처분 등을 한 행정기관의 장은 해당 처분 등을 받은 건설사업자가 발생한 경우 그 사실을 국토교통부장관에게 통보하여야 한다. 〈개정 2019. 4. 30.〉

③ 국토교통부장관은 제1항에 따라 하도급 참여를 제한하는 경우에는 즉시 제24조제3항에 따른 건설산업종합정보망을 통하여 해당 사실을 게재하여야 한다.

④ 국토교통부장관은 하도급 참여가 제한되는 건설사업자에게 하도급 참여제한이 개시되기 7일 전까지 그 제한내용을 통보(제24조제3항에 따른 건설산업종합정보망을 이용한 통보를 포함한다)하여야 한다. 〈개정 2019. 4. 30.〉

⑤ 수급인은 공공건설공사에 있어서 하도급 참여제한 중에 있는 건설사업자에게 하도급을 하여서는 아니 되며, 건설사업자는 하도급 참여제한 중에 하도급을 받아서는 아니 된다. 〈개정 2019. 4. 30.〉

⑥ 공공건설공사의 발주자는 해당 공사의 하수급인 중에 하도급 참여제한 중인 자가 있는 경우에는 즉시 수급인에게 하수급인의 변경을 요구하여야 하고, 변경요구를 받은 수급인은 정당한 사유가 있

는 경우를 제외하고는 이를 이행하여야 한다.

⑦ 국토교통부장관은 제1항에도 불구하고 제2항에 따른 정보가 제공된 때부터 5년이 지난 경우에는 하도급 참여를 제한할 수 없다. 〈개정 2020. 6. 9.〉

[본조신설 2018. 12. 18.]

제30조 삭제 〈2004. 12. 31.〉

제31조(하도급계약의 적정성 심사 등) ① 발주자는 하수급인이 건설공사를 시공하기에 현저하게 부적당하다고 인정되거나 하도급계약금액이 대통령령으로 정하는 비율에 따른 금액에 미달하는 경우에는 하수급인의 시공능력, 하도급계약내용의 적정성 등을 심사할 수 있다.

② 국가, 지방자치단체 또는 대통령령으로 정하는 공공기관이 발주자인 경우에는 하수급인이 건설공사를 시공하기에 현저하게 부적당하다고 인정되거나 하도급계약금액이 대통령령으로 정하는 비율에 따른 금액에 미달하는 경우에는 하수급인의 시공능력, 하도급계약내용의 적정성 등을 심사하여야 한다.

③ 발주자는 제1항 및 제2항에 따라 심사한 결과 하수급인의 시공능력 또는 하도급계약내용이 적정하지 아니한 경우에는 그 사유를 분명하게 밝혀 수급인에게 하수급인 또는 하도급계약내용의 변경을 요구할 수 있다. 이 경우 제2항에 따라 심사한 때에는 하수급인 또는 하도급계약내용의 변경을 요구하여야 하고, 변경 요구를 받은 수급인은 정당한 사유가 있는 경우를 제외하고는 이를 이행하여야 한다. 〈개정 2017. 12. 26.〉

④ 발주자는 수급인이 정당한 사유 없이 제3항에 따른 요구에 따르지 아니하여 공사 결과에 중대한 영향을 끼칠 우려가 있는 경우에는 해당 건설공사의 도급계약을 해지할 수 있다.

⑤ 제2항에 따른 발주자는 하수급인의 시공능력, 하도급계약내용의 적정성 등을 심사하기 위하여 하도급계약심사위원회를 두어야 한다.

⑥ 제1항부터 제3항까지에 따른 하도급계약의 적정성 심사기준, 하수급인 또는 하도급계약내용의 변경 요구 및 그 이행 절차, 그 밖에 필요한 사항 및 제5항에 따른 하도급계약심사위원회의 설치·구성, 심사방법 등에 필요한 사항은 대통령령으로 정한다. 〈개정 2017. 12. 26.〉

[전문개정 2011. 5. 24.]

제31조의2(하도급계획의제출) ① 건설사업자는 국가, 지방자치단체 또는 대통령령으로 정하는 공공기관이 발주하는 공사로서 대통령령으로 정하는 건설공사를 도급받으려는 경우, 하도급 관계의 공정성 확보와 건설공사의 효율적인 수행을 위하여 대통령령으로 정하는 바에 따라 하도급할 공사의 주요 공종 및 물량, 하수급인 선정방식 등 하도급계획을 발주자에게 제출하여야 한다. 이 경우 발주자는 제출받은 하도급계획의 적정성을 검토하여야 하고, 그 이행 여부를 감독하여야 한다. 〈개정 2016. 2. 3., 2019. 4. 30.〉

② 제1항을 적용받지 아니하는 건설공사의 경우에도 발주자가 하도급관계의 공정성과 건설공사의 효율성을 확보하기 위하여 필요하다고 인정하여 하도급계획서를 제출할 것을 요구하면 건설사업자는 이에 따라야 한다. 〈개정 2019. 4. 30.〉

[전문개정 2011. 5. 24.]

제31조의3(하도급공사 계약자료 등의 공개) ① 국가, 지방자치단체 또는 대통령령으로 정하는 공공기관이 발주하는 건설공사를 하도급한 경우 해당 발주기관은 다음 각 호의 사항을 대통령령으로 정하는 바에 따라 누구나 볼 수 있는 방법으로 공개하여야 한다. 〈개정 2018. 12. 31.〉

1. 공사명
2. 수급인의 도급금액 및 낙찰률
3. 수급인(상호 및 대표자, 영업소 소재지)
4. 하수급인(상호 및 대표자, 업종, 영업소 소재지)
5. 하도급공종
6. 하도급 부분 도급액, 하도급금액, 하도급률

② 수급인은 도급받은 건설공사 중 일부를 수의계약으로 하도급계약을 체결하는 경우에는 그 체결을 하기 전에, 경쟁계약으로 하도급계약을 체결하는 경우에는 입찰에 부치기 전에 하도급받으려는 건설사업자에게 국토교통부령으로 정하는 방법으로 하도급공사와 관련된 다음 각 호의 사항을 알려야 한다. 다만, 제2호의 설계도면은 발주자가 제공한 경우에 한정한다. 〈신설 2018. 12. 31., 2019. 4. 30.〉

1. 국가, 지방자치단체 또는 대통령령으로 정하는 공공기관이 발주한 경우: 하도급부분에 대한 설계도면, 물량내역서, 발주자 예정가

격(예정가격이 없는 경우에는 기초금액), 공사기간

2. 제1호 이외의 자가 발주한 경우: 하도급부분에 대한 설계도면, 물량내역서, 공사기간

③ 제2항제1호에 해당하는 발주자는 수급인이 같은 항에 따른 하도급 부분의 자료제공 의무를 이행하도록 관리하여야 한다. 〈신설 2018. 12. 31.〉

[본조신설 2014. 5. 14.]

[제목개정 2018. 12. 31.]

제32조(하수급인 등의 지위) ① 하수급인은 하도급받은 건설공사의 시공에 관하여는 발주자에 대하여 수급인과 같은 의무를 진다.

② 제1항은 수급인과 하수급인의 법률관계에 영향을 미치지 아니한다.

③ 하수급인은 수급인이 제29조제6항에 따른 통보를 게을리하거나 일부를 누락하여 통보한 경우에는 발주자 또는 수급인에게 자신이 시공한 공사의 종류와 공사기간 등을 직접 통보할 수 있다. 〈개정 2018. 12. 31.〉

④ 건설기계 대여업자 및 국토교통부령으로 정하는 바에 따라 건설공사용 부품을 제작하여 납품하는 자(이하 "제작납품업자"라 한다) 및 국토교통부령으로 정하는 바에 따라 건설공사를 하기 위하여 일시적으로 설치·사용하는 기자재를 대여하는 자(이하 "가설기자재 대여업자"라 한다)에 대한 대금 지급에 관하여는 제34조제1항·제8항 및 제35조(건설기계대여업자에 대하여는 제35조제2항제6호, 제작납품업자 및 가설기자재 대여업자에 대하여는 제35조제2항제5호 및 제6호는 제외한다)를 준용한다. 이 경우 "발주자"는 "발주자 또는 수급인"으로, "수급인"은 "수급인 또는 하수급인"으로, "하수급인"은 "건설기계 대여업자, 제작납품업자 또는 가설기자재 대여업자"로, "하도급대금"은 "건설기계 대여대금, 건설공사용 부품대금 또는 가설기자재 대여대금"으로 본다. 다만, 제35조제2항·제3항·제5항 및 제6항의 경우에는 "발주자"는 "건설기계 대여업자, 제작납품업자 또는 가설기자재 대여업자와 계약을 체결한 건설사업자에게 건설공사를 도급한 자"로, "수급인"은 "건설기계 대여업자, 제작납품업자 또는 가설기자재 대여업자와 계약을 체결한 건설사업자"로, "하수급인"은 "건설기계 대여업자, 제작납품업자 또는 가설기자재 대여

업자"로, "하도급대금"은 "건설기계 대여대금, 건설공사용 부품대금 또는 가설기자재 대여대금"으로 본다. 〈개정 2013. 3. 23., 2014. 5. 14., 2018. 12. 18., 2019. 4. 30., 2020. 4. 7.〉

[전문개정 2011. 5. 24.]

제33조(하수급인의 의견 청취) 수급인은 도급받은 건설공사를 시공할 때 하수급인이 있는 경우에는 그 건설공사의 시공에 관한 공법과 공정, 그 밖에 필요하다고 인정되는 사항에 관하여 미리 하수급인의 의견을 들어야 한다.

[전문개정 2011. 5. 24.]

제34조(하도급대금의 지급 등) ① 수급인은 도급받은 건설공사에 대한 준공금 또는 기성금을 받으면 다음 각 호의 구분에 따라 해당 금액을 그 준공금 또는 기성금을 받은 날(수급인이 발주자로부터 공사대금을 어음으로 받은 경우에는 그 어음만기일을 말한다)부터 15일 이내에 하수급인에게 현금으로 지급하여야 한다.

1. 준공금을 받은 경우: 하도급대금
2. 기성금을 받은 경우: 하수급인이 시공한 부분에 해당하는 금액

② 수급인은 하도급계약을 할 때 하수급인에게 국토교통부령으로 정하는 바에 따라 적정한 하도급대금의 지급을 보증하는 보증서를 주어야 한다. 다만, 국토교통부령으로 정하는 경우에는 하도급대금 지급보증서를 주지 아니할 수 있다. 〈개정 2013. 3. 23.〉

③ 건설공사의 도급계약 당사자는 제2항에 따른 하도급대금 지급보증서 발급에 드는 금액을 대통령령으로 정하는 바에 따라 해당 건설공사의 도급금액 산출내역서에 분명하게 적어야 한다.

④ 수급인이 발주자로부터 선급금을 받은 때에는 하수급인이 자재 구입 또는 대여, 건설기계 대여 또는 건설근로자 고용 등 하도급공사를 시작할 수 있도록 수급인이 받은 선급금의 내용과 비율에 따라 선급금을 받은 날(하도급계약을 체결하기 전에 선급금을 지급받은 경우에는 하도급계약을 체결한 날)부터 15일 이내에 하수급인에게 선급금을 지급하여야 한다. 이 경우 수급인은 하수급인이 선급금을 반환하여야 할 경우에 대비하여 하수급인에게 보증을 요구할 수 있다. 〈개정 2012. 6. 1., 2021. 7. 27.〉

⑤ 제54조에 따라 설립된 공제조합 또는 다른 법령에 따라 보증업무를 담당할 수 있는 기관은 수급인에게 제2항에 따른 하도급대

금의 지급을 보증하는 보증계약의 보증서를 발급(변경발급을 포함한다)하거나 보증계약을 해지한 경우에는 국토교통부령으로 정하는 바에 따라 즉시 발주자 및 하수급인에게 그 내용을 통보하여야 한다. 〈개정 2013. 3. 23., 2014. 5. 14.〉

⑥ 발주자는 제5항에 따라 통보받은 하도급대금 지급보증내용을 확인하여야 하고, 확인 결과 보증내용이 적정하지 아니할 경우에는 수급인에게 시정을 요구할 수 있다.

⑦ 발주자가 국가, 지방자치단체 또는 대통령령으로 정하는 공공기관인 경우에는 하도급대금이 보호될 수 있도록 수급인이 하수급인에게 제2항에 따른 보증서를 교부하였는지 여부를 확인하여야 한다. 〈신설 2016. 2. 3.〉

⑧ 수급인은 발주자로부터 받은 준공금, 기성금 또는 선급금을 제1항 또는 제4항에 따른 지급일이 지난 후에 지급하는 경우에는 그 초과기간에 대하여 연 100분의 25 이내에서 「하도급거래 공정화에 관한 법률」 제13조제8항에 따라 공정거래위원회가 정하여 고시하는 이율에 따른 이자를 지급하여야 한다. 〈신설 2018. 12. 18.〉

⑨ 국가, 지방자치단체 또는 대통령령으로 정하는 공공기관이 발주하는 건설공사(소규모공사 등 국토교통부령으로 정하는 공사는 제외한다)를 도급받은 수급인과 그 하수급인은 「전자조달의 이용 및 촉진에 관한 법률」 제9조의2제1항에 따른 시스템을 이용하여 공사대금[선급금, 기성금, 준공금 및 선지급금(발주자 또는 수급인이 기성금 또는 준공금을 수급인 또는 하수급인에게 지급하기 전에 수급인 또는 하수급인이 자재·장비대금, 하도급대금 등으로 먼저 지급하는 금액을 말한다)을 모두 포함한다. 이하 이 항에서 같다]을 청구하여 수령하여야 하며, 수령한 공사대금 중 하수급인, 건설근로자, 건설기계대여업자, 가설기자재 대여업자, 건설공사용 부품을 제작하여 납품하는 자 등에게 지급하여야 할 대금을 사용해서는 아니 된다. 이 경우 공사대금 청구·지급의 방법, 기준 및 절차 등에 필요한 사항은 국토교통부령으로 정한다. 〈신설 2018. 12. 18., 2021. 7. 27.〉

[전문개정 2011. 5. 24.]

제34조의2(하도급계약 이행보증 등) ① 수급인은 제34조제2항에 따른 하도급대금 지급보증서를 교부하는 경우 하수급인에게 국토교통

부령으로 정하는 바에 따라 하도급금액의 100분의 10에 해당하는 금액의 하도급계약 이행보증서의 교부를 요구할 수 있다.

② 수급인이 다음 각 호의 어느 하나에 해당하는 사유로 하도급계약을 일방적으로 해제 또는 해지한 경우 수급인은 제1항에 따른 하도급계약 이행보증서를 발행한 기관에 대하여 하도급계약 이행보증금의 지급을 요청할 수 없다. 다만, 하수급인의 귀책사유가 있는 경우는 제외한다.

1. 수급인이 하도급대금을 도급계약이나 관계 법령에서 정한 기일 내에 지급하지 아니하여 공사기간이 지연된 경우

2. 제36조의2제1항에 따른 추가·변경공사 등의 정산에 관한 합의의 지연으로 인하여 하도급계약 불이행이 발생한 경우

[본조신설 2015. 8. 11.]

제35조(하도급대금의 직접 지급) ① 발주자는 다음 각 호의 어느 하나에 해당하는 경우에는 하수급인이 시공한 부분에 해당하는 하도급대금을 하수급인에게 직접 지급할 수 있다. 이 경우 발주자의 수급인에 대한 대금 지급채무는 하수급인에게 지급한 한도에서 소멸한 것으로 본다. 〈개정 2013. 3. 23.〉

1. 국가, 지방자치단체 또는 대통령령으로 정하는 공공기관이 발주한 건설공사가 다음 각 목의 어느 하나에 해당하는 경우로서 발주자가 하수급인을 보호하기 위하여 필요하다고 인정하는 경우

가. 수급인이 제34조제1항에 따른 하도급대금 지급을 1회 이상 지체한 경우

나. 공사 예정가격에 대비하여 국토교통부령으로 정하는 비율에 미달하는 금액으로 도급계약을 체결한 경우

2. 수급인의 파산 등 수급인이 하도급대금을 지급할 수 없는 명백한 사유가 있다고 발주자가 인정하는 경우

3. 삭제 〈2012. 12. 18.〉

② 발주자는 다음 각 호의 어느 하나에 해당하는 경우에는 하수급인이 시공한 부분에 해당하는 하도급대금을 하수급인에게 직접 지급하여야 한다. 〈개정 2012. 12. 18., 2014. 5. 14.〉

1. 발주자가 하도급대금을 직접 하수급인에게 지급하기로 발주자와 수급인 간 또는 발주자·수급인 및 하수급인이 그 뜻과 지급의 방법·절차를 명백하게 하여 합의한 경우

2. 하수급인이 시공한 부분에 대한 하도급 대금지급을 명하는 확정판결을 받은 경우

3. 수급인이 제34조제1항에 따른 하도급대금 지급을 2회 이상 지체한 경우로서 하수급인이 발주자에게 하도급대금의 직접 지급을 요청한 경우

4. 수급인의 지급정지, 파산, 그 밖에 이와 유사한 사유가 있거나 건설업 등록 등이 취소되어 수급인이 하도급대금을 지급할 수 없게 된 경우로서 하수급인이 발주자에게 하도급대금의 직접 지급을 요청한 경우

5. 수급인이 하수급인에게 정당한 사유 없이 제34조제2항에 따른 하도급대금 지급보증서를 주지 아니한 경우로서 발주자가 그 사실을 확인하거나 하수급인이 발주자에게 하도급대금의 직접 지급을 요청한 경우

6. 국가, 지방자치단체 또는 대통령령으로 정하는 공공기관이 발주한 건설공사에 대하여 공사 예정가격에 대비하여 국토교통부령으로 정하는 비율에 미달하는 금액으로 도급계약을 체결한 경우로서 하수급인이 발주자에게 하도급대금의 직접 지급을 요청한 경우

③ 제2항 각 호의 어느 하나에 해당하는 사유가 발생하여 발주자가 하수급인에게 하도급대금을 직접 지급한 경우에는 발주자의 수급인에 대한 대금 지급채무와 수급인의 하수급인에 대한 하도급대금 지급채무는 그 범위에서 소멸한 것으로 본다.

④ 수급인은 제1항제1호 각 목의 어느 하나에 해당하는 경우로서 하수급인에게 책임이 있는 사유로 자신이 피해를 입을 우려가 있다고 인정되는 경우에는 그 사유를 분명하게 밝혀 발주자에게 발주자가 하수급인에게 하도급대금을 직접 지급하는 것을 중지할 것을 요청할 수 있다.

⑤ 발주자는 제2항에도 불구하고 수급인으로부터 하도급계약과 관련하여 하수급인이 임금, 자재대금 등의 지급을 지체한 사실을 증명할 수 있는 서류를 첨부하여 그 하도급대금의 직접 지급을 중지하도록 요청받은 경우에는 하수급인에게 하도급대금을 직접 지급하지 아니할 수 있다.

⑥ 제1항이나 제2항에 따라 하수급인이 발주자로부터 하도급대금을 직접 지급받기 위하여 하수급인이 시공한 부분의 확인 등이 필

요한 경우에는 수급인은 지체 없이 이에 필요한 조치를 하여야 한다.

⑦ 제1항 각 호의 어느 하나, 제2항제3호 또는 제4호에 따라 하도급대금을 직접 지급하는 경우에 그 지급 방법 및 절차는 국토교통부령으로 정한다. 〈개정 2013. 3. 23.〉

[전문개정 2011. 5. 24.]

제36조(설계변경 등에 따른 하도급대금의 조정 등) ① 수급인은 하도급을 한 후 설계변경 또는 경제 상황의 변동에 따라 발주자로부터 공사금액을 늘려 지급받은 경우에 같은 사유로 목적물의 준공에 비용이 추가될 때에는 그가 금액을 늘려 받은 공사금액의 내용과 비율에 따라 하수급인에게 비용을 늘려 지급하여야 하고, 공사금액을 줄여 지급받은 때에는 이에 준하여 금액을 줄여 지급한다.

② 발주자는 발주한 건설공사의 금액을 설계변경 또는 경제 상황의 변동에 따라 수급인에게 조정하여 지급한 경우에는 대통령령으로 정하는 바에 따라 공사금액의 조정사유와 내용을 하수급인(제29조제3항에 따라 하수급인으로부터 다시 하도급받은 자를 포함한다)에게 통보하여야 한다.

[전문개정 2011. 5. 24.]

제36조의2(추가·변경공사에 대한 서면 확인 등) ① 수급인은 하수급인에게 설계변경 또는 그 밖의 사유로 당초 하도급계약의 산출내역에 포함되어 있지 아니한 공사(이하 "추가·변경공사"라 한다)를 요구하는 경우 해당 공사의 하수급인에게 추가·변경공사의 내용, 금액 및 기간 등 추가·변경공사와 관련하여 필요한 사항을 서면으로 요구하여야 한다. 이 경우 수급인은 필요시 발주자에게 서면으로 확인을 받을 수 있다.

② 제1항에 따른 서면 요구 및 발주자 확인 등에 필요한 사항은 대통령령으로 정한다.

[본조신설 2015. 8. 11.]

제37조(검사 및 인도) ① 수급인은 하수급인으로부터 하도급공사의 준공 또는 기성부분의 통지를 받으면 그 사실을 확인하기 위한 검사를 하여야 한다. 이 경우 수급인은 하수급인의 통지를 받은 날부터 10일 이내에 검사 결과를 하수급인에게 서면으로 통지하여야 한다. 〈개정 2012. 6. 1.〉

② 수급인은 제1항에 따른 검사 결과 하도급공사가 설계 내용대로 준공되었을 때에는 지체 없이 이를 인수하여야 한다.

[전문개정 2011. 5. 24.]

제38조(불공정행위의 금지) ① 발주자 및 수급인은 수급인 또는 하수급인에게 도급계약을 체결한 공사(하도급공사를 포함한다)의 시공과 관련하여 자재구입처의 지정 등으로 수급인 또는 하수급인에게 불리하다고 인정되는 행위를 강요하여서는 아니 된다. 〈개정 2020. 10. 20.〉

② 수급인은 하수급인에게 제22조, 제28조, 제34조, 제36조제1항, 제36조의2제1항, 제44조 또는 관계 법령 등을 위반하여 하수급인의 계약상 이익을 부당하게 제한하는 특약을 요구하여서는 아니 된다. 이 경우 부당한 특약의 유형은 대통령령으로 정한다. 〈개정 2012. 6. 1., 2015. 8. 11.〉

③ 발주자가 국가, 지방자치단체 또는 대통령령으로 정하는 공공기관인 경우로서 제29조제6항에 따라 통보받은 하도급계약 등에 제2항에 따른 부당한 특약이 있는 경우 그 사유를 분명하게 밝혀 수급인에게 하도급계약 등의 내용변경을 요구하고, 해당 건설사업자의 등록관청에 그 사실을 통보하여야 한다. 〈신설 2014. 5. 14., 2018. 12. 31., 2019. 4. 30.〉

[전문개정 2009. 12. 29.]

제38조의2(부정한 청탁에 의한 재물 등의 취득 및 제공 금지) ① 발주자·수급인·하수급인(발주자, 수급인 또는 하수급인이 법인인 경우 해당 법인의 임원 또는 직원을 포함한다) 또는 이해관계인은 도급계약의 체결 또는 건설공사의 시공에 관하여 부정한 청탁을 받고 재물 또는 재산상의 이익을 취득하거나 부정한 청탁을 하면서 재물 또는 재산상의 이익을 제공하여서는 아니 된다. 〈개정 2016. 2. 3.〉

② 국가, 지방자치단체 또는 대통령령으로 정하는 공공기관이 발주한 건설공사의 업체선정에 심사위원으로 참여한 자는 그 직무에 관하여 부정한 청탁을 받고 재물 또는 재산상의 이익을 취득하여서는 아니 된다.

③ 국가, 지방자치단체 또는 대통령령으로 정하는 공공기관이 발주한 건설공사의 업체 선정에 참여한 법인, 해당 법인의 대표자, 상

업 사용인, 그 밖의 임원 또는 직원은 그 직무에 관하여 부정한 청탁을 받고 재물 또는 재산상의 이득을 취득하거나 부정한 청탁을 하면서 재물 또는 재산상의 이익을 제공하여서는 아니 된다.

[전문개정 2011. 5. 24.]

제38조의3(보복조치의 금지) ① 발주자는 수급인이 다음 각 호의 어느 하나에 해당하는 행위를 한 것을 이유로 그 수급인에 대하여 수주기회(受注機會)를 제한하거나 거래의 정지, 그 밖에 불이익을 주는 행위(이하 이 조에서 "불이익행위등"이라 한다)를 하여서는 아니 된다.

1. 발주자가 이 법을 위반하였음을 관계 기관 등에 신고한 행위
2. 제69조에 따른 건설분쟁 조정위원회에 대한 조정신청

② 수급인의 하수급인에 대한 불이익행위등 및 건설사업자의 건설기계 대여업자, 제작납품업자 또는 가설기자재 대여업자에 대한 불이익행위등에 대하여는 제1항을 준용한다. 이 경우 "발주자"는 "수급인 또는 건설사업자"로, "수급인"은 "하수급인, 건설기계 대여업자, 제작납품업자 또는 가설기자재 대여업자"로 본다. 〈개정 2019. 4. 30., 2020. 4. 7.〉

[본조신설 2016. 2. 3.]

제38조의4(불공정행위의 신고 등) ① 누구든지 국토교통부장관에게 다음 각 호의 사항에 대하여 신고할 수 있다. 다만, 「하도급거래 공정화에 관한 법률」에 따라 공정거래위원회에 신고된 사건은 제외한다.

1. 제22조제5항에 따른 건설공사 도급계약의 불공정한 체결 및 이행에 관한 사항
2. 제29조에 따른 건설공사 하도급 제한의 위반에 관한 사항
3. 제34조에 따른 하도급대금 지급 등에 관한 의무의 위반에 관한 사항
4. 제38조에 따른 불공정행위에 관한 사항
5. 그 밖에 건설산업의 불공정한 거래질서와 관련된 사항

② 국토교통부장관은 「건설기술 진흥법」 제22조의3제2항에 따라 설치된 공정건설지원센터로 하여금 제1항에 따른 신고의 접수, 처리 등에 관한 업무를 수행하게 할 수 있다.

③ 국토교통부장관은 제1항 각 호의 어느 하나에 해당하는 사항을 신고한 자에게 예산의 범위에서 포상금을 지급할 수 있다.

④ 제3항에 따른 포상금 지급의 대상, 기준 및 절차 등에 필요한

사항은 대통령령으로 정한다.
[본조신설 2022. 2. 3.]

제4장 시공 및 기술관리

제39조 삭제 〈1999. 4. 15.〉

제40조(건설기술인의 배치) ① 건설사업자는 건설공사의 시공관리, 그 밖에 기술상의 관리를 위하여 대통령령으로 정하는 바에 따라 건설공사 현장에 건설기술인을 1명 이상 배치하여야 한다. 다만, 시공관리, 품질 및 안전에 지장이 없는 경우로서 일정 기간 해당 공종의 공사가 중단되는 등 국토교통부령으로 정하는 요건에 해당하여 발주자가 서면으로 승낙하는 경우에는 배치하지 아니할 수 있다. 〈개정 2013. 3. 23., 2018. 8. 14., 2019. 4. 30.〉

② 제1항에 따라 건설공사 현장에 배치된 건설기술인은 발주자의 승낙을 받지 아니하고는 정당한 사유 없이 그 건설공사 현장을 이탈하여서는 아니 된다. 〈개정 2018. 8. 14.〉

③ 발주자는 제1항에 따라 건설공사 현장에 배치된 건설기술인이 신체 허약 등의 이유로 업무를 수행할 능력이 없다고 인정하는 경우에는 수급인에게 건설기술인을 교체할 것을 요청할 수 있다. 이 경우 수급인은 정당한 사유가 없으면 이에 따라야 한다. 〈개정 2018. 8. 14.〉

[전문개정 2011. 5. 24.]
[제목개정 2018. 8. 14.]

제41조(건설공사 시공자의 제한) ① 다음 각 호의 어느 하나에 해당하는 건축물의 건축 또는 대수선(大修繕)에 관한 건설공사(제9조제1항 단서에 따른 경미한 건설공사는 제외한다. 이하 이 조에서 같다)는 건설사업자가 하여야 한다. 다만, 다음 각 호 외의 건설공사와 농업용, 축산업용 건축물 등 대통령령으로 정하는 건축물의 건설공사는 건축주가 직접 시공하거나 건설사업자에게 도급하여야 한다. 〈개정 2011. 8. 4., 2016. 2. 3., 2017. 12. 26., 2019. 4. 30.〉

1. 연면적이 200제곱미터를 초과하는 건축물
2. 연면적이 200제곱미터 이하인 건축물로서 다음 각 목의 어느 하나에 해당하는 경우
   가. 「건축법」에 따른 공동주택

나. 「건축법」에 따른 단독주택 중 다중주택, 다가구주택, 공관, 그 밖에 대통령령으로 정하는 경우

다. 주거용 외의 건축물로서 많은 사람이 이용하는 건축물 중 학교, 병원 등 대통령령으로 정하는 건축물

3. 삭제 〈2017. 12. 26.〉

4. 삭제 〈2017. 12. 26.〉

② 많은 사람이 이용하는 시설물로서 다음 각 호의 어느 하나에 해당하는 새로운 시설물을 설치하는 건설공사는 건설사업자가 하여야 한다. 〈개정 2019. 4. 30.〉

1. 「체육시설의 설치·이용에 관한 법률」에 따른 체육시설 중 대통령령으로 정하는 체육시설

2. 「도시공원 및 녹지 등에 관한 법률」에 따른 도시공원 또는 도시공원에 설치되는 공원시설로서 대통령령으로 정하는 시설물

3. 「자연공원법」에 따른 자연공원에 설치되는 공원시설 중 대통령령으로 정하는 시설물

4. 「관광진흥법」에 따른 유기시설 중 대통령령으로 정하는 시설물

[전문개정 2011. 5. 24.]

제42조(건설공사 표지의 게시) ① 건설사업자는 국토교통부령으로 정하는 바에 따라 건설공사의 공사명, 발주자, 시공자, 공사기간 등을 적은 표지를 건설공사 현장 인근의 사람들이 보기 쉬운 곳에 게시하여야 한다. 〈개정 2013. 3. 23., 2019. 4. 30.〉

② 건설사업자는 국토교통부령으로 정하는 건설공사를 완공하면 그 공사의 발주자, 설계자, 감리자와 시공한 건설사업자의 상호 및 대표자의 성명 등을 적은 표지판을 국토교통부령으로 정하는 바에 따라 사람들이 보기 쉬운 곳에 영구적으로 설치하여야 한다. 다만, 건축공사의 경우 「건축법」 제48조의2에 따른 내진등급 및 같은 법 제48조의3에 따른 내진능력을 표지판에 포함하여야 한다. 〈개정 2013. 3. 23., 2017. 3. 21., 2019. 4. 30.〉

③ 발주자는 제1항과 제2항에 따른 표지의 게시 비용 및 표지판의 설치 비용을 해당 건설공사의 공사 비용에 계상(計上)하여야 한다.

[전문개정 2011. 5. 24.]

제43조 삭제 〈1999. 4. 15.〉

제44조(건설사업자의 손해배상책임) ① 건설사업자가 고의 또는 과

실로 건설공사를 부실하게 시공하여 타인에게 손해를 입힌 경우에는 그 손해를 배상할 책임이 있다. 〈개정 2019. 4. 30.〉

② 건설사업자는 제1항에 따른 손해가 발주자의 중대한 과실로 발생하였을 때에는 발주자에 대하여 구상권(求償權)을 행사할 수 있다. 〈개정 2019. 4. 30.〉

③ 수급인은 하수급인이 고의 또는 과실로 하도급받은 건설공사를 부실하게 시공하여 타인에게 손해를 입힌 경우에는 하수급인과 연대하여 그 손해를 배상할 책임이 있다.

④ 수급인은 제3항에 따라 손해를 배상하면 배상 책임이 있는 하수급인에 대하여 구상권을 행사할 수 있다.

[전문개정 2011. 5. 24.]

[제목개정 2019. 4. 30.]

제5장 경영합리화와 중소건설사업자 지원 〈개정 2019. 4. 30.〉

제45조(경영합리화 등의 노력) 건설사업자는 도급질서의 확립, 건설공사의 적절한 시공, 건전한 재무관리 등 경영합리화와 건설기술의 개발을 위하여 노력하여야 한다. 〈개정 2019. 4. 30.〉

[전문개정 2011. 5. 24.]

제46조(중소건설사업자에 대한 지원) ① 국토교통부장관은 관계 중앙행정기관의 장과 협의하여 중소건설사업자에 대한 지원시책을 수립·시행할 수 있다. 〈개정 2013. 3. 23., 2019. 4. 30.〉

② 관계 행정기관과 대통령령으로 정하는 공공기관의 장은 제1항에 따른 중소건설사업자 지원시책의 시행에 적극 협조하여야 한다. 〈개정 2013. 3. 23., 2019. 4. 30.〉

[전문개정 2011. 5. 24.]

[제목개정 2019. 4. 30.]

제47조(중소건설사업자 지원을 위한 조치) ① 국토교통부장관은 중소건설사업자를 지원하기 위하여 필요하면 건설공사를 발주하는 국가기관, 지방자치단체 또는 대통령령으로 정하는 공공기관에 중소건설사업자의 참여기회 확대와 그 밖에 필요한 조치를 할 것을 요청할 수 있다. 〈개정 2013. 3. 23., 2019. 4. 30.〉

② 국토교통부장관은 중소건설사업자를 지원하기 위하여 필요하다

고 인정하면 대통령령으로 정하는 바에 따라 대기업인 건설사업자가 도급받을 수 있는 건설공사의 공사금액의 하한을 정할 수 있다. 〈개정 2013. 3. 23., 2019. 4. 30.〉

[전문개정 2011. 5. 24.]

[제목개정 2019. 4. 30.]

제48조(건설사업자 간의 상생협력 등) ① 국토교통부장관은 건설업의 균형 있는 발전과 건설공사의 효율적인 수행을 위하여 종합공사를 시공하는 업종을 등록한 건설사업자와 전문공사를 시공하는 업종을 등록한 건설사업자 간의 상생협력 관계 및 대기업인 건설사업자와 중소기업인 건설사업자 간의 상생협력 관계를 유지·발전하도록 하도급, 공동도급 등에 관한 지도를 할 수 있다. 〈개정 2013. 3. 23., 2019. 4. 30.〉

② 국토교통부장관은 건설사업자 간의 상생협력 관계를 유지하도록 하기 위하여 종합공사를 시공하는 업종을 등록한 건설사업자로 하여금 시공할 공사와 관련이 있는 업종의 건설사업자를 협력업자로 등록받도록 지도할 수 있다. 〈개정 2013. 3. 23., 2019. 4. 30.〉

③ 제2항에 따라 등록을 받은 건설사업자와 등록한 협력업자는 다음 각 호의 사항에 관하여 상생협력하여야 한다. 〈개정 2019. 4. 30.〉

1. 건설공사를 도급받거나 하도급하는 경우 협력업자를 공동수급인이나 하수급인으로 우선 선정

2. 건설공사에 관한 기술 및 정보의 교환

3. 건설공사 수행에 필요한 인력 또는 자금 지원이나 기술 개발에 대한 지원

④ 국토교통부장관은 제1항과 제2항에 따른 지도를 이행한 실적이나 협력업자와의 협력 관계를 평가하여 그 실적이 우수한 종합공사를 시공하는 업종을 등록한 건설사업자를 시공능력 평가나 공사 발주 시 우대하도록 관계 기관에 협조를 요청할 수 있다. 〈개정 2013. 3. 23., 2019. 4. 30.〉

⑤ 제1항에 따른 지도, 제2항에 따른 협력업자의 등록 및 건설업체 간의 협력에 필요한 사항은 대통령령으로 정한다.

[전문개정 2011. 5. 24.]

[제목개정 2019. 4. 30.]

제48조의2(건설근로자 고용평가) ① 국토교통부장관은 건설근로자에 대한 처우개선을 위하여 건설사업자의 신청이 있는 경우 그 건설사업자의 건설근로자 고용 실태, 복지증진 노력 등에 대한 사항을 평가(이하 "건설근로자 고용평가"라 한다)하고, 그 평가 결과가 우수한 건설사업자에 대해서는 시공능력평가 등을 우대하도록 관계 기관에 협조를 요청할 수 있다. 〈개정 2019. 4. 30.〉

② 국토교통부장관은 건설근로자 고용평가를 실시하기 위하여 필요한 경우에는 건설근로자 고용평가를 신청한 건설사업자의 고용보험, 가족친화 인증, 사내근로복지기금 조성 및 사업시행 현황에 관한 자료 등 대통령령으로 정하는 자료의 제공을 관계 기관·단체의 장에게 요청할 수 있다. 이 경우 자료 제공을 요청받은 관계 기관·단체의 장은 특별한 사유가 없으면 이에 따라야 한다. 〈신설 2020. 4. 7.〉

③ 건설근로자 고용평가의 평가방법, 평가절차, 그 밖에 필요한 사항은 국토교통부령으로 정한다. 〈개정 2020. 4. 7.〉

[본조신설 2018. 12. 18.]

제49조(건설사업자의 실태조사 등) ① 국토교통부장관 또는 지방자치단체의 장(제91조제1항에 따라 위임받은 사무를 처리하기 위하여 필요한 경우에만 해당한다. 이하 이 조에서 같다)은 등록기준에의 적합 여부, 하도급의 적정성, 성실시공 여부 등을 판단하기 위하여 필요하다고 인정하면 기간을 정하여 건설사업자로부터 그 업무, 재무관리 상태, 시공 상황 등에 관한 보고를 받을 수 있고, 소속 공무원으로 하여금 대통령령으로 정하는 바에 따라 건설사업자의 경영실태를 조사하게 하거나 공사 시공에 필요한 자재 또는 시설을 검사하게 할 수 있다. 〈개정 2013. 3. 23., 2019. 4. 30., 2020. 6. 9.〉

② 국토교통부장관 또는 지방자치단체의 장은 다음 각 호의 어느 하나에 해당하는 경우로서 필요한 때에는 공인회계사, 세무사 또는 국토교통부령으로 정하는 요건을 갖춘 전문경영진단기관으로 하여금 건설사업자의 재무관리상태를 진단하게 할 수 있다. 〈개정 2012. 1. 17., 2012. 6. 1., 2013. 3. 23., 2019. 4. 30.〉

1. 제1항에 따른 건설사업자의 경영실태를 조사하기 위한 경우
2. 건설사업자 또는 제9조에 따른 건설업 등록을 하려는 자가 건설업 등록기준에 적합한지 여부를 확인하기 위한 경우

③ 국토교통부장관 또는 지방자치단체의 장은 제1항에 따라 건설사업자의 경영실태를 조사하기 위하여 필요하다고 인정하면 건설공사의 발주자, 「건설기술 진흥법」 제2조제9호에 따른 건설엔지니어링사업자, 그 밖에 건설공사 관계 기관(이하 이 조에서 "건설공사 관계 기관등"이라 한다)에 대하여 건설공사의 시공 상황에 관한 자료를 제출할 것을 요구할 수 있다. 이 경우 건설공사 관계 기관등은 특별한 사유가 없으면 이에 협조하여야 한다. 〈개정 2013. 3. 23., 2013. 5. 22., 2016. 2. 3., 2019. 4. 30., 2021. 3. 16.〉

④ 국토교통부장관 또는 지방자치단체의 장은 제1항에 따른 조사를 하려면 조사 시작 7일 전까지 조사 일시, 조사 이유 및 조사 내용 등 조사계획을 미리 조사대상자에게 알려야 한다. 다만, 긴급한 경우나 사전에 알리면 증거인멸 등으로 조사 목적을 달성할 수 없다고 인정하는 경우에는 미리 알리지 아니할 수 있다. 〈개정 2013. 3. 23.〉

⑤ 제1항에 따라 조사 또는 검사를 하는 공무원은 그 권한을 표시하는 증표를 지니고 이를 관계인에게 보여 주어야 하고, 조사 관련 장소에 출입할 때에는 성명, 출입시간, 출입 목적 등이 표시된 문서를 관계인에게 주어야 한다.

⑥ 국토교통부장관은 지방자치단체의 장에게 제1항부터 제3항까지의 규정에 따른 실태조사 등의 조치를 명할 수 있고, 그 조치 결과를 보고할 것을 요구할 수 있다. 〈개정 2013. 3. 23.〉

⑦ 제1항 및 제6항에도 불구하고 국토교통부장관은 대통령령으로 정하는 바에 따라 연 1회 이상 건설사업자의 경영실태 조사를 실시하거나, 지방자치단체의 장에게 조사를 실시하여 그 결과를 보고하도록 요구하여야 한다. 〈신설 2016. 2. 3., 2019. 4. 30.〉

[전문개정 2011. 5. 24.]

[제목개정 2019. 4. 30.]

제49조의2(자료요청) 국토교통부장관은 건설업 등록기준에의 적합 여부를 확인하기 위하여 필요한 자료로서 기술능력에 해당하는 자의 고용보험, 국민연금보험, 국민건강보험, 산업재해보상보험에 관한 자료를 관계 기관의 장에게 요청할 수 있다. 이 경우 자료의 제공을 요청받은 관계 기관의 장은 특별한 사유가 없으면 이에 따라야 한다.

[본조신설 2018. 12. 31.]

제6장 건설사업자의 단체 〈개정 2019. 4. 30.〉

제50조(협회의 설립) ① 건설사업자의 품위 보전, 건설기술의 개발, 그 밖에 건설업의 건전한 발전을 위하여 건설사업자는 건설사업자단체(이하 "협회"라 한다)를 설립할 수 있다. 〈개정 2019. 4. 30.〉

② 협회는 법인으로 한다.

③ 협회는 주된 사무소의 소재지에서 설립등기를 함으로써 성립한다.

④ 협회 회원의 자격과 임원에 관한 사항 등은 정관으로 정한다.

⑤ 협회 정관의 기재 사항과 협회에 대한 감독에 필요한 사항은 대통령령으로 정한다.

[전문개정 2011. 5. 24.]

제51조(협회 설립의 인가 절차 등) ① 협회를 설립하려면 회원 자격이 있는 건설사업자 5인 이상이 발기하고 회원 자격이 있는 건설사업자 중 대통령령으로 정하는 수 이상의 동의를 받아 창립 총회에서 정관을 작성한 후 국토교통부장관에게 인가를 신청하여야 한다. 〈개정 2013. 3. 23., 2019. 4. 30.〉

② 국토교통부장관은 제1항에 따른 신청을 인가하면 그 사실을 공고하여야 한다. 〈개정 2013. 3. 23.〉

③ 협회가 성립되고 임원이 선임될 때까지 필요한 사무는 발기인이 처리한다.

[전문개정 2011. 5. 24.]

제52조(건의와 자문 등) ① 협회는 건설업에 관한 사항에 대하여 정부에 건의할 수 있고, 건설업에 관한 정부의 자문에 응하여야 한다.

② 협회는 회원 또는 회원 자격을 가진 건설사업자가 이 법을 위반한 사실을 발견하면 그 내용을 확인하여 국토교통부장관에게 보고하여야 한다. 〈개정 2013. 3. 23., 2019. 4. 30.〉

[전문개정 2011. 5. 24.]

제53조(「민법」의 준용) 협회에 관하여 이 법에 규정된 사항을 제외하고는 「민법」 중 사단법인에 관한 규정을 준용한다.

[전문개정 2011. 5. 24.]

제7장 건설 관련 공제조합 및 건설보증 <개정 2011. 5. 24.>

제54조(공제조합의 설립) ① 건설사업자 상호간의 협동조직을 통하여 자율적인 경제활동을 도모하고 건설업 운영에 필요한 각종 보증과 자금 융자 등을 위하여 건설사업자는 공제조합을 설립할 수 있다. <개정 2019. 4. 30.>

② 제1항에 따른 공제조합은 법인으로 한다.

③ 공제조합은 주된 사무소의 소재지에서 설립등기를 함으로써 성립한다.

④ 공제조합 조합원의 자격, 임원에 관한 사항, 출자 및 융자에 관한 사항 및 공제조합의 운영에 관한 사항은 정관으로 정한다.

⑤ 공제조합 정관의 기재 사항, 보증대상 및 보증한도는 대통령령으로 정한다.

[전문개정 2011. 5. 24.]

제54조의2(분리공제조합 설립에 따른 창업비용 및 출자금의 이체 등) ① 기존 공제조합으로부터 분리하여 공제조합(이하 이 조에서 "분리공제조합"이라 한다)을 설립하는 경우 발기인은 국토교통부장관의 승인을 받아 분리공제조합의 설립에 소요되는 창업비용을 기존 공제조합으로부터 차입하여 집행할 수 있으며, 차입신청을 받은 기존 공제조합은 자금의 운용에 관한 정관의 규정에도 불구하고 이를 융자할 수 있다.

② 제55조제2항에 따라 국토교통부장관이 분리공제조합 설립을 인가하고 기존 공제조합이 출자금 이체를 동의한 경우 기존 공제조합에 납입되어 있는 해당 분리공제조합의 조합원 가입 신청서를 제출한 자의 출자금은 신설되는 분리공제조합의 출자금으로 본다. 이 경우 출자지분의 계산기준과 그 이체방법 등에 필요한 사항은 국토교통부장관이 정한다.

③ 기존 공제조합은 제2항에 따라 출자금을 이체함과 동시에 감자정리하여야 한다. 이 경우 기존 공제조합은 별도의 감자절차를 필요로 하지 아니한다.

④ 분리공제조합이 기존 공제조합으로부터 해당 분리공제조합의 조합원이 될 자의 출자금을 이체받은 때에는 지체 없이 국토교통부장관이 정하는 바에 따라 출자증권을 발행하여 교부하여야 한다.

⑤ 기존 공제조합이 분리공제조합의 조합원이 되는 자와의 관계에서 가지는 권리·의무는 분리공제조합의 업무개시일부터 해당 분리공제조합이 이를 승계한다.

[본조신설 2016. 2. 3.]

제55조(공제조합 설립의 인가 절차 등) ① 공제조합을 설립하려면 조합원 자격이 있는 건설사업자 200명 이상이 발기하고 조합원 자격이 있는 건설사업자 중 대통령령으로 정하는 수 이상의 동의를 받아 창립 총회에서 정관을 작성한 후 국토교통부장관에게 인가를 신청하여야 한다. 〈개정 2013. 3. 23., 2019. 4. 30.〉

② 국토교통부장관은 제1항에 따른 신청을 인가하면 그 사실을 공고하여야 한다. 〈개정 2013. 3. 23.〉

③ 공제조합이 성립되고 임원이 선임될 때까지 필요한 사무는 발기인이 처리한다.

[전문개정 2011. 5. 24.]

제55조의2(운영위원회) ① 공제조합은 제56조에 따른 사업에 관한 사항을 심의·의결하고, 그 업무 집행을 감독하기 위하여 운영위원회를 둔다.

② 운영위원회는 30명 이내의 위원으로 구성한다. 〈개정 2015. 8. 11.〉

③ 다음 각 호의 어느 하나에 해당하는 사람은 운영위원회의 위원이 될 수 없다. 〈신설 2014. 5. 14.〉

1. 파산선고를 받고 복권되지 아니한 사람

2. 피성년후견인 또는 피한정후견인

3. 금고 이상의 실형을 선고받고 그 집행이 종료(집행이 종료된 것으로 보는 경우를 포함한다)되거나 그 집행이 면제된 날부터 5년이 지나지 아니한 사람

4. 금고 이상의 형의 집행유예를 선고받고 그 유예기간 중에 있는 사람

5. 이 법, 「국가를 당사자로 하는 계약에 관한 법률」, 그 밖의 법령을 위반하여 건설업의 영업정지처분을 받거나 부정당업자로 입찰참가자격 제한의 처분을 받고 그 기간이 만료된 후 5년이 지나지 아니한 사람

④ 그 밖에 운영위원회의 구성, 기능 및 운영에 필요한 사항은 대

통령령으로 정한다. 〈개정 2014. 5. 14.〉

[전문개정 2011. 5. 24.]

第56조(공제조합의 사업) ① 공제조합은 다음 각 호의 사업을 한다.

1. 조합원이 건설업을 운영할 때 필요한 입찰보증, 계약보증(공사이행보증을 포함한다), 손해배상보증, 하자보수보증, 선급금보증, 하도급보증과 그 밖에 대통령령으로 정하는 보증

2. 조합원이 건설업을 운영할 때 필요한 자금의 융자

3. 조합원이 건설공사대금으로 받은 어음의 할인

4. 조합원에 대한 공사용 기자재의 구매 알선

5. 조합원에 고용된 사람의 복지 향상과 업무상 재해로 인한 손실을 보상하는 공제사업 및 조합원이 운영하는 사업에 필요한 건설공사 손해공제사업

6. 건설업 경영 및 건설기술의 개선·향상과 관련한 연구 및 교육에 관한 사업

7. 건설 관련 법인에의 출연

8. 조합원이 공동이용하는 시설의 설치, 운영, 그 밖에 조합원의 편익 증진을 위한 사업

9. 조합원의 정보 처리 및 컴퓨터 운용과 관련한 서비스의 제공

10. 조합의 목적 달성에 필요한 관련 사업에의 투자

11. 국가, 지방자치단체 또는 정관으로 정하는 공공단체가 위탁하는 사업

12. 제1호부터 제11호까지의 사업의 부대사업으로서 정관으로 정하는 사업

② 공제조합은 다음 각 호의 사업을 할 수 있다. 〈개정 2014. 5. 14.〉

1. 조합원이 「사회기반시설에 대한 민간투자법」에 따른 민간투자사업 등을 수행하기 위하여 출연한 법인 등에 대한 보증 및 융자

2. 「부동산투자회사법」에 따른 부동산투자회사에의 출자 및 융자 또는 「체육시설의 설치·이용에 관한 법률」에 따른 체육시설의 설치·경영 등 대통령령으로 정하는 수익사업

③ 공제조합은 공제조합 상호간 또는 다른 법률에 따른 공제조합과의 상호협력과 이해 증진을 위하여 정보 교환 등 공동사업을 시행할 수 있다.

[전문개정 2011. 5. 24.]

제57조(공제 규정) ① 공제조합은 제56조제1항제5호에 따른 공제사업을 하려면 공제 규정을 정하여야 한다.

② 제1항의 공제 규정에는 공제사업의 범위, 공제계약의 내용, 공제료, 공제금, 공제금에 충당하기 위한 책임준비금 등 공제사업의 운영에 필요한 사항이 포함되어야 한다.

[전문개정 2011. 5. 24.]

제57조의2(보증 규정) ① 공제조합이 제56조제1항제1호에 따른 보증사업을 하려면 보증 규정을 정하여야 한다.

② 제1항의 보증 규정에는 보증사업 범위, 보증계약 내용, 보증수수료, 보증에 충당하기 위한 책임준비금 등 보증사업의 운영에 필요한 사항이 포함되어야 한다.

[본조신설 2011. 5. 24.]

제58조(「보험업법」의 적용 배제) 공제조합의 사업 중 제56조제1항제5호에 따른 공제사업에 관하여는 「보험업법」을 적용하지 아니한다.

[전문개정 2011. 5. 24.]

제59조(지분의 양도 등) ① 조합원이거나 조합원이었던 자는 대통령령으로 정하는 바에 따라 그 지분을 다른 조합원이나 조합원이 되려는 자에게 양도할 수 있다.

② 제1항에 따라 지분을 양수한 자는 그 지분에 관한 양도인의 권리·의무를 승계한다.

③ 지분의 양도 및 질권 설정은 「상법」에 따른 주식의 양도 및 질권 설정의 방법으로 한다. 〈개정 2014. 5. 20.〉

④ 민사집행 절차나 국세 등의 체납처분 절차에 따라 하는 지분의 압류 또는 가압류는 「민사집행법」 제233조에 따른 지시채권의 압류 또는 가압류의 방법으로 한다.

[전문개정 2011. 5. 24.]

제60조(공제조합의 지분 취득 등) ① 공제조합은 다음 각 호의 어느 하나에 해당하는 사유가 있을 때에는 조합원이거나 조합원이었던 자의 지분을 취득할 수 있다. 다만, 제1호에 해당할 때에는 그 지분을 취득하여야 한다.

1. 출자금을 감소시키려는 경우
2. 조합원에 대하여 가지는 담보권을 실행하기 위하여 필요한 경우

3. 공제조합에 출자한 자가 자기 출자액을 회수하기 위하여 공제조합에 지분의 양수를 요구한 경우

4. 조합원이 탈퇴한 후 2년이 지난 경우

5. 준비금의 출자전입(出資轉入) 시 단좌(端坐)가 발생한 경우

② 공제조합은 제1항제1호에 따라 지분을 취득하였을 때에는 지체 없이 출자금의 감소 절차를 밟아야 하고, 같은 항 제2호부터 제5호까지의 규정에 해당할 때에는 지체 없이 그 지분을 처분하되, 처분되지 아니한 지분은 정관으로 정하는 바에 따라 출자금을 감소시킬 수 있다.

③ 조합원의 지분은 공제조합에 대한 채무를 담보하기 위하여 제공되는 경우를 제외하고는 질권의 대상이 될 수 없다.

④ 공제조합은 제1항에 따라 지분을 취득한 경우 조합원이거나 조합원이었던 자에게 지급하여야 할 금액을 지체 없이 지급하여야 한다.

⑤ 제1항에 따라 공제조합이 지분을 취득한 경우 조합원이거나 조합원이었던 자가 가지는 청산금 청구권은 그 지분을 취득한 날부터 5년간 행사하지 아니하면 시효로 인하여 소멸한다.

[전문개정 2011. 5. 24.]

제61조(신용에 의한 보증 등) 공제조합은 정관으로 정하는 바에 따라 조합원에 대하여 재산상태 등을 평가하고 해당 공사의 이행능력을 실제 조사한 후 보증 또는 융자를 할 수 있다.

[전문개정 2011. 5. 24.]

제62조(대리인의 선임) 공제조합은 임원 또는 직원 중에서 그 공제조합의 업무에 관한 재판상 또는 재판 외의 모든 행위를 할 수 있는 대리인을 선임할 수 있다.

[전문개정 2011. 5. 24.]

제63조(책임준비금 등의 적립) ① 공제조합은 결산기마다 보증 종류에 따라 책임준비금과 비상위험준비금을 계상할 수 있다.

② 제1항의 책임준비금과 비상위험준비금의 계상에 필요한 사항은 대통령령으로 정한다.

[전문개정 2011. 5. 24.]

제64조(시공 상황의 조사 등) ① 공제조합은 대통령령으로 정하는 바에 따라 그가 보증한 공사 현장에 출입하여 시공 상황을 조사할

수 있고, 그 공사를 시공하는 조합원에게 의견을 진술할 수 있다.

② 공제조합은 제1항에 따른 시공 상황의 조사에 관한 업무를 협회 또는 건설 관계 전문기관으로 하여금 대행하게 할 수 있다.

[전문개정 2011. 5. 24.]

제65조(조사 및 검사) ① 국토교통부장관은 공제조합의 재무건전성 유지 등을 위하여 필요하다고 인정하면 소속 공무원으로 하여금 공제조합의 업무 상황 또는 회계 상황을 조사하게 하거나 장부 또는 그 밖의 서류를 검사하게 할 수 있다. 〈개정 2013. 3. 23.〉

② 제56조제1항제5호의 공제사업에 대하여는 대통령령으로 정하는 바에 따라 금융위원회가 제1항에 따른 조사 또는 검사를 할 수 있다.

③ 삭제 〈2016. 2. 3.〉

④ 제1항과 제2항에 따라 조사 또는 검사를 하는 공무원 등은 그 권한을 표시하는 증표를 지니고 이를 관계인에게 보여주어야 한다.

[전문개정 2011. 5. 24.]

제65조의2(공제조합 등 건설보증기관의 재무건전성 유지 등) ① 국토교통부장관은 제56조에 따른 공제조합의 사업을 건전하게 육성하고 계약자를 보호하기 위하여 재무건전성 유지 등을 지도하여야 한다. 〈개정 2013. 3. 23., 2016. 2. 3.〉

② 국토교통부장관은 제1항에 따른 재무건전성 유지 등을 지도하기 위하여 공제조합을 감독하는 데 필요한 기준을 정하여 고시하여야 한다. 다만, 공제사업의 감독에 필요한 기준을 정할 때에는 금융위원회 위원장과 협의한 후 이를 고시하여야 한다. 〈개정 2013. 3. 23., 2016. 2. 3.〉

③ 국토교통부장관은 공제조합의 자기자본비율, 유동성비율, 지급여력비율 등이 일정 수준에 미달하는 등 재무상태가 제4항에 따른 기준에 미달하거나 거액의 금융사고 또는 부실채권의 발생으로 공제조합의 재무상태가 제4항에 따른 기준에 미달하게 될 것이 명백하다고 판단되면 공제조합의 부실화를 예방하고 건전한 경영을 유도하기 위하여 해당 공제조합이나 그 임원에 대하여 다음 각 호의 사항을 권고·요구 또는 명령하거나 그 이행계획을 제출할 것을 명할 수 있다. 〈신설 2016. 2. 3.〉

1. 자본증가 또는 자본감소, 보유자산의 처분이나 점포·조직의

축소
2. 임원의 직무정지나 임원의 직무를 대행하는 관리인의 선임
3. 영업의 전부 또는 일부 정지
4. 이익배당의 제한
5. 대손충당금, 대위변제준비금의 추가 설정
6. 보증수수료, 융자이자율의 조정
7. 영업의 양도나 보증사업 및 공제사업 등과 관련된 계약의 이전
8. 그 밖에 제1호부터 제7호까지의 규정에 준하는 조치로서 공제조합의 재무건전성을 높이기 위하여 필요하다고 인정되는 조치

④ 국토교통부장관은 제3항에 따른 조치를 하려면 미리 그 기준 및 내용을 정하여 고시하여야 한다. 〈신설 2016. 2. 3.〉

⑤ 국토교통부장관은 제4항에 따른 기준에 일시적으로 미달한 공제조합이 단기간에 그 기준을 충족시킬 수 있다고 판단되거나 이에 준하는 사유가 있다고 인정되는 경우에는 기간을 정하여 제3항에 따른 조치를 유예(猶豫)할 수 있다. 〈신설 2016. 2. 3.〉

[본조신설 2011. 5. 24.]

제66조(보증금 징수의 제한) 보증채권자는 공제조합이 조합원의 의무 이행을 보증하면 관계 법령 및 계약서 등의 약정에도 불구하고 그 보증서로서 보증금 또는 공사 이행 보증서를 갈음하여야 하고, 그 조합원으로부터 따로 보증금이나 그 밖의 명목의 금액을 받아내서는 아니 된다.

[전문개정 2011. 5. 24.]

제67조(공제조합의 책임) ① 공제조합은 보증채권자 및 보증채무자의 권익을 보호하여야 하며, 제57조의2에 따른 보증 규정 및 보증약관을 제정하거나 변경하려는 경우에는 사전에 국토교통부장관에게 보고하여야 한다. 〈신설 2014. 5. 14.〉

② 국토교통부장관은 제1항에 따라 보고받은 보증 규정 및 보증약관이 보증채권자 또는 보증채무자에게 불리한 내용을 포함하거나 건전한 보증거래질서를 유지하기 위하여 필요한 경우에는 해당 규정의 시정을 명할 수 있다 〈신설 2014. 5. 14.〉

③ 공제조합은 보증한 사항에 관하여 법령이나 그 밖의 계약서 등에서 정하는 바에 따라 보증금을 지급할 사유가 발생하였을 때에

는 그 보증금을 보증채권자에게 지급하여야 한다. 〈개정 2014. 5. 14.〉

④ 제3항에 따라 보증채권자가 공제조합에 대하여 가지는 보증금에 관한 권리는 보증기간 만료일부터 2년간 행사하지 아니하면 시효로 인하여 소멸한다. 〈개정 2014. 5. 14.〉

[전문개정 2011. 5. 24.]

제68조(다른 법률의 준용) 공제조합에 관하여 이 법에서 규정한 것을 제외하고는 「민법」 중 사단법인에 관한 규정을 준용하고 「상법」 중 주식회사의 계산에 관한 규정을 준용한다.

[전문개정 2011. 5. 24.]

제68조의2 삭제 〈2016. 2. 3.〉

제68조의3(건설기계 대여대금 지급보증) ① 수급인 또는 하수급인은 자신이 시공하는 1개의 공사현장에서 대여받을 건설기계의 대여대금을 보증하는 보증서(이하 "현장별 보증서"라 한다)를 그 공사의 착공일 이전까지 발주자에게 제출하여야 하며, 건설기계 대여업자는 건설기계 대여계약을 체결한 경우 현장별 보증서를 발급한 보증기관에 그 건설기계 대여계약서를 제출하여야 한다. 다만, 수급인 또는 하수급인은 국토교통부령으로 정하는 소규모공사 등 정당한 사유가 있는 경우에는 현장별 보증서를 발주자에게 제출하는 대신에 건설기계 대여계약별로 그 대금의 지급을 보증하는 보증서를 건설기계 대여업자에게 줄 수 있다. 〈개정 2018. 12. 18.〉

② 제1항에도 불구하고 발주자가 건설기계 대여대금을 직접 건설기계 대여업자에게 지급하기로 발주자, 건설사업자, 건설기계 대여업자 간에 합의한 경우 등 국토교통부령으로 정하는 경우에는 건설기계 대여대금 지급보증서를 주지 아니할 수 있다. 〈신설 2018. 12. 18., 2019. 4. 30., 2021. 7. 27.〉

③ 건설공사의 도급계약(하도급계약을 포함한다) 당사자는 제1항에 따른 건설기계 대여대금 지급보증서 발급에 드는 금액을 대통령령으로 정하는 바에 따라 해당 건설공사의 도급금액 산출내역서(하도급금액 산출내역서를 포함한다)에 분명하게 적어야 한다.

④ 제54조에 따라 설립된 공제조합 또는 다른 법령에 따라 보증업무를 담당할 수 있는 기관이 제1항에 따른 건설기계 대여대금 지급보증서를 발급(변경발급을 포함한다)하거나 보증계약을 해지한 경

우에는 국토교통부령으로 정하는 바에 따라 즉시 발주자, 수급인(하수급인과 건설기계 대여업자 간 계약에 따른 보증에 한정한다), 건설기계 대여업자 등에게 그 내용을 통보하여야 한다. 〈개정 2013. 3. 23., 2020. 6. 9.〉

⑤ 제1항에 따른 건설기계 대여대금 지급보증의 보증금액과 보증 관련 당사자 등의 이행사항 및 그 밖의 사항은 국토교통부령으로 정한다. 〈개정 2013. 3. 23.〉

⑥ 발주자가 국가, 지방자치단체 또는 대통령령으로 정하는 공공기관인 경우에는 건설기계 대여대금이 보호될 수 있도록 건설사업자가 제1항에 따른 보증서를 제출 또는 교부하였는지 여부를 확인하여야 한다. 〈개정 2018. 12. 18., 2019. 4. 30.〉

[본조신설 2012. 12. 18.]

제68조의4(타워크레인 대여계약 적정성 심사 등) ① 건설사업자가 「건설기계관리법」 제2조제1항제1호에 따른 건설기계 중 타워크레인에 대하여 건설기계 대여업자와 대여계약을 체결한 경우 국토교통부령으로 정하는 바에 따라 발주자에게 통보하여야 한다. 〈개정 2019. 4. 30.〉

② 발주자는 타워크레인 대여계약금액이 대통령령으로 정하는 비율에 따른 금액에 미달하는 경우에는 타워크레인 대여계약의 적정성 등을 심사하여야 한다.

③ 발주자는 제2항에 따라 심사한 결과 타워크레인 대여계약 내용이 적정하지 아니한 경우에는 그 사유를 분명히 밝혀 건설사업자에게 타워크레인 대여업자 또는 대여계약내용의 변경을 요구하여야 하고, 변경요구를 받은 건설사업자는 정당한 사유가 있는 경우를 제외하고는 이를 이행하여야 한다. 〈개정 2019. 4. 30.〉

④ 발주자는 건설사업자가 정당한 사유 없이 제3항에 따른 요구에 따르지 아니하여 안전관리에 중대한 영향을 끼칠 우려가 있는 경우에는 해당 건설공사의 도급계약을 해지할 수 있다. 〈개정 2019. 4. 30.〉

⑤ 제2항 및 제3항에 따른 타워크레인 대여계약의 적정성 심사기준, 타워크레인 대여업자 또는 대여계약내용의 변경요구 및 그 이행절차, 그 밖에 필요한 사항은 대통령령으로 정한다.

[본조신설 2018. 12. 18.]

第8장 건설분쟁 조정위원회 〈개정 2011. 5. 24.〉

第69조(건설분쟁 조정위원회의 설치) ① 건설업 및 건설용역업에 관한 분쟁을 조정하기 위하여 국토교통부장관 소속으로 건설분쟁 조정위원회(이하 "위원회"라 한다)를 둔다. 〈개정 2013. 3. 23., 2013. 8. 6.〉

② 삭제 〈2013. 8. 6.〉

③ 위원회는 당사자의 어느 한쪽 또는 양쪽의 신청을 받아 다음 각 호의 분쟁을 심사·조정한다. 〈개정 2013. 8. 6.〉

1. 설계, 시공, 감리 등 건설공사에 관계한 자 사이의 책임에 관한 분쟁
2. 발주자와 수급인 사이의 건설공사에 관한 분쟁. 다만, 「국가를 당사자로 하는 계약에 관한 법률」 및 「지방자치단체를 당사자로 하는 계약에 관한 법률」의 해석과 관련된 분쟁은 제외한다.
3. 수급인과 하수급인 사이의 건설공사 하도급에 관한 분쟁. 다만, 「하도급거래 공정화에 관한 법률」을 적용받는 사항은 제외한다.
4. 수급인과 제3자 사이의 시공상 책임 등에 관한 분쟁
5. 건설공사 도급계약의 당사자와 보증인 사이의 보증책임에 관한 분쟁
6. 그 밖에 대통령령으로 정하는 사항에 관한 분쟁

④ 위원회의 사무를 처리하기 위하여 위원회에 사무국을 두며, 위원회 위원의 조사업무를 보좌하기 위하여 사무국에 전문위원을 둘 수 있다. 〈신설 2013. 8. 6.〉

[전문개정 2011. 5. 24.]

第69조의2 삭제 〈2013. 8. 6.〉

第70조(위원회의 구성) ① 위원회는 위원장 1명과 부위원장 1명을 포함한 15명 이내의 위원으로 구성한다.

② 위원회의 위원은 대통령령으로 정하는 중앙행정기관 소속 공무원으로서 해당 기관의 장이 지명하는 사람과 다음 각 호의 어느 하나에 해당하는 사람 중 국토교통부장관이 위촉하는 사람이 된다. 〈개정 2013. 3. 23., 2013. 8. 6.〉

1. 「고등교육법」에 따른 학교에서 공학이나 법률학을 가르치는 조교수 이상의 직(職)에 있거나 있었던 사람
2. 판사, 검사 또는 변호사의 자격이 있는 사람

3. 건설공사, 건설업 또는 건설용역업에 대한 학식과 경험이 풍부한 사람으로서 국토교통부령으로 정하는 요건에 해당하는 사람

③ 위원회의 위원장은 국토교통부장관이 위원 중에서 임명하고, 부위원장은 위원회가 위원 중에서 선출한다. 〈개정 2013. 8. 6.〉

④ 공무원이 아닌 위원의 임기는 3년으로 하되, 연임할 수 있다.

⑤ 보궐위원의 임기는 전임자 임기의 남은 기간으로 한다.

[전문개정 2011. 5. 24.]

第70조의2(위원회 위원의 결격사유) 다음 각 호의 어느 하나에 해당하는 사람은 위원회의 위원이 될 수 없다.

1. 파산선고를 받고 복권되지 아니한 사람

2. 피성년후견인 또는 피한정후견인

3. 법원의 판결 또는 법률에 따라 자격이 정지된 사람

4. 금고 이상의 실형을 선고받고 그 집행이 종료(집행이 종료된 것으로 보는 경우를 포함한다)되거나 그 집행이 면제된 날부터 3년이 지나지 아니한 사람

5. 금고 이상의 형의 집행유예를 선고받고 그 유예기간 중에 있는 사람

[본조신설 2014. 5. 14.]

第71조(위원회의 회의) ① 위원회의 회의는 위원장이 소집한다.

② 위원회의 회의는 재적위원 과반수의 출석과 출석위원 과반수의 찬성으로 의결한다.

[전문개정 2011. 5. 24.]

第72조(분쟁조정 신청의 통지 등) 위원회는 당사자 중 어느 한쪽으로부터 분쟁의 조정을 신청받으면 그 신청 내용을 상대방에게 알려야 하며, 상대방은 그 조정에 참여하여야 한다.

[전문개정 2013. 8. 6.]

第73조(조정의 거부 및 중지) ① 위원회는 분쟁의 성질상 위원회에서 이를 조정하는 것이 부적합하다고 인정하거나 부정한 목적으로 조정이 신청되었다고 인정하면 그 조정을 거부할 수 있다. 이 경우 조정 거부의 사유 등을 신청인에게 통보하여야 한다.

② 삭제 〈2013. 8. 6.〉

③ 위원회는 분쟁 당사자 중 어느 한쪽이 소(訴)를 제기하면 조정을 중지하고 소 제기로 인하여 조정이 중지된 사실을 분쟁 당사자

에게 통보하여야 한다.

[전문개정 2011. 5. 24.]

제74조(처리기간) ① 위원회는 분쟁의 조정 신청을 받은 날부터 60일 이내에 이를 심사하여 조정안을 작성하여야 한다. 다만, 정당한 사유가 있는 경우에는 위원회의 의결을 거쳐 60일의 범위에서 그 기간을 연장할 수 있다. 〈개정 2017. 8. 9.〉

② 위원회는 제1항 단서에 따라 기간을 연장한 경우에는 기간 연장의 사유와 그 밖에 기간 연장에 관한 사항을 당사자에게 통보하여야 한다.

[전문개정 2011. 5. 24.]

제75조(조사 및 의견 청취) ① 위원회는 필요하다고 인정하면 위원회의 위원, 전문위원, 국토교통부 소속 공무원으로 하여금 관계 서류를 열람하게 하거나 관계 사업장에 출입하여 조사하게 할 수 있다. 〈개정 2013. 3. 23., 2013. 8. 6.〉

② 위원회는 분쟁조정 당사자 또는 분쟁 관련 이해관계인으로 하여금 회의에 출석하여 발언할 수 있게 하여야 하며, 필요한 경우 관계 전문가의 의견을 들을 수 있다. 〈개정 2013. 8. 6.〉

[전문개정 2011. 5. 24.]

제76조(조정부) ① 위원회는 조정업무를 효율적으로 처리하기 위하여 필요하다고 인정하면 조정사건의 분야별로 5명 이내의 위원으로 구성되는 조정부(調停部)를 둘 수 있다.

② 제1항에 따른 조정부의 위원은 위원장이 지명한다.

③ 조정부는 미리 조정사건을 심사한 후 조정안을 작성하여 위원회의 회의에 부쳐야 한다.

[전문개정 2011. 5. 24.]

제77조(합의의 권고) 위원회는 조정신청을 받으면 당사자에게 분쟁해결에 관한 합의를 권고할 수 있다.

[전문개정 2013. 8. 6.]

제78조(조정의 효력 등) ① 위원회는 조정안을 작성하였을 때에는 지체 없이 이를 각 당사자에게 제시하여야 한다.

② 제1항에 따라 조정안을 받은 당사자는 그 제시를 받은 날부터 15일 이내에 그 수락 여부를 위원회에 통보하여야 한다.

③ 당사자가 제77조에 따라 분쟁해결에 관하여 합의하거나 제1항

에 따른 조정안을 수락하면 위원회는 즉시 조정서를 작성하여야 하고, 위원장과 각 당사자는 이에 서명 또는 기명날인하여야 한다. 〈개정 2013. 8. 6.〉

④ 제3항에 따른 조정서의 내용은 재판상 화해와 동일한 효력이 있다. 〈개정 2013. 8. 6.〉

[전문개정 2011. 5. 24.]

[제목개정 2013. 8. 6.]

제78조의2(시효의 중단) ① 제69조제3항에 따른 조정의 신청은 시효중단의 효력이 있다. 다만, 그 신청이 취하되거나 조정의 거부 또는 조정이 중지된 때에는 그러하지 아니하다.

② 제1항 본문에 따라 중단된 시효는 다음 각 호의 어느 하나에 해당하는 경우 새로 진행한다.

1. 제78조제3항에 따라 조정서를 작성하고, 위원장과 각 당사자가 이에 서명 또는 기명날인한 경우

2. 당사자의 일방 또는 쌍방이 조정결정에 동의하지 아니한다는 의사를 표시한 경우

[본조신설 2013. 8. 6.]

제78조의3(조정절차의 비공개) 위원회가 수행하는 조정절차는 공개하지 아니한다. 다만, 위원회 위원 과반수의 찬성이 있는 경우 이를 공개할 수 있다.

[본조신설 2013. 8. 6.]

제79조(비용의 분담) ① 분쟁 조정을 위한 감정, 진단, 시험 등에 사용된 비용은 신청인이 부담한다. 다만, 당사자 간에 이에 대한 약정이 있는 경우에는 그 약정에 따른다.

② 위원회는 필요하다고 인정하면 대통령령으로 정하는 바에 따라 당사자로 하여금 제1항에 따른 비용을 미리 내도록 할 수 있다.

③ 제1항에 따른 비용의 범위에 관하여는 대통령령으로 정한다.

[전문개정 2011. 5. 24.]

제79조의2(서류의 송달) 분쟁 조정에 따른 서류 송달에 관하여는 「민사소송법」 제174조부터 제197조까지의 규정을 준용한다.

[전문개정 2011. 5. 24.]

제80조(위원회의 운영 등) 제69조부터 제79조까지 및 제79조의2에서 정한 것 외에 위원회의 구성, 조직과 운영, 조정 절차 등에 관하

여 필요한 사항은 대통령령으로 정한다. 〈개정 2013. 8. 6.〉
[전문개정 2011. 5. 24.]

제9장 시정명령 등 〈개정 2011. 5. 24.〉

제81조(시정명령 등) 국토교통부장관은 건설사업자가 다음 각 호의 어느 하나에 해당하면 기간을 정하여 시정을 명하거나 그 밖에 필요한 지시를 할 수 있다. 〈개정 2012. 12. 18., 2013. 3. 23., 2013. 8. 6., 2015. 8. 11., 2016. 2. 3., 2017. 12. 26., 2018. 8. 14., 2018. 12. 18., 2019. 4. 30.〉

1. 정당한 사유 없이 도급받은 건설공사를 시공하지 아니한 경우
2. 삭제 〈2016. 2. 3.〉
3. 제22조제6항을 위반하여 건설공사대장의 기재 사항을 발주자에게 통보하지 아니한 경우
4. 제22조제7항, 제34조, 제34조의2제2항, 제36조제1항, 제36조의2제1항, 제37조, 제38조제1항 또는 제68조의3제1항에 따른 건설사업자로서의 의무를 위반한 경우
5. 제28조에 따른 하자담보책임을 이행하지 아니한 경우

5의2. 제31조제3항 후단을 위반하여 하수급인 또는 하도급계약내용의 변경 요구를 이행하지 아니한 경우

6. 제38조제2항을 위반하여 부당한 특약을 강요한 경우
7. 제40조를 위반하여 건설공사의 현장에 건설기술인을 배치하지 아니하거나 배치된 건설기술인이 공사의 시공관리에 부적당하다고 인정되는 경우
8. 제42조제1항 또는 제2항에 따른 표지의 게시 또는 표지판의 설치를 하지 아니한 경우
9. 정당한 사유 없이 제49조제1항에 따른 보고를 하지 아니한 경우
10. 설계도서, 시방서 및 도급계약의 내용 등에 따르지 아니하는 등 건설공사를 성실하게 수행하지 아니함으로써 부실시공의 우려가 있는 경우
11. 제29조의3제6항을 위반하여 하수급인의 변경요구를 이행하지 아니한 경우
12. 제68조의4제3항을 위반하여 타워크레인 대여업자 또는 대여

계약내용의 변경요구를 이행하지 아니한 경우

[전문개정 2011. 5. 24.]

제82조(영업정지 등) ① 국토교통부장관은 건설사업자가 다음 각 호의 어느 하나에 해당하면 6개월 이내의 기간을 정하여 그 건설사업자의 영업정지를 명하거나 영업정지를 갈음하여 1억원 이하의 과징금을 부과할 수 있다. 〈개정 2012. 6. 1., 2012. 12. 18., 2013. 3. 23., 2013. 5. 22., 2013. 8. 6., 2016. 2. 3., 2018. 8. 14., 2018. 12. 18., 2018. 12. 31., 2019. 4. 30.〉

1. 제28조에 따른 하자담보책임기간에 수급인이나 하수급인이 책임질 사유로 국토교통부령으로 정하는 규모 이상의 하자가 3회 이상 발생한 경우. 이 경우 하수급인이 책임질 사유에 대하여는 수급인에게도 같은 책임이 있는 것으로 본다.

2. 제21조의2를 위반하여 국가기술자격증 또는 건설기술경력증을 다른 자에게 빌리거나 빌려 준 경우

3. 제23조제3항에 따른 건설공사 실적, 기술자 보유현황 등을 거짓으로 제출한 경우

4. 제29조제6항에 따른 통보를 거짓으로 한 경우

5. 정당한 사유 없이 제81조(제3호 · 제4호 · 제6호 · 제8호 · 제11호 및 제12호는 제외한다)에 따른 시정명령 또는 시정지시에 따르지 아니한 경우

6. 다음 각 목의 어느 하나에 해당하는 경우

가. 「건설기술 진흥법」 제54조제1항에 따른 시정명령을 이행하지 아니한 경우

나. 「건설기술 진흥법」 제48조제4항에 따른 시공상세도면의 작성의무를 위반하거나 건설사업관리를 수행하는 건설기술인 또는 공사감독자의 검토와 확인을 받지 아니하고 시공한 경우

다. 「건설기술 진흥법」 제55조에 따른 품질시험 또는 검사를 성실하게 수행하지 아니한 경우

라. 「건설기술 진흥법」 제62조제2항에 따른 안전점검을 성실하게 수행하지 아니한 경우

마. 「건설기술 진흥법」 제80조에 따른 시정명령을 이행하지 아니한 경우

7. 「산업안전보건법」에 따른 중대재해를 발생시킨 건설사업자에

대하여 고용노동부장관이 영업정지를 요청한 경우와 그 밖에 다른 법령에 따라 국가 또는 지방자치단체의 기관이 영업정지를 요구한 경우

8. 제22조제7항, 제34조, 제36조제1항, 제37조, 제38조제1항 또는 제68조의3제1항에 따른 건설사업자로서의 의무를 위반한 경우

9. 제38조제2항을 위반하여 부당한 특약을 강요한 경우

10. 제25조제5항에 따른 벌점이 대통령령으로 정하는 기준을 초과한 경우

11. 제68조의4제1항에 따른 통보를 거짓으로 한 경우

② 국토교통부장관은 건설사업자가 다음 각 호의 어느 하나에 해당하면 1년 이내의 기간을 정하여 그 건설사업자(제5호의 경우 중 하도급인 경우에는 그 건설사업자와 수급인을, 다시 하도급한 경우에는 그 건설사업자와 다시 하도급한 자를 말한다)의 영업정지를 명하거나 영업정지를 갈음하여 그 위반한 공사의 도급금액(제3호ㆍ제6호 또는 제7호의 경우에는 하도급금액을 말한다)의 100분의 30에 상당하는 금액(제5호의 경우에는 5억원) 이하의 과징금을 부과할 수 있다. 〈개정 2012. 6. 1., 2013. 3. 23., 2018. 12. 18., 2018. 12. 31., 2019. 4. 30.〉

1. 제16조를 위반하여 건설공사를 도급 또는 하도급받은 경우

2. 제28조의2제1항을 위반하여 건설공사를 직접 시공하지 아니한 경우

3. 제25조제2항 및 제29조제1항부터 제5항까지의 규정에 따른 하도급 제한을 위반한 경우

4. 제47조제2항에 따른 공사금액의 하한에 미달하는 공사를 도급받은 경우

5. 고의나 과실로 건설공사를 부실하게 시공한 경우

6. 제29조의2제1항에 따른 하수급인에 대한 관리의무를 이행하지 아니한 경우(하수급인이 제3호에 따른 영업정지 등의 처분을 받은 경우로서 그 위반행위를 지시ㆍ공모한 사실이 확인된 경우만 해당한다)

7. 제29조의3제5항을 위반하여 수급인이 하도급 참여제한 중에 있는 건설사업자에게 하도급을 하거나, 건설사업자가 하도급 참여제한 기간 중에 하도급을 받은 경우

③ 제1항 또는 제2항에 따라 과징금 부과처분을 받은 자가 과징

금을 기한까지 내지 아니하면 국세 또는 지방세 체납처분의 예에 따라 징수한다.

[전문개정 2011. 5. 24.]

제82조의2(부정한 청탁에 의한 재물 등의 취득 및 제공에 대한 영업정지 등) ① 국토교통부장관은 건설사업자가 제38조의2를 위반하여 부정한 청탁을 받고 재물 또는 재산상의 이익을 취득하거나 부정한 청탁을 하면서 재물 또는 재산상의 이익을 제공한 경우에는 대통령령으로 정하는 바에 따라 1년의 범위에서 기간을 정하여 영업정지를 명하거나 영업정지에 갈음하여 10억원 이하의 과징금을 부과할 수 있다. 〈개정 2013. 3. 23., 2019. 4. 30.〉

② 건설사업자가 제1항에 따른 영업정지처분 또는 과징금 부과처분을 받고 그 처분을 받은 날부터 3년 이내에 다시 동일한 위반행위를 한 경우에는 대통령령으로 정하는 바에 따라 2년의 범위에서 기간을 정하여 영업정지를 명할 수 있다. 다만, 영업정지를 명할 경우 회복할 수 없는 손해가 발생할 우려가 있다고 인정되는 경우에는 영업정지에 갈음하여 대통령령으로 정하는 바에 따라 20억원 이하의 과징금을 부과할 수 있다. 〈개정 2019. 4. 30.〉

③ 건설사업자가 제1항에 따른 영업정지처분 또는 과징금 부과처분을 받고 그 처분을 받은 날부터 3년 이내에 2회 이상 동일한 위반행위를 한 경우에는 건설업 등록을 말소하여야 한다. 〈개정 2019. 4. 30.〉

④ 제1항부터 제3항까지의 처분은 법인 또는 개인이 그 위반행위를 방지하기 위하여 해당 업무에 관하여 상당한 주의와 감독을 게을리하지 아니한 경우에는 부과하지 아니한다.

⑤ 제1항 및 제2항에 따라 과징금 부과처분을 받은 자가 과징금을 기한까지 내지 아니하면 국세 또는 지방세 체납처분의 예에 따라 징수한다.

[본조신설 2011. 5. 24.]

제83조(건설업의 등록말소 등) 국토교통부장관은 건설사업자가 다음 각 호의 어느 하나에 해당하면 그 건설사업자(제10호의 경우 중 하도급인 경우에는 그 건설사업자와 수급인을, 다시 하도급한 경우에는 그 건설사업자와 다시 하도급한 자를 말한다)의 건설업 등록을 말소하거나 1년 이내의 기간을 정하여 영업정지를 명할 수 있다. 다

만, 제1호, 제2호의2, 제3호의2, 제3호의3, 제4호부터 제8호까지, 제8호의2, 제12호 또는 제13호에 해당하는 경우에는 건설업 등록을 말소하여야 한다. 〈개정 2012. 6. 1., 2013. 3. 23., 2014. 5. 14., 2016. 2. 3., 2017. 3. 21., 2018. 12. 18., 2018. 12. 31., 2019. 4. 30., 2020. 6. 9., 2020. 12. 22., 2020. 12. 29., 2021. 7. 27.〉

1. 부정한 방법으로 제9조에 따른 건설업 등록을 한 경우

2. 삭제 〈2016. 2. 3.〉

2의2. 제9조에 따른 건설업의 등록을 한 후 1년이 지날 때까지 영업을 개시하지 아니하거나 계속하여 1년 이상 「부가가치세법」 제8조제8항에 따라 관할 세무세장에게 휴업신고를 한 경우로서 제10조에 따른 건설업의 등록기준에 미달한 사실이 있는 경우

3. 제10조에 따른 건설업의 등록기준에 미달한 사실이 있는 경우. 다만, 일시적으로 등록기준에 미달하는 등 대통령령으로 정하는 경우는 예외로 한다.

3의2. 제10조에 따른 건설업의 등록기준에 미달하여 영업정지처분을 받은 후 그 처분의 종료일까지 등록기준 미달사항을 보완하지 아니한 경우

3의3. 제10조에 따른 건설업의 등록기준에 미달하여 영업정지처분을 받은 후 3년 이내에 동일한 등록기준에 미달하게 된 경우

4. 제13조제1항 각 호의 어느 하나에 해당하는 건설업 등록의 결격사유에 해당하게 된 경우. 다만, 건설업으로 등록된 법인의 임원 중 건설업 등록의 결격사유에 해당되는 사람이 있는 경우로서 그 사실을 안 날부터 3개월 이내에 그 임원을 교체한 경우는 제외한다.

5. 제21조를 위반하여 다른 사람에게 자기의 성명이나 상호를 사용하여 건설공사를 수급 또는 시공하게 하거나 이를 알선한 경우 또는 건설업 등록증이나 건설업 등록수첩을 빌려주거나 이를 알선한 경우

6. 제21조의2를 위반하여 국가기술자격증 또는 건설기술경력증을 다른 자에게 빌려 건설업의 등록기준을 충족시키거나 국가기술자격증 또는 건설기술경력증을 다른 자에게 빌려주어 건설업의 등록기준에 미달한 사실이 있는 경우

7. 제29조제1항부터 제3항까지 중 어느 하나에 해당하는 위반행

위를 하여 제82조제2항제3호에 따라 영업정지처분 또는 과징금 부과처분을 받고 그 처분을 받은 날부터 5년 이내에 이를 다시 2회 이상 위반한 경우

8. 제82조, 제82조의2 또는 이 조에 따른 영업정지처분을 위반한 경우

8의2. 제81조제9호의 위반행위로 인하여 제82조제1항제5호에 따라 영업정지처분을 받고 그 처분의 종료일까지 제49조제1항에 따른 보고를 하지 아니한 경우(건설업 등록기준에의 적합 여부를 판단하기 위하여 보고하도록 한 경우에 한정한다)

9. 건설업 등록을 한 후 1년이 지날 때까지 영업을 시작하지 아니하거나 계속하여 1년 이상 휴업한 경우

10. 고의나 과실로 건설공사를 부실하게 시공하여 시설물의 구조상 주요 부분에 중대한 손괴를 일으켜 공중(公衆)의 위험을 발생하게 한 경우

11. 다른 법령에 따라 국가 또는 지방자치단체의 기관이 영업정지 또는 등록말소를 요구한 경우

12. 건설사업자가 「부가가치세법」 제8조제8항에 따라 폐업신고를 하였거나, 관할 세무서장이 같은 조 제9항에 따라 사업자등록을 말소한 경우

13. 다음 각 목의 어느 하나에 해당하는 위반행위를 하여 「독점규제 및 공정거래에 관한 법률」 제43조에 따라 과징금 부과처분을 받고 그 처분을 받은 날부터 9년 이내에 다음 각 목의 어느 하나에 해당하는 위반행위를 다시 하여 같은 기간 내에 2회 이상 과징금 부과처분을 받은 경우

가. 「독점규제 및 공정거래에 관한 법률」 제40조제1항제1호

나. 「독점규제 및 공정거래에 관한 법률」 제40조제1항제3호

다. 「독점규제 및 공정거래에 관한 법률」 제40조제1항제8호

[전문개정 2011. 5. 24.]

제83조의2(시정명령 등의 요구 및 보고) ① 지방자치단체의 장은 건설사업자가 관할구역에서 이 법을 위반한 사실을 발견하면 그 건설사업자의 등록관청으로 하여금 제81조, 제82조, 제82조의2 및 제83조에 따라 그 건설사업자에 대한 시정명령, 영업정지 또는 등록말소 등을 하도록 요구할 수 있다. 〈개정 2019. 4. 30.〉

② 지방자치단체의 장은 제81조, 제82조, 제82조의2 및 제83조에 따라 시정명령, 영업정지 또는 등록말소 등을 한 경우(제91조제1항에 따라 위임받은 경우만 해당한다)에는 국토교통부령으로 정하는 바에 따라 처분 내용, 처분 사유 등을 국토교통부장관에게 보고하여야 한다. 〈개정 2013. 3. 23.〉

③ 국가기관, 지방자치단체 또는 대통령령으로 정하는 공공기관은 제38조의2를 위반한 사실을 발견하면 해당 건설사업자의 등록관청이 제82조의2에 따른 영업정지나 과징금 부과 또는 등록말소를 할 수 있도록 그 사실을 등록관청에 통보하여야 한다. 〈개정 2019. 4. 30.〉

[전문개정 2011. 5. 24.]

제83조의3(폐업 등의 확인) 국토교통부장관 또는 지방자치단체의 장(제91조제1항에 따라 위임받은 사무를 처리하기 위하여 필요한 경우에만 해당한다. 이하 이 조에서 같다)은 제83조제12호에 따른 폐업 또는 사업자등록 말소(이하 이 조에서 "폐업등"이라 한다) 사실을 확인하기 위하여 관할 세무관서의 장에게 해당 사업자의 사업자등록번호를 기재하여 폐업등에 관한 과세정보의 제공을 요청할 수 있다. 이 경우 국토교통부장관 또는 지방자치단체의 장은 폐업등 사실을 확인하기 위하여 필요하면 「전자정부법」 제36조제1항에 따라 행정정보를 공동이용할 수 있다.

[본조신설 2016. 2. 3.]

제84조(영업정지 등의 세부 처분기준) 제82조, 제82조의2 또는 제83조에 따라 영업정지처분을 하거나 과징금 부과처분을 하는 경우 또는 건설업 등록을 말소하거나 영업정지처분을 하는 경우에 그 위반행위의 종류와 위반 정도에 따른 건설업 등록말소 또는 영업정지의 기준, 영업정지의 기간, 과징금의 금액, 그 밖에 필요한 사항은 대통령령으로 정한다. 이 경우 제9조의3제2항에 따른 교육 이수자에 대하여는 대통령령으로 정하는 바에 따라 영업정지의 기간 등을 감경할 수 있다. 〈개정 2015. 8. 11.〉

[전문개정 2011. 5. 24.]

제84조의2(제척기간) 국토교통부장관은 다음 각 호의 기간이 지난 경우에는 제82조, 제82조의2 또는 제83조에 따른 영업정지를 명하거나 과징금의 부과 또는 건설업 등록의 말소를 할 수 없다. 〈개정

2013. 3. 23., 2020. 6. 9.〉

1. 제82조제1항제1호, 같은 조 제2항제5호 또는 제83조제10호 위반의 경우 해당 공사의 하자담보책임기간 종료일부터 10년

2. 제82조(제1항제1호ㆍ제8호ㆍ제9호 및 제2항제5호는 제외한다), 제82조의2 또는 제83조(제10호는 제외한다) 위반의 경우 위반행위 종료일부터 5년

3. 제82조제1항제8호 또는 제9호 위반의 경우 위반행위 종료일부터 3년

[본조신설 2012. 12. 18.]

제85조(이해관계인에 의한 제재의 요구) 이해관계인은 건설사업자가 제81조 각 호의 어느 하나에 해당하면 국토교통부장관에게 그 사유를 분명하게 밝혀 그 건설사업자에 대하여 적절한 조치를 할 것을 요구할 수 있다. 〈개정 2013. 3. 23., 2019. 4. 30.〉

[전문개정 2011. 5. 24.]

제85조의2(건설사업자의 지위 승계 등) ① 제20조의2에 따른 폐업신고로 건설업 등록이 말소된 자가 제9조에 따라 6개월 이내에 다시 건설사업자로 등록한 경우로서 다음 각 호의 어느 하나에 해당하는 경우에는 그 건설사업자는 폐업신고 전의 건설사업자의 지위를 승계한다. 〈개정 2012. 6. 1., 2016. 2. 3., 2019. 4. 30.〉

1. 말소 당시에 등록한 업종과 동일한 업종의 건설업을 다시 등록하는 경우

2. 말소 당시의 업종과 업무내용이 전부 또는 일부 중복되는 다른 업종의 건설업을 등록하는 경우로서 대통령령으로 정하는 경우

② 제1항에 따라 건설사업자의 지위를 승계한 자에 대하여는 폐업신고 전의 건설사업자에 대한 행정처분의 효과가 승계된다. 〈개정 2019. 4. 30.〉

③ 국토교통부장관은 제1항에 따라 폐업신고 전의 건설사업자의 지위를 승계한 자에 대하여 폐업신고 전의 위반행위를 사유로 제81조, 제82조, 제82조의2 및 제83조에 따른 시정명령, 영업정지 또는 등록말소 등을 할 수 있다. 〈개정 2013. 3. 23., 2019. 4. 30.〉

[전문개정 2011. 5. 24.]

[제목개정 2019. 4. 30.]

제85조의3(등록말소 등의 공고) ① 국토교통부장관은 제81조, 제82

조, 제82조의2, 제83조 및 제101조에 따라 건설사업자에 대하여 시정명령, 영업정지, 등록말소 또는 과태료 부과처분 등을 하면 국토교통부령으로 정하는 바에 따라 그 내용을 공고하고, 공고 사실을 본인에게 알려야 한다. 〈개정 2013. 3. 23., 2019. 4. 30.〉

② 국토교통부장관은 제1항에 따라 공고한 내용을 대통령령으로 정하는 금융기관, 신용정보기관에 제공할 수 있다. 이 경우 국토교통부장관은 그 제공 사실을 본인에게 알려야 한다. 〈개정 2013. 3. 23.〉

[전문개정 2011. 5. 24.]

제86조(청문) 국토교통부장관은 제82조, 제82조의2 또는 제83조에 따라 영업정지, 과징금 부과 또는 등록말소를 하려면 청문을 하여야 한다. 다만, 건설사업자의 폐업으로 제83조제12호에 해당하여 등록말소를 하려는 경우에는 청문을 하지 아니한다. 〈개정 2013. 3. 23., 2019. 4. 30.〉

[전문개정 2011. 5. 24.]

제86조의2(발주자에 대한 점검 등) 국토교통부장관은 국가, 지방자치단체 또는 대통령령으로 정하는 공공기관이 발주자인 경우에는 발주능력과 건설공사 관리능력을 높이기 위하여 제7조제2항에 따른 발주자의 책무를 점검·확인할 수 있다. 〈개정 2013. 3. 23.〉

[전문개정 2011. 5. 24.]

제86조의3(건설행정의 지도·감독 등) 국토교통부장관은 건설업 등록 등 관련 사무의 집행, 건설공사 감독의 실태 등 건설행정의 건실한 운영을 지도·점검하기 위하여 국토교통부령으로 정하는 바에 따라 지도·점검계획을 수립·시행할 수 있다. 〈개정 2013. 3. 23.〉

[전문개정 2011. 5. 24.]

제86조의4(상습체불건설사업자 명단 공표 등) ① 국토교통부장관은 직전연도부터 과거 3년간 제34조제1항(제32조제4항에서 준용하는 경우를 포함한다)을 위반하여 제81조 또는 제82조에 따른 처분(불복절차가 진행 중인 처분은 제외하며, 동일한 위반행위로 인하여 2회 이상의 처분을 받은 경우에는 그 처분 횟수를 1회로 본다)을 2회 이상 받은 건설사업자 중 하도급대금, 건설기계 대여대금, 가설기자재 대여대금 및 건설공사용 부품대금의 체불 총액이 1천만원 이상인 자(이하 "상습체불건설사업자"라 한다)의 명단을 공표하여야

한다. 다만, 상습체불건설사업자의 사망, 실종선고로 명단공표의 실효성이 없는 경우 등 대통령령으로 정하는 사유가 있는 경우에는 그러하지 아니하다. 〈개정 2019. 4. 30., 2021. 7. 27.〉

② 제1항에 따른 상습체불건설사업자 명단의 공표 여부를 심의하기 위하여 국토교통부에 상습체불건설사업자명단 공표심의위원회(이하 이 조에서 "심의위원회"라 한다)를 둔다. 〈개정 2019. 4. 30.〉

③ 국토교통부장관은 심의위원회의 심의를 거친 공표 대상 건설사업자에게 명단 공표 대상자임을 통지하고 3개월 이상의 기간을 정하여 소명 기회를 주어야 한다. 〈개정 2019. 4. 30.〉

④ 국토교통부장관은 제23조에 따른 시공능력 평가 시 상습체불건설사업자의 체불 이력을 국토교통부령으로 정하는 바에 따라 반영할 수 있다. 〈개정 2019. 4. 30.〉

⑤ 제1항 및 제2항에 따른 상습체불건설사업자 명단 공표 방법, 심의위원회의 구성 및 운영 등에 필요한 사항은 대통령령으로 정한다. 〈개정 2019. 4. 30.〉

[본조신설 2014. 5. 14.]

[제목개정 2019. 4. 30.]

제10장 보칙 〈개정 2011. 5. 24.〉

제87조(건설근로자 퇴직공제제도의 시행) ① 대통령령으로 정하는 건설공사를 하는 건설사업자는 「건설근로자의 고용개선 등에 관한 법률」에 따른 건설근로자 퇴직공제제도에 가입하여야 한다. 〈개정 2019. 4. 30.〉

② 제1항에 따라 건설근로자 퇴직공제제도에 가입하여야 하는 건설공사 도급계약의 당사자는 대통령령으로 정하는 바에 따라 그 건설공사의 도급금액 산출명세서에 건설근로자 퇴직공제제도의 가입에 드는 금액을 분명하게 적어야 한다.

③ 국토교통부장관은 제23조에 따른 시공능력의 평가나 그 밖의 건설시책을 시행할 때 제2항에 따라 건설근로자 퇴직공제제도에 가입한 건설사업자를 우대할 수 있다. 〈개정 2013. 3. 23., 2019. 4. 30.〉

[전문개정 2011. 5. 24.]

제87조의2(건설전문인력의 육성 및 관리) ① 국토교통부장관은 건설

분야의 전문적인 기술 또는 기능을 보유한 인력(이하 "건설전문인력"이라 한다)의 육성 및 관리 등에 관한 시책을 수립·추진할 수 있다. 〈개정 2013. 3. 23.〉

② 국토교통부장관이 제1항에 따라 수립하는 시책에는 다음 각 호의 사항이 포함되어야 한다. 〈개정 2013. 3. 23.〉

1. 건설전문인력의 수급 및 활용에 관한 사항
2. 건설전문인력의 육성 및 교육훈련에 관한 사항
3. 건설전문인력의 경력관리와 경력인증에 관한 사항
4. 그 밖에 건설전문인력의 육성 및 관리에 필요한 사항으로서 대통령령으로 정하는 사항

③ 국토교통부장관은 건설전문인력의 육성 및 관리 등에 관한 시책을 추진할 때 필요하면 건설전문인력 관련 단체, 협회, 공제조합 및 건설사업자를 지원할 수 있다. 〈개정 2013. 3. 23., 2019. 4. 30.〉

④ 제1항부터 제3항까지의 규정에 따른 건설전문인력의 육성 및 관리와 지원 등에 필요한 사항은 대통령령으로 정한다.

⑤ 국토교통부장관은 대통령령으로 정하는 바에 따라 관련 중앙행정기관의 장, 제87조에 따른 건설근로자 퇴직공제제도 운영기관 등 건설전문인력 관련 단체, 협회, 공제조합 및 건설사업자 등에 대하여 건설전문인력의 육성 및 관리 등에 필요한 자료를 제출할 것을 요청할 수 있다. 이 경우 요청을 받은 자는 특별한 사유가 없으면 이에 따라야 한다. 〈개정 2013. 3. 23., 2019. 4. 30.〉

[전문개정 2011. 5. 24.]

제87조의3(공공건설공사의 외국인근로자에 대한 관리) ① 공공건설공사의 발주자는 수급인 및 하수급인이 「외국인근로자의 고용 등에 관한 법률」 등 관계 법령에 따라 외국인근로자를 적법하게 고용하고 있는지를 확인하여야 한다.

② 공공건설공사의 발주자는 제1항에 따른 확인에 필요한 경우에는 수급인 및 하수급인에게 대통령령으로 정하는 자료의 제출을 요청할 수 있다. 이 경우 자료의 제출을 요청받은 자는 특별한 사유가 없으면 이에 따라야 한다.

③ 공공건설공사의 발주자는 제1항에 따라 확인한 결과 수급인 및 하수급인이 관계 법령을 위반하였다고 판단되는 때에는 이를 국

토교통부장관 및 관계 기관의 장에게 알리는 등 필요한 조치를 하여야 한다.

[본조신설 2021. 7. 27.]

제88조(임금에 대한 압류의 금지) ① 건설사업자가 도급받은 건설공사의 도급금액 중 그 공사(하도급한 공사를 포함한다)의 근로자에게 지급하여야 할 임금에 상당하는 금액은 압류할 수 없다. 〈개정 2019. 4. 30.〉

② 제1항의 임금에 상당하는 금액의 범위와 산정방법은 대통령령으로 정한다.

[전문개정 2011. 5. 24.]

제89조(직무상 알게 된 사실의 누설 금지) 다음 각 호의 사람은 특별한 사유가 없으면 직무상 알게 된 건설사업자의 재산 및 업무 상황을 누설하여서는 아니 된다. 〈개정 2013. 8. 6., 2019. 4. 30.〉

1. 이 법에 따른 등록, 신고 또는 감독 사무에 종사하는 공무원이거나 공무원이었던 사람

2. 위원회의 위원, 전문위원 등 분쟁조정 업무를 수행하거나 수행하였던 사람

3. 제91조제3항에 따른 위탁사무에 종사하거나 종사하였던 사람

[전문개정 2011. 5. 24.]

제90조(벌칙 적용 시의 공무원 의제) 위원회의 위원과 제86조의4제2항에 따른 상습체불건설사업자명단 공표심의위원회의 위원 중 공무원이 아닌 사람 또는 제91조제3항에 따른 위탁사무에 종사하는 자는 「형법」 제127조와 제129조부터 제132조까지의 규정을 적용할 때에는 공무원으로 본다. 〈개정 2016. 2. 3., 2019. 4. 30.〉

[전문개정 2011. 5. 24.]

제91조(권한의 위임·위탁) ① 이 법에 따른 국토교통부장관의 권한은 대통령령으로 정하는 바에 따라 그 일부를 소속 기관의 장, 시·도지사 또는 시장·군수·구청장(자치구의 구청장을 말한다)에게 위임할 수 있다. 〈개정 2011. 5. 24., 2013. 3. 23.〉

② 삭제 〈1999. 4. 15.〉

③ 이 법에 따른 국토교통부장관의 권한 중 다음 각 호의 권한은 대통령령으로 정하는 바에 따라 국토교통부장관이 지정하는 기관에 위탁할 수 있다. 〈개정 2011. 5. 24., 2013. 3. 23., 2015. 8.

11., 2016. 2. 3., 2018. 12. 18., 2019. 4. 30., 2020. 4. 7.〉

1. 제9조에 따른 건설업 등록 신청의 접수 및 신청 내용의 확인

2. 제9조의2에 따른 건설업 등록증 또는 건설업 등록수첩의 기재사항 변경신청의 접수 및 신청 내용의 확인

2의2. 제9조의3에 따른 건설업 윤리 및 실무 관련 교육의 실시

3. 제17조에 따른 건설업의 양도, 법인 합병 및 상속에 대한 신고의 접수 및 신고 내용의 확인

4. 제23조에 따른 건설사업자의 시공능력 평가 및 건설공사 실적 등의 접수, 내용의 확인 및 관계 자료 제출의 요청

5. 제23조의2에 따른 건설사업관리자의 건설사업관리능력 평가 및 건설사업관리 실적 등의 접수 및 내용의 확인

6. 제24조에 따른 건설산업정보 종합관리체계의 구축ㆍ운영

7. 제47조제2항에 따른 공사금액 하한의 결정에 따른 업무

8. 제48조에 따른 건설사업자 간의 협력 지도

8의2. 제48조의2에 따른 건설근로자 고용평가 업무

9. 제49조에 따른 건설사업자에 대한 실태조사 중 등록기준에 적합한지를 판단하기 위한 자료의 제출 요청, 그 내용의 확인 및 그 밖에 국토교통부장관이 필요하다고 인정한 사항의 확인

10. 제87조의2에 따른 건설전문인력의 육성 및 관리 업무

11. 제25조제5항에 따른 벌점의 종합관리

12. 제29조의3에 따른 하도급 참여제한 처분사실의 게재 및 관리

[제목개정 2011. 5. 24.]

제92조(수수료) 다음 각 호의 어느 하나에 해당하는 자는 국토교통부령으로 정하는 바에 따라 수수료를 내야 한다. 〈개정 2013. 3. 23.〉

1. 제9조제1항 및 제2항에 따라 건설업 등록을 신청하는 자

2. 제9조의2제3항에 따라 건설업 등록증 또는 건설업 등록수첩의 재발급을 신청하는 자

3. 제23조제1항에 따른 시공능력의 평가 및 공시를 받기 위하여 신청하는 자

4. 제23조의2제1항에 따라 건설사업관리능력의 평가 및 공시를 받기 위하여 신청하는 자

5. 제24조제1항에 따라 건설산업정보를 제공받는 자

6. 제69조제3항에 따라 분쟁 조정을 신청하는 자
[전문개정 2011. 5. 24.]

제11장 벌칙 〈개정 2011. 5. 24.〉

제93조(벌칙) ① 건설사업자 또는 제40조제1항에 따라 건설 현장에 배치된 건설기술인으로서 건설공사의 안전에 관한 법령을 위반하여 건설공사를 시공함으로써 그 착공 후 제28조에 따른 하자담보책임 기간에 교량, 터널, 철도, 그 밖에 대통령령으로 정하는 시설물의 구조상 주요 부분에 중대한 파손을 발생시켜 공중의 위험을 발생하게 한 자는 10년 이하의 징역에 처한다. 〈개정 2018. 8. 14., 2019. 4. 30.〉

② 제1항의 죄를 범하여 사람을 죽거나 다치게 한 자는 무기 또는 3년 이상의 징역에 처한다.

[전문개정 2011. 5. 24.]

제94조(벌칙) ① 업무상 과실로 제93조제1항의 죄를 범한 자는 5년 이하의 징역이나 금고 또는 5천만원 이하의 벌금에 처한다.

② 업무상 과실로 제93조제1항의 죄를 범하여 사람을 죽거나 다치게 한 자는 10년 이하의 징역이나 금고 또는 1억원 이하의 벌금에 처한다.

[전문개정 2011. 5. 24.]

제95조(벌칙) 건설공사의 입찰에서 다음 각 호의 어느 하나에 해당하는 행위를 한 자는 5년 이하의 징역 또는 2억원 이하의 벌금에 처한다. 〈개정 2016. 2. 3., 2019. 4. 30.〉

1. 부당한 이익을 취득하거나 공정한 가격 결정을 방해할 목적으로 입찰자가 서로 공모하여 미리 조작한 가격으로 입찰한 자
2. 다른 건설사업자의 견적을 제출한 자
3. 위계 또는 위력, 그 밖의 방법으로 다른 건설사업자의 입찰행위를 방해한 자

[전문개정 2011. 5. 24.]

제95조의2(벌칙) 다음 각 호의 어느 하나에 해당하는 자는 5년 이하의 징역 또는 5천만원 이하의 벌금에 처한다. 〈개정 2017. 3. 21., 2019. 4. 30.〉

1. 제9조제1항에 따른 등록을 하지 아니하거나 부정한 방법으로

등록을 하고 건설업을 한 자
2. 제21조제1항 또는 제2항을 위반하여 다른 사람에게 자기의 성명이나 상호를 사용하여 건설공사를 수급 또는 시공하게 한 건설사업자와 그 상대방, 건설업 등록증이나 건설업 등록수첩을 빌려준 건설사업자와 그 상대방
3. 제21조제3항을 위반하여 다른 사람의 성명이나 상호를 사용한 건설공사 수급 또는 시공을 알선하거나 건설업 등록증 또는 건설업 등록수첩 대여를 알선한 자
4. 제21조제4항을 위반하여 건설공사를 도급 또는 시공하게 한 건축주
5. 제38조의2를 위반하여 부정한 청탁을 받고 재물 또는 재산상의 이익을 취득하거나 부정한 청탁을 하면서 재물 또는 재산상의 이익을 제공한 자
[전문개정 2011. 5. 24.]

제96조(벌칙) 다음 각 호의 어느 하나에 해당하는 자는 3년 이하의 징역 또는 3천만원 이하의 벌금에 처한다. 〈개정 2014. 5. 14., 2016. 2. 3., 2018. 12. 18., 2018. 12. 31.〉
1. 삭제 〈2017. 3. 21.〉
2. 제17조에 따른 신고를 하지 아니하거나 부정한 방법으로 신고하고 건설업을 한 자
3. 삭제 〈2017. 3. 21.〉
4. 제25조제2항 및 제29조제1항부터 제5항까지의 규정을 위반하여 하도급한 자
4의2. 제38조의3을 위반하여 불이익을 주는 행위를 한 자
5. 제41조를 위반하여 시공한 자
6. 정당한 사유 없이 제82조, 제82조의2 또는 제83조에 따른 영업정지처분을 위반한 자
7. 제29조의2제1항에 따른 하수급인에 대한 관리의무를 이행하지 아니한 자(하수급인이 제82조제2항제3호에 따른 영업정지 등의 처분을 받은 경우로서 그 위반행위를 지시·공모한 사실이 확인된 경우만 해당한다)
[전문개정 2011. 5. 24.]

제97조(벌칙) 다음 각 호의 어느 하나에 해당하는 자는 1년 이하의

징역 또는 1천만원 이하의 벌금에 처한다. 〈개정 2014. 5. 14., 2018. 8. 14.〉

1. 제11조에 따른 표시·광고의 제한을 위반한 자

2. 제23조제3항에 따른 건설공사 실적, 기술자 보유현황, 재무상태를 거짓으로 제출한 자

3. 제23조의2제2항에 따른 건설사업관리 실적, 인력 보유현황, 재무상태를 거짓으로 제출한 자

4. 제40조제1항에 따른 건설기술인의 현장 배치를 하지 아니한 자

[전문개정 2011. 5. 24.]

제98조(양벌규정) ① 법인의 대표자나 법인 또는 개인의 대리인, 사용인, 그 밖의 종업원이 그 법인 또는 개인의 업무에 관하여 제93조의 위반행위를 하면 그 행위자를 벌하는 외에 그 법인 또는 개인에게도 10억원 이하의 벌금형을 과(科)한다. 다만, 법인 또는 개인이 그 위반행위를 방지하기 위하여 해당 업무에 관하여 상당한 주의와 감독을 게을리하지 아니한 경우에는 그러하지 아니하다.

② 법인의 대표자나 법인 또는 개인의 대리인, 사용인, 그 밖의 종업원이 그 법인 또는 개인의 업무에 관하여 제94조, 제95조, 제95조의2, 제96조 또는 제97조제1호·제2호·제3호의 위반행위를 하면 그 행위자를 벌하는 외에 그 법인 또는 개인에게도 해당 조문의 벌금형을 과(科)한다. 다만, 법인 또는 개인이 그 위반행위를 방지하기 위하여 해당 업무에 관하여 상당한 주의와 감독을 게을리하지 아니한 경우에는 그러하지 아니하다.

[전문개정 2011. 5. 24.]

[2011. 5. 24. 법률 제10719호에 의하여 2009. 7. 30. 헌법재판소에서 위헌 결정된 이 조를 개정함.]

제98조의2(과태료) 다음 각 호의 어느 하나에 해당하는 자에게는 2천만원 이하의 과태료를 부과한다.

1. 제29조의2제1항에 따른 하수급인에 대한 관리의무를 이행하지 아니한 자(하수급인이 제82조제2항제3호에 따른 영업정지 등의 처분을 받은 경우로서 그 위반행위를 묵인한 사실이 확인된 경우만 해당한다)

2. 제65조의2제3항에 따른 명령을 이행하지 아니한 자

[전문개정 2018. 12. 18.]

제99조(과태료) 다음 각 호의 어느 하나에 해당하는 자에게는 500만원 이하의 과태료를 부과한다. 〈개정 2012. 6. 1., 2013. 8. 6., 2015. 8. 11., 2017. 12. 26., 2018. 12. 18., 2018. 12. 31., 2019. 4. 30., 2019. 11. 26.〉

1. 제14조제2항을 위반하여 처분의 내용을 발주자 등에게 통지하지 아니한 건설사업자 및 그 포괄승계인

2. 제22조제2항을 위반하여 도급계약을 계약서로 체결하지 아니하거나 계약서를 교부하지 아니한 건설사업자(하도급인 경우에는 하도급받은 건설사업자는 제외한다)

3. 제22조제6항에 따른 건설공사대장의 기재사항을 해당 공사 완료일까지 발주자에게 통보하지 아니하거나 거짓으로 통보한 자

3의2. 제22조제8항에 따른 통보를 하지 아니하거나 통보기한을 위반한 자

3의3. 제22조의2제1항에 따른 공사대금의 지급보증, 담보의 제공 또는 보험료등의 지급을 정당한 사유 없이 이행하지 아니한 자

4. 제28조의2제2항에 따른 통보를 하지 아니한 자

5. 제29조제6항에 따른 통보를 하지 아니한 자

6. 제29조의2제1항에 따른 하수급인에 대한 관리의무를 이행하지 아니한 자(하수급인이 제82조제2항제3호에 따른 영업정지 등의 처분을 받은 경우로서 하수급인의 현장배치기술자의 소속을 확인하지 않는 등 국토교통부령으로 정하는 과실이 확인된 경우만 해당하며, 그 위반행위를 지시·공모·묵인한 경우는 제외한다)

7. 제31조의2에 따라 제출한 하도급계획(건설공사를 도급받은 경우 제출한 하도급계획만 해당한다)을 정당한 사유 없이 이행하지 아니한 자

7의2. 제31조의3제2항을 위반하여 하도급공사와 관련된 사항을 알리지 아니하거나, 정당한 사유 없이 알린 내용과 다르게 계약을 체결한 자

8. 제34조제1항에 따른 하도급대금 등을 지급기일까지 지급하지 아니하여 제81조제4호에 따라 시정명령을 받고 이에 따르지 아니한 자

9. 제49조제1항에 따른 조사 또는 검사를 거부, 기피, 방해하거나 거짓으로 보고한 자

10. 제72조에 따라 위원회로부터 분쟁조정 신청 내용을 통보받고 그 조정에 참여하지 아니한 자

11. 제81조제3호 · 제5호의2 · 제11호 또는 제12호의 사유로 인한 시정명령이나 지시에 따르지 아니한 자

12. 제9조의3제1항에 따른 교육을 이수하지 아니한 자

13. 제36조의2제1항에 따른 추가 · 변경공사 대하여 서면으로 요구하지 아니한 건설사업자

14. 제25조제5항에 따른 벌점이 대통령령으로 정하는 기준을 초과한 자

15. 제68조의4제1항에 따른 통보를 하지 아니한 자

[전문개정 2011. 5. 24.]

제100조(과태료) 다음 각 호의 어느 하나에 해당하는 자에게는 50만원 이하의 과태료를 부과한다. 〈개정 2018. 8. 14.〉

1. 제9조의2제2항에 따른 기재 사항 변경신청을 정하여진 기간에 하지 아니한 자

2. 제40조제2항을 위반하여 건설공사의 현장을 이탈한 건설기술인

3. 제49조제1항에 따른 보고를 게을리한 자

4. 제81조제8호의 사유로 인한 시정명령이나 지시에 따르지 아니한 자

[전문개정 2011. 5. 24.]

제100조의2(과태료 규정 적용에 관한 특례) 제82조제1항제5호에 따라 영업정지를 명하거나 영업정지를 갈음하여 과징금을 부과한 행위에 대하여는 제99조제8호를 적용하지 아니한다. 〈개정 2012. 6. 1., 2020. 6. 9.〉

[전문개정 2011. 5. 24.]

제101조(과태료의 부과 · 징수절차) 제98조의2, 제99조 및 제100조에 따른 과태료는 대통령령으로 정하는 바에 따라 국토교통부장관이 부과 · 징수한다. 〈개정 2013. 3. 23., 2016. 2. 3.〉

[전문개정 2009. 12. 29.]

부칙 〈제5230호, 1996. 12. 30.〉

제1조 (시행일) 이 법은 1997년 7월 1일부터 시행한다. 다만, 제9

조의 규정은 1997년 1월 1일부터 시행하고, 제87조의 규정은 1998년 1월 1일부터 시행한다.

제2조 (다른 법률의 폐지) 다음 각호의 법률은 이를 각각 폐지한다.

1. 건설공제조합법
2. 전문건설공제조합법

제3조 (일반적 경과조치) 이 법 시행당시 종전의 건설업법 · 건설공제조합법 또는 전문건설공제조합법의 규정에 의하여 행하여진 처분은 이 법의 규정에 의하여 행하여진 것으로 본다.

제4조 (기존 가스시설시공업자등에 관한 경과조치) 이 법 시행당시 다음 각호의 등록을 한 자는 제11조제1항의 규정에 의하여 해당 업종의 등록을 한 것으로 본다.

1. 도시가스사업법 제12조의2제1항의 규정에 의한 시공자의 등록
2. 액화석유가스의안전및사업관리법 제15조의2의 규정에 의한 시공자의 등록
3. 에너지이용합리화법 제51조의 규정에 의한 특정열사용기자재의 시공업의 등록
4. 시설물의안전관리에관한특별법 제19조제1항의 규정에 의한 시설물유지관리업의 등록
5. 건축법 제56조제2항의 규정에 의한 온돌시공업의 등록

제5조 (기존 협회에 관한 경과조치) 이 법 시행당시 종전의 규정에 의하여 설립된 건설협회 · 전문건설협회 및 업종별공사업협회는 각각 제50조제1항의 규정에 의하여 설립된 것으로 본다.

제6조 (기존 공제조합에 관한 경과조치) 이 법 시행당시 종전의 건설공제조합법에 의하여 설립된 건설공제조합과 종전의 전문건설공제조합법에 의하여 설립된 전문건설공제조합 및 업종별공제조합은 각각 제54조제1항의 규정에 의하여 설립된 것으로 본다.

제7조 (건설업분쟁조정위원회에 관한 경과조치) 이 법 시행전에 이미 설치된 건설업분쟁조정위원회는 제69조제1항의 규정에 의하여 설치된 중앙건설분쟁조정위원회로 보며, 이 법 시행당시 건설업분쟁조정위원회에 계류중인 분쟁은 중앙건설분쟁조정위원회가 심사 · 조정한다.

제8조 (벌칙에 관한 경과조치) 이 법 시행전의 행위에 대한 벌칙의 적용에 있어서는 종전의 규정에 의한다.

제9조 (과태료규정에 관한 경과조치) 이 법 시행전의 행위에 대한 과태료규정의 적용에 있어서는 종전의 규정에 의한다.

제10조 (다른 법률의 개정) ①도시가스사업법중 다음과 같이 개정한다.

제12조의2항을 삭제하고, 동조제6항중 "제1항 및 제2항"을 "제1항"으로 한다.

제12조의2를 삭제한다.

제13조 및 제14조중 "제12조의2제1항 또는 규정에 의하여 등록한 시공자"를 각각 "시공자"로 한다.

제43조의3중 "제12조의2제3항 또는 제4항의 규정에 의한 등록의 취소, 사업의 정지 또는 과징금의 부과를 하고자 하는 경우에는 대통령령이 정하는 바에 따라"를 "대통령령이 정하는 바에 따라"로 한다.

제51조제3호중 "제1항 내지 제3항"을 "제1항 또는 제3항"으로 하고, 동조제6호를 삭제한다.

②액화석유가스의안전및사업관리법중 다음과 같이 개정한다.

제15조제2항을 삭제하고, 동조제5항중 "제1항 및 제2항"을 "제1항"으로 한다.

제15조의2를 삭제한다.

제16조제1항 및 제17조중 "제15조의2제1항의 규정에 의하여 등록을 한 시공자"를 각각 "시공자"로 한다.

제36조의2중 "제8조의2의 규정에 의하여 과징금을 부과하고자 하는 경우, 제15조의2제3항의 규정에 의하여 등록의 취소 또는 사업의 정지를 명하고자 하는 경우 및 제15조의2제4항의 규정에 의하여 과징금을 부과하고자 하는 경우에는"을 "제8조의2의 규정에 의하여 과징금을 부과하고자 하는 경우에는"으로 한다.

제48조제1항중 "제14조제3항 · 제15조의2제1항"을 "제14조제3항"으로 한다.

③에너지이용합리화법중 다음과 같이 개정한다.

제51조를 다음과 같이 한다.

제51조 (특정열사용기자재) 열사용기자재중 통상산업부령이 정하는 열사용기자재(이하 "특정열사용기자재"라 한다)의 설치 · 시공 또는 세관을 업(이하 "시공업"이라 한다)으로 하는 자는 건설산업기본

법 제11조제1항의 규정에 의하여 건설교통부장관에게 등록하여야 한다.

제52조를 삭제한다.

제53조제2항중 "제51조제1항의 규정에 의한 시공업의 등록을 한 자(제51조제2항의 규정에 의하여 등록을 한 것으로 보는 자를 포함한다. 이하 "시공업자"라 한다)"를 "건설산업기본법 제11조제1항의 규정에 의하여 시공업의 등록을 한 자(이하 "시공업자"라한다)"로 한다.

제54조를 다음과 같이 한다.

제54조 (시공업의 표시등) ①시공업자는 간판·간행물 기타의 광고매체를 이용하여 광고를 하는 경우에는 시공업자임을 표시하여야 한다.

②시공업자가 아닌 자는 그 사무소 또는 광고물등에 시공업자임을 표시하거나 이와 유사한 용어를 사용하여서는 아니된다.

③통상산업부장관은 제1항 또는 제2항의 규정에 위반한 자에 대하여 소속공무원으로 하여금 적절한 조치를 하게 할 수 있다.

제56조를 다음과 같이 한다.

제56조 (시공업등록말소등의 요청) 통상산업부장관은 시공업자가 다음 각호의 1에 해당하는 때에는 건설교통부장관에게 그 등록을 말소하거나 그 시공업의 전부 또는 일부를 정지하도록 요청할 수 있다.

1. 제48조제1항의 규정에 의한 표시가 없는 열사용기자재를 사용하여 시공한 때

2. 제53조제1항의 규정에 의한 기준을 따르지 아니하고 시공을 하거나 동조제2항의 규정에 의한 기록을 작성·보존하지 아니한 때

3. 제55조제1항의 규정에 의한 조치·시공확인을 받지 아니하고 특정열사용기자재를 사용하게 한 때

4. 제89조제1항의 규정에 의한 보고를 하지 아니하거나 허위의 보고를 한 때 또는 검사를 거부·방해 또는 기피한 때

5. 기타 이 법 또는 이 법에 의한 명령이나 처분에 위반한 때

제90조제4호 및 제91조제5호를 각각 삭제한다.

제92조제2항중 "제50조, 제51조제1항 및 제2항, 제54조제3항"을 "제50조"로 한다.

제94조제5호 및 제95조제2호를 각각 삭제한다.

④시설물의안전관리에관한특별법중 다음과 같이 개정한다.

제2조제11호중 "건설업법"을 "건설산업기본법"으로 한다.

제6조제4항중 "제19조의 규정에 의하여 등록을 한 유지관리업자"를 "건설산업기본법 제11조의 규정에 의하여 건설교통부장관에게 등록한 유지관리업자"로 한다.

제19조제1항을 삭제한다.

제28조제1항제3호중 "건설공제조합법에 의한 건설공제조합, 전문건설공제조합법에 의한 전문건설공제조합"을 "건설산업기본법에 의한 각 공제조합"으로 한다.

제40조제5호 및 제6호를 각각 삭제한다.

⑤주택건설촉진법중 다음과 같이 개정한다.

제6조의3제1항중 "그에 대하여 건설업법 제4조의 규정을 적용하지 아니한다"를 "건설산업기본법 제41조의 규정에 의한 건설업자로 본다"로 하고, 동조제2항중 "건설업법 제33조 내지 제37조 · 제59조 · 제61조제2호 · 제63조 · 제65조제5호 · 제66조제3호 및 제67조"를 "건설산업기본법 제40조 · 제41조 내지 제44조 · 제95조 · 제97조제2호 · 제98조 · 제100조제7호 및 제101조"로 한다.

제45조제1항중 "건설업법 제6조제1항"을 "건설산업기본법 제9조제1항 및 동법 제11조제1항"으로 한다.

⑥건축법중 다음과 같이 개정한다.

제2조제16호중 "건설업법 제2조제3호"를 "건설산업기본법 제2조제5호"로 한다.

제9조의2제3항중 "건설업법 제42조"를 "건설산업기본법 제50조"로 한다.

제16조제3항중 "건설업법 제4조제2호"를 "건설산업기본법 제41조제2호"로 한다.

제19조의2제2항중 "건설업법"을 "건설산업기본법"으로 한다.

제56조제2항을 삭제한다.

제76조의2제1항중 "건설업법 제32조"를 "건설산업기본법 제69조"로 한다.

⑦해외건설촉진법중 다음과 같이 개정한다.

제3조중 "건설업법"을 "건설산업기본법"으로 한다.

제6조제2항제1호중 "건설업법에 의하여 건설업의 면허를 받은 자"를 "건설산업기본법에 의하여 건설업의 면허를 받거나 등록을 한 자"로 한다.

⑧임업협동조합법중 다음과 같이 개정한다.

제7조의2제2항중 "건설업법"을 "건설산업기본법"으로 하고, 동조 제3항중 "건설업법 제6조제1항의 규정에 의한 면허를 받은 것으로 본다."를 "건설산업기본법에 의하여 면허를 받거나 등록을 한 것으로 본다."로 한다.

제11조 (다른 법령과의 관계) 이 법 시행당시 다른 법령에서 종전의 건설업법·건설공제조합법·전문건설공제조합법 또는 그 규정을 인용하고 있는 경우 이 법에 그에 해당하는 규정이 있는 때에는 이 법 또는 이 법의 해당 규정을 인용한 것으로 본다.

부칙 〈제5386호, 1997. 8. 28.〉 (정보통신공사업법)

제1조 (시행일) 이 법은 1998년 1월 1일부터 시행한다. <단서 생략>

제2조 내지 제6조 생략

제7조 (다른 법률의 개정) ①생략

②건설산업기본법중 다음과 같이 개정한다.

제2조제4호 나목을 다음과 같이 한다.

나. 정보통신공사업법에 의한 정보통신공사

③내지 ⑤생략

제8조 생략

부칙 〈제5453호, 1997. 12. 13.〉 (행정절차법의시행에따른공인회계사법등의정비에관한법률)

제1조 (시행일) 이 법은 1998년 1월 1일부터 시행한다. <단서 생략>

제2조 생략

부칙 〈제5965호, 1999. 4. 15.〉

제1조 (시행일) 이 법은 공포한 날부터 시행한다.

제2조 (건설업자에 관한 경과조치) 이 법 시행당시 종전의 규정에 의하여 일반건설업 또는 전문건설업의 면허를 받거나 등록을 한 자

는 제9조제1항의 개정규정에 의하여 해당업종의 등록을 한 것으로 본다.

제3조 (건설업의 양도인가등에 관한 경과조치) 이 법 시행당시 종전의 제17조 및 제18조의 규정에 의하여 건설업양도인가 · 법인합병인가 또는 상속인가를 신청한 때에는 종전의 규정에 의한다.

제4조 (협회에 관한 경과조치) 이 법 시행당시 종전의 제50조의 규정에 의하여 설립된 협회는 이 법에 의하여 설립된 건설업자단체로 본다. 다만, 이 법 시행후 3월 이내에 이 법의 요건에 적합하도록 정관등을 변경하여야 한다.

제5조 (행정처분에 관한 경과조치) ①이 법 시행전의 행위에 대한 행정처분(과징금 부과처분을 포함한다)은 이 법의 개정규정에 의한다.

②이 법 시행당시 종전의 규정에 의하여 행하여진 영업정지 · 과징금부과 · 면허취소 또는 등록말소처분은 이 법에 의한 영업정지 · 과징금부과 또는 등록말소처분으로 본다.

제6조 (벌칙등에 관한 경과조치) 이 법 시행전의 행위에 대한 벌칙 및 과태료의 적용에 있어서는 종전의 규정에 의한다.

제7조 (다른 법률의 개정) 임업협동조합법중 다음과 같이 개정한다.

제7조의2제3항중 “건설교통부장관”을 “특별시장 · 광역시장 또는 도지사(이하 "시 · 도지사"라 한다)”로, “면허를 받거나 등록”을 “등록”으로 한다.

제31조제1항중 “특별시장 · 광역시장 또는 도지사(이하 "시 · 도지사"라 한다)”를 “시 · 도지사”로 한다.

부칙 〈제6112호, 2000. 1. 12.〉

①(시행일) 이 법은 공포후 3월이 경과한 날부터 시행한다.

②(건축물 시공자의 제한에 관한 적용례) 제41조의 개정규정은 이 법 시행후 최초로 건축법에 의한 건축허가신청 또는 건축신고를 하거나, 주택건설촉진법에 의한 주택건설사업계획승인을 신청하는 분부터 적용한다.

부칙 〈제6627호, 2002. 1. 26.〉 (민사집행법)

제1조 (시행일) 이 법은 2002년 7월 1일부터 시행한다.

제2조 내지 제5조 생략
제6조 (다른 법률의 개정) ①내지 ③생략
④건설산업기본법중 다음과 같이 개정한다.
제59조제4항중 "민사소송절차"를 "민사집행절차"로, "민사소송법 제566조"를 "민사집행법 제233조"로 한다.
⑤내지 〈55〉생략
제7조 생략

부칙 〈제6640호, 2002. 1. 26.〉
①(시행일) 이 법은 공포후 6월이 경과한 날부터 시행한다.
②(건설업등록증 또는 건설업등록수첩 기재사항 변경신청에 관한 경과조치) 이 법 시행일전에 건설업등록증 또는 건설업등록수첩의 기재사항에 변경이 발생한 경우에 제9조의2제2항의 개정규정에 의한 변경신청기한의 기산일은 이 법 시행일로 한다.
③(벌칙 및 과태료에 관한 경과조치) 이 법 시행전의 행위에 대한 벌칙 및 과태료의 적용에 있어서는 종전의 규정에 의한다.

부칙 〈제6802호, 2002. 12. 18.〉
①(시행일) 이 법은 2003년 3월 1일부터 시행한다.
②(벌칙에 관한 경과조치) 이 법 시행전의 행위에 대한 벌칙의 적용에 있어서는 종전
의 규정에 의한다.

부칙 〈제6893호, 2003. 5. 29.〉 (소방기본법)
제1조 (시행일) 이 법은 공포후 1년이 경과한 날부터 시행한다.
제2조 내지 제4조 생략
제5조 (다른 법률의 개정) ①생략
②건설산업기본법중 다음과 같이 개정한다.
제2조제4호 다목을 다음과 같이 한다.
다. 소방시설공사업법에 따른 소방시설공사
③내지 ㉓생략
제6조 생략

부칙 〈제6938호, 2003. 7. 25.〉

이 법은 공포후 3월이 경과한 날부터 시행한다.

부칙 〈제7306호, 2004. 12. 31.〉

제1조 (시행일) 이 법은 공포후 6월이 경과한 날부터 시행한다. 다만, 제22조제5항 · 제28조의2 및 제34조제3항의 개정규정은 2006년 1월 1일부터 시행하며, 제30조제1항 및 제82조제2항제3호의 개정규정은 2008년 1월 1일부터 시행한다.

제2조 (도급금액산출내역서 작성 등에 관한 적용례) 제22조제5항 · 제28조의2 · 제31조 및 제34조제3항의 개정규정은 이 법 시행 후 최초로 도급계약을 체결하는 분부터 적용한다.

제3조 (건설분쟁조정에 관한 적용례) 제72조제3항의 개정규정은 이 법 시행후 최초로 건설분쟁조정위원회에 조정신청을 하는 분부터 적용한다.

제4조 (행정처분기준에 관한 경과조치) 이 법 시행전의 위반행위에 대한 행정처분(과징금 부과처분을 포함한다)에 관하여는 종전의 규정에 의한다.

제5조 (벌칙 등에 관한 경과조치) 이 법 시행전의 행위에 대한 벌칙 및 과태료의 적용에 있어서는 종전의 규정에 의한다.

제6조 (다른 법률의 개정) ①도시가스사업법중 다음과 같이 개정한다.

제12조제1항중 "건설산업기본법 제11조의 규정"을 "건설산업기본법 제9조의 규정"으로 한다.

②중소기업진흥및제품구매촉진에관한법률중 다음과 같이 개정한다.

제10조의3제2호중 "건설산업기본법 제30조제2항 · 제34조"를 "건설산업기본법 제34조"로 한다.

부칙 〈제7428호, 2005. 3. 31.〉 (채무자 회생 및 파산에 관한 법률)

제1조 (시행일) 이 법은 공포 후 1년이 경과한 날부터 시행한다.

제2조 내지 제4조 생략

제5조 (다른 법률의 개정) ①내지 ③생략

④건설산업기본법 일부를 다음과 같이 개정한다.

제13조제1항제1호중 "파산자"를 "파산선고를 받은 자"로 한다.

⑤내지 〈145〉생략

제6조 생략

부칙 〈제7473호, 2005. 3. 31.〉

이 법은 공포한 날부터 시행한다.

부칙 〈제7513호, 2005. 5. 26.〉

①(시행일) 이 법은 공포 후 3월이 경과한 날부터 시행한다.

②(벌칙에 관한 경과조치) 이 법 시행 전의 행위에 대한 벌칙의 적용에 있어서는 종전의 규정에 의한다.

부칙 〈제7697호, 2005. 11. 8.〉

①(시행일) 이 법은 공포한 날부터 시행한다. 다만, 제41조의 개정규정은 공포 후 3월이 경과한 날부터 시행하고, 제13조제2항, 제14조 및 제83조의 개정규정은 공포 후 6월이 경과한 날부터 시행한다.

②(건축물 시공자의 제한에 관한 적용례) 제41조의 개정규정은 이 법 시행 후 최초로 「건축법」에 따른 건축허가 신청 또는 건축신고를 하거나, 「주택법」에 의한 주택건설사업계획 승인을 신청하는 분부터 적용한다.

③(등록의 결격사유에 해당하게 된 건설업자의 건설업 등록말소에 관한 적용례) 제83조제3호의 개정규정은 이 법 시행 후 최초로 건설업 등록의 결격사유에 해당하게 된 건설업자부터 적용한다.

④(등록의 결격사유에 해당하게 된 건설업자에 대한 경과조치) 이 법 시행 전에 등록의 결격사유에 해당하게 된 건설업자는 종전의 규정에 따른다.

부칙 〈제7796호, 2005. 12. 29.〉 (국가공무원법)

제1조 (시행일) 이 법은 2006년 7월 1일부터 시행한다.

제2조 내지 제5조 생략

제6조 (다른 법률의 개정) ①생략

②건설산업기본법 일부를 다음과 같이 개정한다.

제70조제3항중 "소속 1급공무원"을 "건설교통부의 고위공무원단에 속하는 일반직공무원"으로 한다.

③내지 〈68〉생략

부칙 〈제8477호, 2007. 5. 17.〉

제1조 (시행일) 이 법은 2008년 1월 1일부터 시행한다. 다만, 제16조제3항제4호의 개정규정은 2009년 7월 1일부터 시행한다.

제2조 (건설업자의 영업범위 및 도급금액산출내역 정산 등에 관한 적용례) ①제16조제3항제4호, 제22조제5항, 제32조제4항(종전의 규정에 따른 시공참여자를 제외한다), 제34조제2항, 제35조, 제81조제5호 및 제87조제2항의 개정규정은 이 법 시행 후 최초로 도급계약(제32조제4항의 경우에는 건설기계대여계약 또는 납품계약을 말한다)을 체결하는 분부터 적용한다.

②제29조의2의 개정규정은 이 법 시행 후 최초로 수급인이 발주자로부터 도급받는 건설공사부터 적용한다.

③제31조의2의 개정규정은 이 법 시행후 최초로 건설공사에 대한 입찰공고를 하는 분(입찰공고를 하지 아니한 경우에는 최초로 도급계약을 체결하는 분을 말한다)부터 적용한다.

제3조 (겸업제한에 관한 특례) ①제12조의 개정규정에도 불구하고 2011년 12월 31일까지는 종합공사를 시공하는 업종의 등록을 한 자는 전문공사를 시공하는 업종 중 대통령령으로 정하는 기계설비의 설치와 관련된 업종(이하 이 항에서 "기계설비설치업종"이라 한다)의 등록을 할 수 없고, 기계설비설치업종의 등록을 한 자는 종합공사를 시공하는 업종의 등록을 할 수 없다.

②제1항을 적용함에 있어서 건설업자인 개인은 건설업자인 법인의 대표자가 될 수 없으며, 건설업자인 법인의 대표자는 그 개인의 명의로 건설업의 등록을 할 수 없다.

제4조 (시공능력 평가 및 공시에 관한 특례) 건설교통부장관은 제23조에 따른 시공능력의 평가 및 공시를 함에 있어서 이 법 시행 후 종전의 규정에 따른 일반건설업자가 전문공사를 시공하는 건설업종의 등록을 하거나 종전의 규정에 따른 전문건설업자가 종합공사를 시공하는 건설업종의 등록을 하는 경우에는 건설교통부령이 정하는

기간 및 범위 안에서 기존 업종에서의 건설공사 실적 가운데 새로이 등록한 업종과 직접 관련성 있는 부분을 새로이 등록한 업종에서의 건설공사실적으로 전환하여 인정할 수 있다.

제5조 (건설업자에 관한 경과조치) 이 법 시행 전에 종전의 규정에 따라 일반건설업 또는 전문건설업을 등록한 자는 제9조제1항의 개정규정에 따라 해당 업종의 건설업 등록을 한 것으로 보며, 같은 조 제4항의 개정규정에 따른 건설업 등록기준에 관한 신고의 기산일은 종전의 규정에 따른 건설업 등록일 또는 종전의 제9조제4항에 따른 신고일을 기준으로 한다.

제6조 (시공참여자에 관한 경과조치) ①이 법 시행 전에 체결된 시공참여약정은 제2조제13호, 제29조제2항 · 제4항 및 제5항의 개정규정에 불구하고 종전의 규정에 따른다.

②이 법 시행 전에 체결된 시공참여약정에 따른 시공참여자의 지위는 제32조제3항 및 제4항의 개정규정에 불구하고 종전의 규정에 따른다.

제7조 (건설공사 시공자의 제한에 관한 경과조치) 제41조제2항 각 호의 개정규정에 해당하는 시설물에 대한 건설공사로서 이 법 시행 당시 종전의 규정에 따라 이미 발주 · 계약체결이 완료된 건설공사에 대하여는 제41조제2항의 개정규정에 불구하고 종전의 규정에 따른다.

제8조 (전문건설업자에 대한 처분 등에 관한 경과조치) 이 법 시행 전에 종전의 규정에 따라 전문건설업자에 대하여 시 · 도지사(그 권한이 위임 · 위탁된 경우에는 그 위임 · 위탁을 받은 자를 말한다. 이하 이 조에서 같다)가 행한 등록 그 밖의 시 · 도지사의 행위 또는 전문건설업자의 각종 신고 그 밖의 시 · 도지사에 대한 행위는 그에 해당하는 이 법에 따른 건설교통부장관(그 권한이 위임 · 위탁되는 경우에는 그 위임 · 위탁을 받는 자를 말한다. 이하 이 조에서 같다)의 행위 또는 건설교통부장관에 대한 행위로 본다.

제9조 (행정처분기준에 관한 경과조치) 이 법 시행 전의 위반행위에 대한 행정처분(과징금 부과처분을 포함한다)에 관하여는 종전의 규정에 따른다.

제10조 (벌칙에 관한 경과조치) 이 법 시행 전의 행위에 대한 벌칙(과태료를 포함한다)의 적용에 있어서는 종전의 규정에 따른다.

제11조 (다른 법령과의 관계) 이 법 시행 당시 다른 법령에서 종전의 "일반건설업", "전문건설업", "일반건설업자", "전문건설업자" 또는 그에 해당하는 규정을 인용하고 있는 경우에는 "종합공사를 시공하는 건설업종", "전문공사를 시공하는 건설업종", "종합공사를 시공하는 건설업종을 등록한 건설업자", "전문공사를 시공하는 건설업종을 등록한 건설업자" 또는 이 법의 해당 규정을 인용한 것으로 본다.

부칙 〈제8852호, 2008. 2. 29.〉 (정부조직법)

제1조(시행일) 이 법은 공포한 날부터 시행한다. 다만, ···〈생략〉···, 부칙 제6조에 따라 개정되는 법률 중 이 법의 시행 전에 공포되었으나 시행일이 도래하지 아니한 법률을 개정한 부분은 각각 해당 법률의 시행일부터 시행한다.

제2조 부터 제5조까지 생략

제6조(다른 법률의 개정) ① 부터 〈550〉 까지 생략

〈551〉 건설산업기본법 일부를 다음과 같이 개정한다.

제5조, 제6조제1항·제3항, 제6조의2제1항 각 호 외의 부분·제4호·제3항, 제9조제1항 본문·제2항·제4항, 제9조의2제1항·제2항, 제11조제2항, 제13조제3항, 제17조제1항 각 호 외의 부분, 제20조의2제1항·제2항, 제23조제1항·제3항, 제23조의2제1항·제2항, 제24조제1항·제2항·제3항·제4항 전단, 제46조제1항, 제47조제1항·제2항, 제48조제1항·제2항·제4항, 제49조제1항·제2항·제3항·제6항, 제51조제1항·제2항, 제52조제2항, 제55조제1항·제2항, 제65조제1항·제3항, 제69조제1항, 제70조제2항 각 호 외의 부분·제3항, 제81조 각 호 외의 부분, 제82조제1항 각 호 외의 부분·제2항 각 호 외의 부분, 제83조 각 호 외의 부분 본문, 제83조의2제2항, 제85조, 제85조의2제3항, 제85조의3제1항·제2항 전단·후단, 제86조 본문, 제86조의2, 제86조의3, 제87조제3항, 제87조의2제1항·제2항 각 호 외의 부분·제3항·제5항 전단, 제91조제1항·제3항 각 호 외의 부분·제3항제6호, 제101조제1항·제2항 및 제3항 중 "건설교통부장관"을 각각 "국토해양부장관"으로 한다.

제9조제2항, 제9조의2제1항·제2항·제3항, 제16조제3항제4호(2009. 7. 1. 시행)·제5항, 제17조제1항 각 호 외의 부분, 제18조,

제20조의2제1항 · 제2항, 제22조제3항, 제23조제3항 · 제4항, 제23조의2제2항 · 제3항, 제29조제4항제2호가목, 제31조제1항 전단, 제32조제4항 전단 제34조제2항 단서, 제35조제1항제3호나목 · 제7항, 제42조제1항 · 제2항, 제49조제2항, 제70조제2항제3호, 제82조제1항제1호, 제83조의2제2항, 제85조의3제1항, 제86조의3 및 제92조 각 호 외의 부분 중 "건설교통부령"을 각각 "국토해양부령"으로 한다.

제70조제3항 중 "건설교통부"를 "국토해양부"로 한다.

제75조제1항 중 "건설교통부소속"을 "국토해양부 소속"으로 한다.

〈552〉 부터 〈760〉 까지 생략

제7조 생략

부칙 〈제8863호, 2008. 2. 29.〉 (금융위원회의 설치 등에 관한 법률)

제1조(시행일) 이 법은 공포한 날부터 시행한다.

제2조 부터 제4조까지 생략

제5조(다른 법률의 개정) ① 부터 ㉛ 까지 생략

㉜ 건설산업기본법 일부를 다음과 같이 개정한다.

제65조제2항 · 제3항 중 "금융감독위원회"를 각각 "금융위원회"로 한다.

㉝ 부터 〈85〉 까지 생략

부칙 〈제8971호, 2008. 3. 21.〉

이 법은 공포한 날부터 시행한다. 다만, 제91조제3항제4호의2의 개정규정은 공포 후 6개월이 경과한 날부터 시행한다.

부칙 〈제9875호, 2009. 12. 29.〉

제1조(시행일) 이 법은 공포 후 6개월이 경과한 날부터 시행한다. 다만, 제98조의 개정규정은 공포한 날부터 시행한다.

제2조(건설업의 양도 등에 관한 적용례) 제17조제2항 및 제20조제4호의 개정규정은 이 법 시행 후 최초로 건설업 양도 신고를 하는 분부터 적용한다.

제3조(하도급대금의 지급보증서 교부 등에 관한 적용례) 제34조제2

항·제5항 및 제6항의 개정규정은 이 법 시행 후 최초로 하도급계약을 체결하는 분부터 적용한다.
제4조(하도급대금의 직접지급에 관한 적용례) 제35조제1항제1호·제2호 및 같은 조 제2항제1호·제1호의2의 개정규정은 이 법 시행 후 최초로 하도급대금을 지급하는 분부터 적용한다.
제5조(설계변경 등에 따른 하도급대금의 조정에 관한 적용례) 제36조제2항의 개정규정은 이 법 시행 후 최초로 입찰공고를 하는 분(입찰공고를 하지 아니한 경우에는 최초로 도급계약을 체결한 분을 말한다)부터 적용한다.
제6조(시정명령 등에 관한 적용례) 제81조제5호의2의 개정규정은 이 법 시행 후 최초로 하도급계약을 체결하는 분부터 적용한다.
제7조(과징금 부과처분에 관한 경과조치) 이 법 시행 전의 위반행위에 대한 과징금 부과처분에 관하여는 종전의 규정에 따른다.
제8조(벌칙 등에 관한 경과조치) 이 법 시행 전의 행위에 대하여 벌칙(제98조의 양벌규정은 제외한다) 및 과태료를 적용할 때에는 종전의 규정에 따른다.

부칙 〈제9999호, 2010. 2. 4.〉 (문화재수리 등에 관한 법률)
제1조(시행일) 이 법은 공포 후 1년이 경과한 날부터 시행한다. 〈단서 생략〉
제2조 부터 제7조까지 생략
제8조(다른 법률의 개정) ① 건설산업기본법 일부를 다음과 같이 개정한다.
제2조제4호라목을 다음과 같이 한다.
라. 「문화재수리 등에 관한 법률」에 따른 문화재수리
② 생략
제9조 생략

부칙 〈제10339호, 2010. 6. 4.〉 (정부조직법)
제1조(시행일) 이 법은 공포 후 1개월이 경과한 날부터 시행한다. 〈단서 생략〉
제2조 및 제3조 생략
제4조(다른 법률의 개정) ① 부터 ③ 까지 생략

④ 건설산업기본법 일부를 다음과 같이 개정한다.

제82조제1항제6호 중 "노동부장관"을 "고용노동부장관"으로 한다.

⑤ 부터 〈82〉 까지 생략

제5조 생략

부칙 〈제10719호, 2011. 5. 24.〉

제1조(시행일) 이 법은 공포 후 6개월이 경과한 날부터 시행한다. 다만, 제25조제4항의 개정규정은 공포한 날부터 시행하고, 제11조 · 제13조제1항제3호(제82조의2제3항, 제83조제8호 및 제13호의 개정규정에 관한 부분에 한정한다) · 제14조 · 제16조 · 제20조 · 제25조제1항부터 제3항까지 · 제29조 · 제29조의2 · 제32조제3항 · 제36조제2항 · 제38조의2 · 제54조제5항 · 제57조의2 · 제65조의2 · 제68조의2 · 제81조제4호 · 제82조제1항제4호 · 제82조제2항제3호 · 제82조의2 · 제83조제8호 및 제13호 · 제83조의2제3항 · 제84조 · 제86조(제82조의2의 개정규정에 관한 부분에 한정한다) · 제96조제4호 및 제6호 · 제99조제4호 및 제5호의 개정규정은 공포 후 1년이 경과한 날부터 시행한다. 〈개정 2011. 8. 4.〉

제2조(포괄대금지급보증의 적용례) 제68조의2의 개정규정은 이 법 시행 후 최초로 건설공사에 대한 입찰공고를 하는 분(입찰공고를 하지 아니한 경우에는 최초로 도급계약을 체결하는 분)부터 적용한다.

제3조(보증금에 관한 권리에 대한 경과조치) 이 법 시행 전에 체결된 보증계약에 따라 공제조합에 대하여 가지는 보증금에 관한 권리의 소멸시효는 종전의 규정에 따른다.

제4조(행정제재 처분에 관한 경과조치) 이 법 시행 전의 위반행위에 대한 행정제재 처분(과징금 부과처분을 포함한다)에 관하여는 종전의 규정에 따른다.

제5조(벌칙에 관한 경과조치) 이 법 시행 전의 행위에 대한 벌칙(과태료를 포함한다)에 관하여는 종전의 규정에 따른다.

제6조(다른 법률의 개정) ① 건설기술관리법 일부를 다음과 같이 개정한다.

제2조제7호 중 "「건설산업기본법」 제2조제5호에 따른"을 "「건설산업기본법」 제2조제7호에 따른"으로 하고, 같은 조 제14호 중 "「건설산업기본법」 제2조제6호에 따른"을 "「건설산업기본법」 제2조

제8호에 따른"으로 한다.

② 건축물의 분양에 관한 법률 일부를 다음과 같이 개정한다.

제4조제5항 중 "「건설산업 기본법」 제2조제5호의"를 "「건설산업 기본법」 제2조제7호에 따른"으로 한다.

③ 건축사법 일부를 다음과 같이 개정한다.

제23조제8항제4호 중 "건설산업기본법 제2조제5호의 규정에 의한"을 "「건설산업기본법」 제2조제7호에 따른"으로 한다.

④ 고용보험법 일부를 다음과 같이 개정한다.

제15조제2항제1호 중 "「건설산업기본법」 제2조제5호"를 "「건설산업기본법」 제2조제7호"로 한다.

⑤ 근로기준법 일부를 다음과 같이 개정한다.

제44조의2제1항 중 "「건설산업기본법」 제2조제8호"를 "「건설산업기본법」 제2조제11호"로, "같은 법 제2조제5호"를 "같은 법 제2조제7호"로 하고, 같은 조 제2항 중 "「건설산업기본법」 제2조제5호"를 "「건설산업기본법」 제2조제7호"로 한다.

제44조의3제2항 전단 중 "「건설산업기본법」 제2조제7호"를 "「건설산업기본법」 제2조제10호"로 한다.

⑥ 부동산개발업의 관리 및 육성에 관한 법률 일부를 다음과 같이 개정한다.

제26조제1항 본문 중 "「건설산업기본법」 제2조제5호"를 "「건설산업기본법」 제2조제7호"로 한다.

⑦ 시설물의 안전관리에 관한 특별법 일부를 다음과 같이 개정한다.

제9조의4제2항 각 호 외의 부분 중 "「건설산업기본법」 제83조제10호"를 "「건설산업기본법」 제83조제11호"로 한다.

⑧ 제주특별자치도 설치 및 국제자유도시 조성을 위한 특별법 일부를 다음과 같이 개정한다.

제248조 중 "「건설산업기본법」 제8조제2항"을 "「건설산업기본법」 제8조제1항"으로 하고, 제258조 중 "제83조"를 "제82조의2(이양된 권한에 관한 영업정지, 과징금의 부과 또는 등록말소에 한정한다), 제83조"로 한다.

⑨ 하도급거래 공정화에 관한 법률 일부를 다음과 같이 개정한다.

제2조제9항제1호 중 "「건설산업기본법」 제2조제5호"를 "「건설산업기본법」 제2조제7호"로 하고, 제26조제2항 중 "「건설산업기본법」 제

82조제1항제6호"를 "「건설산업기본법」 제82조제1항제7호"로 한다.

부칙 〈제11015호, 2011. 8. 4.〉

①(시행일) 이 법은 공포 후 6개월이 경과한 날부터 시행한다. 다만, 법률 제10719호 건설산업기본법 일부개정법률 부칙 제1조의 개정규정은 공포한 날부터 시행한다.

②(건축물 시공자의 제한에 관한 적용례) 제41조의 개정규정은 이 법 시행 후 최초로 「건축법」에 따른 건축허가 신청 또는 건축신고를 하거나, 「주택법」에 따른 주택건설사업계획 승인을 신청하는 분부터 적용한다.

부칙 〈제11181호, 2012. 1. 17.〉

이 법은 공포한 날부터 시행한다.

부칙 〈제11466호, 2012. 6. 1.〉

제1조(시행일) 이 법은 공포 후 6개월이 경과한 날부터 시행한다. 다만, 제69조제2항 및 제69조의2제1항제2호의 개정규정은 2012년 7월 1일부터 시행한다.

제2조(하도급 사실 통보 등에 관한 적용례) 제29조, 제34조제4항 및 제37조제1항의 개정규정은 이 법 시행 후 최초로 수급인이 발주자로부터 도급받는 건설공사부터 적용한다.

제3조(거짓신고로 등록이 말소된 자의 등록 결격사유에 관한 경과조치) 이 법 시행 전에 제83조제2호에 따라 등록말소된 경우에는 종전의 규정에 따른다.

제4조(과태료에 관한 경과조치) 이 법 시행 전의 행위에 대하여 과태료를 적용할 때에는 종전의 규정에 따른다.

부칙 〈제11576호, 2012. 12. 18.〉

제1조(시행일) 이 법은 공포 후 6개월이 경과한 날부터 시행한다.

제2조(건설기계 대여대금 지급보증제도에 관한 적용례) 제68조의3의 개정규정은 이 법 시행 후 최초로 건설업자와 건설기계 대여업자 간 계약을 체결한 건부터 적용한다.

제3조(행정제재처분에 관한 적용례) 제81조 및 제82조의 개정규

정은 이 법 시행 후 최초로 발생하는 행정제재처분부터 적용한다.

제4조(행정제재처분 제척기간에 관한 적용례) ① 제84조의2의 개정규정은 이 법 시행 후 최초로 발생하는 위반행위 또는 하자담보 책임기간이 종료되는 경우부터 적용한다.

② 이 법 시행 전에 위반행위 또는 하자담보 책임기간이 종료된 분에 대하여는 이 법 시행일부터 제84조의2의 개정규정에 따른 제척기간 말일이 경과한 경우 제재처분을 부과할 수 없다.

부칙 〈제11690호, 2013. 3. 23.〉 (정부조직법)

제1조(시행일) ① 이 법은 공포한 날부터 시행한다.

② 생략

제2조 부터 제5조까지 생략

제6조(다른 법률의 개정) ①부터 〈541〉까지 생략

〈542〉 건설산업기본법 일부를 다음과 같이 개정한다.

제5조, 제6조제1항·제3항, 제9조제1항 본문, 같은 조 제2항·제4항, 제9조의2제1항·제2항, 제11조제2항, 제13조제3항, 제17조제1항 각 호 외의 부분, 제20조의2제1항·제2항, 제23조제1항·제3항, 제23조의2제1항·제2항, 제24조제1항부터 제3항까지, 같은 조 제4항 전단, 제46조제1항, 제47조제1항·제2항, 제48조제1항·제2항·제4항, 제49조제1항, 같은 조 제2항 각 호 외의 부분, 같은 조 제3항, 같은 조 제4항 본문, 같은 조 제6항, 제51조제1항·제2항, 제52조제2항, 제55조제1항·제2항, 제65조제1항·제3항, 제65조의2제1항·제2항, 제69조제1항, 제70조제2항 각 호 외의 부분, 같은 조 제3항, 제81조 각 호 외의 부분, 제82조제1항 각 호 외의 부분·제2항 각 호 외의 부분, 제82조의2제1항, 제83조 각 호 외의 부분 본문, 제83조의2제2항, 제85조, 제85조의2제3항, 제85조의3제1항, 같은 조 제2항 전단 및 후단, 제86조 본문, 제86조의2, 제86조의3, 제87조제3항, 제87조의2제1항, 같은 조 제2항 각 호 외의 부분, 같은 조 제3항, 같은 조 제5항 전단, 제91조제1항, 같은 조 제3항 각 호 외의 부분, 같은 항 제9호 및 제101조 중 "국토해양부장관"을 각각 "국토교통부장관"으로 한다.

제9조제2항, 제9조의2제1항부터 제3항까지, 제16조제1항제2호, 같은 조 제4항, 제17조제1항 각 호 외의 부분, 같은 조 제2항, 제

18조, 제20조의2제1항 · 제2항, 제22조제3항, 제23조제3항 · 제4항, 제23조의2제2항 · 제3항, 제29조제3항제2호가목, 제32조제4항 전단, 제34조제2항 본문 및 단서, 같은 조 제5항, 제35조제1항제1호 나목, 같은 조 제7항, 제40조제1항 단서, 제42조제1항 · 제2항, 제49조제2항 각 호 외의 부분, 제68조의2제2항 · 제5항, 제70조제2항 제3호, 제82조제1항제1호 전단, 제83조의2제2항, 제85조의3제1항, 제86조의3 및 제92조 각 호 외의 부분 중 "국토해양부령"을 각각 "국토교통부령"으로 한다.

법률 제11576호 건설산업기본법 일부개정법률 제68조의3제1항 단서, 같은 조 제4항 및 제5항 중 "국토해양부령"을 각각 "국토교통부령"으로 한다.

제70조제3항 및 제75조제1항 중 "국토해양부"를 각각 "국토교통부"로 한다.

법률 제11576호 건설산업기본법 일부개정법률 제84조의2 각 호 외의 부분 중 "국토해양부장관"을 "국토교통부장관"으로 한다.

〈543〉부터 〈710〉까지 생략

제7조 생략

부칙 〈제11794호, 2013. 5. 22.〉 (건설기술 진흥법)

제1조(시행일) 이 법은 공포 후 1년이 경과한 날부터 시행한다.

제2조 부터 제24조까지 생략

제25조(다른 법률의 개정) ① 건설산업기본법 일부를 다음과 같이 개정한다.

제26조제2항 단서 중 "「건설기술관리법」 제28조제1항"을 "「건설기술 진흥법」 제26조제1항"으로 한다.

제49조제3항 중 "「건설기술관리법」 제2조제12호에 따른 감리원"을 "「건설기술 진흥법」 제2조제9호에 따른 건설기술용역업자"로 한다.

제82조제1항제6호가목 중 "「건설기술관리법」 제21조의5제1항"을 "「건설기술 진흥법」 제54조제1항"으로 하고, 같은 호 나목 중 "「건설기술관리법」 제23조의2제3항"을 "「건설기술 진흥법」 제48조제4항"으로, "감리원"을 "건설사업관리를 수행하는 건설기술자"로 하며, 같은 호 다목 중 "「건설기술관리법」 제24조"를 "「건설기술 진흥법」 제55조"로 하고, 같은 호 라목 중 "「건설기술관리법」 제26조의2제2

항"을 "「건설기술 진흥법」 제62조제2항"으로 하며, 같은 호 마목 중 "「건설기술관리법」 제36조의17"을 "「건설기술 진흥법」 제80조"로 한다.

②부터 ㉕까지 생략

제26조 생략

부칙 〈제12012호, 2013. 8. 6.〉

제1조(시행일) 이 법은 공포 후 6개월이 경과한 날부터 시행한다.

제2조(공사대금지급보증 등에 관한 적용례) 제22조의2의 개정규정은 이 법 시행 후 최초로 도급계약을 체결하는 분부터 적용한다.

제3조(분쟁조정 불참에 따른 과태료 부과 적용례) 제99조제10호의 개정규정에 따른 행정제재 처분은 이 법 시행 후 제72조의 개정규정에 따라 위원회로부터 분쟁조정 신청 내용을 통보받고 그 조정에 참여하지 아니한 경우부터 적용한다.

부칙 〈제12580호, 2014. 5. 14.〉

제1조(시행일) 이 법은 공포 후 6개월이 경과한 날부터 시행한다.

제2조(반복적인 등록기준 미달에 관한 적용례) 제13조의 개정규정은 이 법 시행 후 최초로 등록 신청을 하는 분부터 적용한다.

제3조(하수급인의 하자담보책임 등에 관한 적용례) 제28조의 개정규정은 이 법 시행 후 최초로 수급인과 하수급인이 하도급계약을 체결하는 분부터 적용한다.

제4조(하도급공사 계약자료 공개 등에 관한 적용례) 제31조의3의 개정규정은 이 법 시행 후 최초로 발주자와 수급인이 도급계약을 체결하는 분부터 적용한다.

제5조(건설기계 대여대금 및 하도급대금의 직접 지급 등에 관한 적용례) 제32조제4항 및 제35조의 개정규정은 이 법 시행 후 최초로 발주자와 수급인이 도급계약을 체결하는 분부터 적용한다.

제6조(건설업의 등록말소 등에 관한 적용례) 제83조제12호의 개정규정은 이 법 시행 후 관할 세무서장이 「부가가치세법」 제8조제7항에 따라 등록말소를 하는 경우부터 적용한다.

제7조(상습체불건설업자 명단 공표에 관한 적용례) 제86조의4제1항의 개정규정은 이 법 시행 후 최초로 제34조제1항(제32조제4항에서

준용하는 경우를 포함한다)을 위반한 경우부터 적용한다.
제8조(금치산자 등에 대한 경과조치) 제13조제1항제2호, 제55조의2 제3항제2호 및 제70조의2제2호의 개정규정에 따른 피성년후견인 또는 피한정후견인은 법률 제10429호 민법 일부개정법률 부칙 제2조에 따라 금치산 또는 한정치산 선고의 효력이 유지되는 사람을 포함하는 것으로 본다.

부칙 〈제12591호, 2014. 5. 20.〉 (상법)
제1조(시행일) 이 법은 공포한 날부터 시행한다.
제2조 및 제3조 생략
제4조(다른 법률의 개정) ① 건설산업기본법 일부를 다음과 같이 개정한다.
제59조제3항 중 "기명주식"을 "주식"으로 한다.
②부터 ⑪까지 생략

부칙 〈제13469호, 2015. 8. 11.〉
제1조(시행일) 이 법은 공포 후 6개월이 경과한 날부터 시행한다. 다만, 제28조제3항의 개정규정은 공포 후 1년이 경과한 날부터 시행 한다.
제2조(건설업의 신규 등록 시 교육이수에 관한 적용례) 제9조의3제1항의 개정규정은 이 법 시행 후 최초로 건설업 등록증을 발급받은 경우부터 적용한다.
제3조(건설공사 수급인 등의 하자담보책임에 관한 적용례) 제28조제3항의 개정규정은 같은 개정규정 시행 후 최초로 도급계약을 체결하는 경우부터 적용한다.
제4조(하도급계약의 이행보증 등에 관한 적용례) 제34조의2의 개정규정은 이 법 시행 후 최초로 수급인과 하수급인이 하도급계약을 체결하는 경우부터 적용한다.
제5조(추가·변경공사에 대한 서면 확인 등에 관한 적용례) 제36조의2의 개정규정은 이 법 시행 후 최초로 수급인과 하수급인이 하도급계약을 체결하는 경우부터 적용한다.
제6조(건설업 교육 이수에 따른 영업정지 등의 감경에 관한 적용례) 제84조 후단의 개정규정에 따른 영업정지 등의 감경은 이 법 시행

후 최초로 영업정지 등의 처분을 받은 경우부터 적용한다.

부칙 〈제14015호, 2016. 2. 3.〉

제1조(시행일) 이 법은 공포 후 6개월이 경과한 날부터 시행한다. 다만, 제54조의2의 개정규정은 공포 후 3개월이 경과한 날부터 시행하고, 제68조의2 · 제68조의3제2항 · 제81조제4호 및 제82조제1항제8호의 개정규정은 공포 후 1년이 경과한 날부터 시행하며, 제9조제4항 · 제49조제7항 · 제81조제2호 · 제82조제1항제5호 · 제83조 및 제91조제3항의 개정규정은 공포 후 2년이 경과한 날부터 시행한다.

제2조(등록기준 신고에 관한 적용례) 제9조제4항의 개정규정은 같은 개정규정 시행 후 최초로 등록기준의 사항별로 신고하여야 하는 자부터 적용한다.

제3조(계약의 추정 등에 관한 적용례) 제22조의3 · 제28조의2 · 제34조제7항 · 제38조의3 및 제68조의3제6항의 개정규정은 이 법 시행 후 최초로 도급계약을 체결하는 분부터 적용한다.

제4조(하도급계획서 제출에 관한 적용례) 제31조의2제1항의 개정규정은 이 법 시행 후 최초로 건설공사를 도급받으려는 경우부터 적용한다.

제5조(건설공사 시공자의 제한에 관한 적용례) 제41조제1항 본문의 개정규정은 이 법 시행 후 최초로 「건축법」에 따른 건축허가 신청 또는 건축신고를 하거나 「주택법」에 따른 공동주택의 행위허가 신청 또는 행위신고를 하는 경우부터 적용한다.

제6조(포괄대금지급보증제도 폐지에 관한 적용례) 제68조의2 · 제68조의3제2항의 개정규정은 같은 개정규정 시행 후 최초로 도급계약을 체결하는 분부터 적용한다.

제7조(행정처분에 관한 경과조치) 이 법 시행 전의 행위에 대한 행정처분에 관하여는 종전의 규정에 따른다.

부칙 〈제14545호, 2017. 1. 17.〉 (시설물의 안전 및 유지관리에 관한 특별법)

제1조(시행일) 이 법은 공포 후 1년이 경과한 날부터 시행한다.

제2조 부터 제13조까지 생략

제14조(다른 법률의 개정) ① 건설산업기본법 일부를 다음과 같이 개정한다.

제25조제4항 중 "「시설물의 안전관리에 관한 특별법」"을 "「시설물의 안전 및 유지관리에 관한 특별법」"으로 한다.

②부터 ⑮까지 생략

제15조 생략

부칙 〈제14708호, 2017. 3. 21.〉

제1조(시행일) 이 법은 공포 후 6개월이 경과한 날부터 시행한다.

제2조(건설업 등록의 결격사유에 관한 적용례) 제13조제1항제3호가목 의 개정규정은 이 법 시행 후 최초로 제83조제5호에 해당하는 사유로 건설업의 등록이 말소된 경우부터 적용한다.

제3조(건설공사의 직접 시공에 관한 적용례) 제28조의2제4항 및 제5항의 개정규정은 이 법 시행 후 최초로 건설공사 도급계약을 체결하는 경우부터 적용한다.

제4조(건설공사 표지의 게시에 관한 적용례) 제42조제2항의 개정규정은 이 법 시행 후 최초로 완공된 건설공사부터 적용한다.

제5조(행정제재 처분에 관한 경과조치) 이 법 시행 전의 위반행위에 대한 행정제재 처분에 관하여는 종전의 규정에 따른다.

제6조(벌칙에 관한 경과조치) 이 법 시행 전의 행위에 대한 벌칙에 관하여는 종전의 규정에 따른다.

부칙 〈제14849호, 2017. 8. 9.〉

이 법은 공포 후 6개월이 경과한 날부터 시행한다.

부칙 〈제15306호, 2017. 12. 26.〉

제1조(시행일) 이 법은 공포 후 6개월이 경과한 날부터 시행한다.

제2조(하도급계약의 적정성 심사 등에 관한 적용례) 제31조제3항 후단 및 같은 조 제6항의 개정규정은 이 법 시행 후 최초로 제31조제3항 후단에 따라 하수급인 또는 하도급계약내용의 변경을 요구하는 경우부터 적용한다.

제3조(건설공사 시공자의 제한에 관한 적용례) 제41조제1항의 개정규정은 이 법 시행 후 최초로 「건축법」에 따른 건축허가를 신청(건

축신고를 하는 경우를 포함한다)하거나 「주택법」에 따른 주택건설사업계획의 승인을 신청하는 경우부터 적용한다.

부칙 〈제15720호, 2018. 8. 14.〉

이 법은 공포 후 6개월이 경과한 날부터 시행한다. 다만, 제81조제10호의 개정규정은 공포한 날부터 시행한다.

부칙 〈제15991호, 2018. 12. 18.〉

제1조(시행일) 이 법은 공포 후 6개월이 경과한 날부터 시행한다. 다만, 제29조의3제1항제5호 및 제6호의 개정규정은 공포 후 3년이 경과한 날부터 시행하며, 제48조의2의 개정규정은 공포 후 1년이 경과한 날부터 시행한다.

제2조(수급인에 대한 벌점부과에 관한 적용례) 제25조제5항 및 제6항의 개정규정은 이 법 시행 후 제25조제5항 각 호의 위반행위를 한 경우부터 적용한다.

제3조(건설공사의 하도급 참여제한에 관한 적용례) 제29조의3의 개정규정은 같은 개정규정 시행 후 제29조의3제1항 각 호의 위반행위를 한 경우부터 적용한다.

제4조(경과조치) 이 법 시행 당시 이미 계약이 체결된 건설공사, 건설기계 대여, 건설공사용 부품의 제작·납품에 관하여는 제32조 및 제34조의 개정규정을 적용하지 아니한다.

제5조(행정제재 처분에 관한 경과조치) 이 법 시행 전의 위반행위에 대한 행정제재 처분에 관하여는 종전의 규정에 따른다.

제6조(벌칙에 관한 경과조치) 이 법 시행 전의 위반행위에 대한 벌칙에 관하여는 종전의 규정에 따른다.

부칙 〈제16101호, 2018. 12. 31.〉 (부가가치세법)

제1조(시행일) 이 법은 2019년 1월 1일부터 시행한다. 〈단서 생략〉

제2조 부터 제10조까지 생략

제11조(다른 법률의 개정) ① 생략

② 건설산업기본법 일부를 다음과 같이 개정한다.

제83조제2호의2 및 제12호 중 "「부가가치세법」 제8조제6항"을 각각 "「부가가치세법」 제8조제7항"으로 한다.

③부터 ⑭까지 생략

부칙 〈제16136호, 2018. 12. 31.〉

제1조(시행일) ① 이 법은 2021년 1월 1일부터 시행한다. 다만, 제22조, 제28조의2, 제31조의3, 제49조의2, 제99조제3호의2 및 제7호의2의 개정규정은 공포 후 6개월이 경과한 날부터 시행한다.

② 제16조ㆍ제25조 및 제29조의 개정규정은 나음 각 호의 구분에 따른 날부터 시행한다.

1. 국가, 지방자치단체 또는 대통령령으로 정하는 공공기관이 발주하는 공사: 2021년 1월 1일

2. 국가, 지방자치단체 또는 대통령령으로 정하는 공공기관 외의 자가 발주하는 공사: 2022년 1월 1일

③ 제2항에도 불구하고 제16조제1항제3호의 개정규정은 2024년 1월 1일부터 시행한다.

④ 제2항에도 불구하고 제16조제1항제4호의 개정규정은 2024년 1월 1일부터 시행한다(공사예정금액이 2억원 미만인 전문공사를 원도급 받는 경우에 한정한다).

제2조(시범사업) 국토교통부장관은 이 법이 원활히 현장에 적용될 수 있도록 이 법 시행 전에 국가, 지방자치단체 또는 대통령령으로 정하는 공공기관이 발주하는 공사 중 지정한 공사에 한정하여 이 법을 적용하여 시범사업을 실시할 수 있다.

제3조(행정제재 처분에 관한 경과조치) 이 법 시행 전의 위반행위에 대한 행정제재 처분에 관하여는 종전의 규정에 따른다.

제4조(벌칙에 관한 경과조치) 이 법 시행 전의 행위에 대한 벌칙에 관하여는 종전의 규정에 따른다.

부칙 〈제16415호, 2019. 4. 30.〉

제1조(시행일) ① 이 법은 공포 후 6개월이 경과한 날부터 시행한다. 다만, 법률 제15991호 건설산업기본법 일부개정법률 제48조의2의 개정규정은 2019년 12월 19일부터 시행한다.

② 법률 제16136호 건설산업기본법 일부개정법률 제16조ㆍ제25조 및 제29조의 개정규정은 다음 각 호의 구분에 따른 날부터 시행한다.

1. 국가, 지방자치단체 또는 대통령령으로 정하는 공공기관이 발주하는 공사: 2021년 1월 1일

2. 국가, 지방자치단체 또는 대통령령으로 정하는 공공기관 외의 자가 발주하는 공사: 2022년 1월 1일

제2조(다른 법률의 개정) ① 건축물의 분양에 관한 법률 일부를 다음과 같이 개정한다.

제4조제5항 중 "「건설산업기본법」 제2조제7호에 따른 건설업자"를 "「건설산업기본법」 제2조제7호에 따른 건설사업자"로 한다.

② 건축법 일부를 다음과 같이 개정한다.

제15조제3항 중 "건설업자"를 "건설사업자"로 한다.

③ 건축사법 일부를 다음과 같이 개정한다.

제23조제9항제4호 및 같은 조 제10항 중 "건설업자"를 각각 "건설사업자"로 한다.

④ 고용보험법 일부를 다음과 같이 개정한다.

제15조제2항제1호 중 "건설업자"를 "건설사업자"로 한다.

⑤ 근로기준법 일부를 다음과 같이 개정한다.

제44조의2제1항 및 제2항 중 "건설업자"를 각각 "건설사업자"로 한다.

⑥ 부동산개발업의 관리 및 육성에 관한 법률 일부를 다음과 같이 개정한다.

제26조제1항 본문 중 "건설업자"를 "건설사업자"로 한다.

⑦ 빈집 및 소규모주택 정비에 관한 특례법 일부를 다음과 같이 개정한다.

제10조제1항제2호 중 "「건설산업기본법」 제9조에 따른 건설업자"를"「건설산업기본법」 제9조에 따른 건설사업자"로 한다.

⑧ 제주특별자치도 설치 및 국제자유도시 조성을 위한 특별법 일부를 다음과 같이 개정한다.

제410조 중 "건설업자"를 각각 "건설사업자"로 한다.

⑨ 주택법 일부를 다음과 같이 개정한다.

제7조제1항 · 제2항, 제34조제1항 · 제2항 및 제66조제3항 중 "건설업자"를 각각 "건설사업자"로 한다.

⑩ 하도급거래 공정화에 관한 법률 일부를 다음과 같이 개정한다.

제2조제9항제1호 중 "건설업자"를 "건설사업자"로 한다.

⑪ 건축물관리법 일부를 다음과 같이 개정한다. 〈신설 2019. 4. 30.〉

제11조제1항 각 호 외의 부분 본문 중 “건설업자”를 “건설사업자”로 한다.

제3조(다른 법령과의 관계) 이 법 시행 당시 다른 법령에서 「건설산업기본법」의 규정을 인용한 경우 이 법 가운데 그에 해당하는 규정이 있으면 종전의 규정을 갈음하여 이 법의 해당 조항을 인용한 것으로 본다.

부칙 〈제16416호, 2019. 4. 30.〉 (건축물관리법)

제1조(시행일) 이 법은 공포 후 1년이 경과한 날부터 시행한다.

제2조 부터 제6조까지 생략

제7조(다른 법률의 개정) ①부터 ⑥까지 생략

⑦ 법률 제16415호 건설산업기본법 일부개정법률 일부를 다음과 같이 개정한다.

부칙 제2조에 제11항을 다음과 같이 신설한다.

⑪ 건축물관리법 일부를 다음과 같이 개정한다.

제11조제1항 각 호 외의 부분 본문 중 “건설업자”를 “건설사업자”로 한다.

부칙 〈제16625호, 2019. 11. 26.〉

제1조(시행일) 이 법은 공포 후 1년이 경과한 날부터 시행한다.

제2조(공사대금지급의 보증 등에 관한 적용례) 제22조의2의 개정규정은 이 법 시행 후 최초로 건설공사 도급계약을 체결하는 경우부터 적용한다.

부칙 〈제17221호, 2020. 4. 7.〉

제1조(시행일) 이 법은 공포 후 6개월이 경과한 날부터 시행한다.

제2조(대금 지급 및 보복조치 금지에 관한 적용례) 제32조제4항 및 제38조의3제2항의 개정규정은 이 법 시행 후 최초로 건설공사용 부품 제작납품계약 또는 가설기자재 대여계약을 체결한 경우부터 적용한다.

부칙 〈제17453호, 2020. 6. 9.〉 (법률용어 정비를 위한 국토교통위원회 소관 78개 법률 일부개정을 위한 법률)
이 법은 공포한 날부터 시행한다. 〈단서 생략〉

부칙 〈제17543호, 2020. 10. 20.〉
이 법은 공포 후 3개월이 경과한 날부터 시행한다.

부칙 〈제17653호, 2020. 12. 22.〉 (부가가치세법)
제1조(시행일) 이 법은 2021년 1월 1일부터 시행한다. 〈단서 생략〉
제2조 부터 제13조까지 생략
제14조(다른 법률의 개정) ① 및 ② 생략
③ 건설산업기본법 일부를 다음과 같이 개정한다.
제83조제2호의2 및 제12호 중 "「부가가치세법」 제8조제7항"을 각각 "「부가가치세법」 제8조제8항"으로 한다.
④부터 ⑬까지 생략

부칙 〈제17799호, 2020. 12. 29.〉 (독점규제 및 공정거래에 관한 법률)
제1조(시행일) 이 법은 공포 후 1년이 경과한 날부터 시행한다. 〈단서 생략〉
제2조 부터 제24조까지 생략
제25조(다른 법률의 개정) ① 생략
② 건설산업기본법 일부를 다음과 같이 개정한다.
제26조제4항 중 "「독점규제 및 공정거래에 관한 법률」 제2조제3호"를 "「독점규제 및 공정거래에 관한 법률」 제2조제12호"로 한다.
제83조제13호 각 목 외의 부분 중 "「독점규제 및 공정거래에 관한 법률」 제22조"를 "「독점규제 및 공정거래에 관한 법률」 제43조"로 하고, 같은 호 각 목을 다음과 같이 한다.
가. 「독점규제 및 공정거래에 관한 법률」 제40조제1항제1호
나. 「독점규제 및 공정거래에 관한 법률」 제40조제1항제3호
다. 「독점규제 및 공정거래에 관한 법률」 제40조제1항제8호
③부터 〈82〉까지 생략
제26조 생략

부칙 〈제17939호, 2021. 3. 16.〉 (건설기술 진흥법)

제1조(시행일) 이 법은 공포 후 3개월이 경과한 날부터 시행한다. 〈단서 생략〉

제2조 및 제3조 생략

제4조(다른 법률의 개정) ① 건설산업기본법 일부를 다음과 같이 개정한다.

제49조제3항 전단 중 "건설기술용역업사"를 "건설엔지니어링사업자"로 한다.

②부터 ⑧까지 생략

부칙 〈제18338호, 2021. 7. 27.〉

제1조(시행일) 이 법은 공포 후 6개월이 경과한 날부터 시행한다. 다만, 제68조의3제2항의 개정규정은 공포한 날부터 시행한다.

제2조(하도급대금의 지급 등에 관한 적용례) 제34조제4항 및 제9항의 개정규정은 이 법 시행 이후 건설공사에 관한 도급계약(하도급계약을 포함한다)을 체결하는 경우부터 적용한다.

제3조(상습체불건설사업자 명단 공표에 관한 적용례) 제86조의4제1항의 개정규정은 이 법 시행 이후 건설사업자가 제34조제1항(제32조제4항에서 준용하는 경우를 포함한다)을 위반하여 제81조 또는 제82조에 따른 처분을 받은 경우부터 적용한다.

제4조(공공건설공사의 외국인근로사에 대한 관리에 관한 적용례) 제87조의3의 개정규정은 이 법 시행 이후 공공건설공사에 대한 입찰공고를 하는 경우(입찰공고를 하지 아니하는 경우에는 도급계약을 체결하는 경우를 말한다)부터 적용한다.

부칙 〈제18551호, 2021. 12. 7.〉

이 법은 공포한 날부터 시행한다.

부칙 〈제18823호, 2022. 2. 3.〉

이 법은 공포 후 6개월이 경과한 날부터 시행한다.

**개정 예정 법률 밑줄 별도 표시.

건설산업기본법 시행령

[시행 2023. 5. 9.] [대통령령 제33456호, 2023. 5. 9., 일부개정]

제1장 총칙

제1조(목적) 이 영은 건설산업기본법에서 위임된 사항과 그 시행에 관하여 필요한 사항을 규정함을 목적으로 한다.

제2조(건설산업진흥기본계획의 수립) ①국토교통부장관은 「건설산업기본법」(이하 "법"이라 한다) 제6조제1항의 규정에 의하여 건설산업진흥기본계획(이하 "기본계획"이라 한다)을 수립하고자 하는 때에는 관계중앙행정기관의 장의 의견을 들어야 한다. 다만, 법 제6조제2항제2호의 사항에 관하여는 「건설기술 진흥법」 제3조제1항에 따라 수립되는 건설기술진흥 기본계획에 따른다. 〈개정 2001. 8. 25., 2005. 5. 7., 2008. 2. 29., 2013. 3. 23., 2014. 5. 22.〉

②국토교통부장관은 제1항의 규정에 의하여 기본계획을 수립한 때에는 관보에 그 내용을 고시하고 관계중앙행정기관의 장에게 통보하여야 한다. 〈개정 2008. 6. 5., 2013. 3. 23.〉

③법 제6조제2항제6호에서 "대통령령으로 정하는 사항"이란 다음 각 호의 사항을 말한다. 〈개정 1999. 8. 6., 2011. 11. 1.〉

1. 건설공사의 생산성 향상대책
2. 건설자재의 품질향상 및 규격표준화 대책
3. 건설사업관리제도의 발전대책

제3조 삭제 〈2010. 5. 27.〉

제4조 삭제 〈2010. 5. 27.〉

제5조 삭제 〈2010. 5. 27.〉

제6조 삭제 〈2001. 8. 25.〉

제2장 건설업의 등록 〈개정 1999. 8. 6.〉

제7조(건설업의 업종, 업종별 업무분야 및 업무내용) 법 제8조에 따른 건설업의 업종, 업종별 업무분야 및 업무내용은 별표 1과 같다. 〈개정 2007. 12. 28., 2020. 12. 29.〉

[제목개정 2020. 12. 29.]

제7조의2(주력분야의 등록 및 말소) ① 전문공사를 시공하는 업종을 등록하려는 자는 법 제9조제1항 본문에 따라 건설업을 등록할 때 해당 업종의 업무분야 중 주력으로 시공할 수 있는 1개 이상의 업무분야(이하 "주력분야"라 한다)를 정하여 국토교통부장관에게 등록을 신청해야 한다. 〈개정 2021. 12. 28.〉

② 전문공사를 시공하는 업종을 등록한 자가 주력분야를 추가로 등록하려는 경우에는 제13조제1항제1호에 따른 기준을 갖추어 국토교통부장관에게 추가등록을 신청해야 한다. 이 경우 주력분야 등록 신청의 심사에 관하여는 제9조를 준용한다. 〈신설 2021. 12. 28.〉

③ 제1항 및 제2항에 따라 해당 업종에서 2개 이상의 주력분야를 등록한 건설사업자가 일부 주력분야의 등록을 말소하려는 경우에는 국토교통부장관에게 말소신청을 해야 한다. 〈신설 2021. 12. 28.〉

④ 제3항에 따른 말소신청을 받은 국토교통부장관은 해당 주력분야의 등록을 말소하고 그 사실을 법 제9조의2에 따른 건설업등록증 및 건설업 등록수첩과 이 영 제12조에 따른 건설업등록대장에 기재해야 한다. 〈신설 2021. 12. 28.〉

[본조신설 2020. 12. 29.]

[제목개정 2021. 12. 28.]

제8조(경미한 건설공사등) ①법 제9조제1항 단서에서 "대통령령으로 정하는 경미한 건설공사"란 다음 각 호의 어느 하나에 해당하는 공사를 말한다. 〈개정 1998. 12. 31., 2007. 12. 28., 2011. 11. 1., 2012. 10. 29., 2020. 12. 29.〉

1. 별표 1에 따른 종합공사를 시공하는 업종과 그 업종별 업무내용에 해당하는 건설공사로서 1건 공사의 공사예정금액[동일한 공사를 2이상의 계약으로 분할하여 발주하는 경우에는 각각의 공사예정금액을 합산한 금액으로 하고, 발주자(하도급의 경우에는 수급인을 포함한다)가 재료를 제공하는 경우에는 그 재료의 시장가격 및 운임을 포함한 금액으로 하며, 이하 "공사예정금액"이라 한다]이 5천만

원미만인 건설공사

2. 별표 1에 따른 전문공사를 시공하는 업종, 업종별 업무분야 및 업무내용에 해당하는 건설공사로서 공사예정금액이 1천5백만원미만인 건설공사. 다만, 다음 각 목의 어느 하나에 해당하는 공사를 제외한다.

가. 가스시설공사

나. 삭제 〈1998. 12. 31.〉

다. 철강구조물공사

라. 삭도설치공사

마. 승강기설치공사

바. 철도 · 궤도공사

사. 난방공사

3. 조립 · 해체하여 이동이 용이한 기계설비 등의 설치공사(당해 기계설비 등을 제작하거나 공급하는 자가 직접 설치하는 경우에 한한다)

② 삭제 〈1998. 12. 31.〉

제9조(건설업등록신청서의 심사) ① 국토교통부장관은 법 제9조제2항에 따른 등록신청이 다음 각 호의 어느 하나에 해당하는 경우를 제외하고는 등록을 해 주어야 한다. 〈신설 2011. 11. 1., 2013. 3. 23.〉

1. 제13조제1항 및 제2항에 따른 등록기준에 미달하는 경우

2. 등록을 신청한 자가 법 제13조제1항 각 호의 어느 하나에 해당하는 경우

3. 그 밖에 법, 이 영 또는 다른 법령에 따른 제한에 위반되는 경우

② 국토교통부장관은 법 제9조제2항에 따라 건설업등록신청서를 제출한 자에 대한 등록적격여부를 심사하기 위하여 필요한 경우에는 자본금, 시설 및 장비의 보유상황을 실제 확인하거나 재무관리상태의 진단결과를 제출하게 할 수 있다. 〈개정 1999. 8. 6., 2007. 12. 28., 2008. 2. 29., 2011. 11. 1., 2013. 3. 23.〉

[제목개정 1999. 8. 6.]

제10조(건설업등록 등의 정보관리) 국토교통부장관은 다음 각 호의 업무를 수행한 때에는 3일 이내에 이를 법 제24조제3항에 따라 건설산업정보의 체계적 관리를 위하여 구축 · 운영되는 건설산업정보종

합관리체계의 정보통신망(이하 "건설산업종합정보망"이라 한다)에 입력해야 한다. 〈개정 2005. 6. 30., 2007. 12. 28., 2008. 2. 29., 2013. 3. 23., 2020. 12. 29., 2021. 12. 28.〉

1. 법 제9조제1항의 규정에 의한 건설업의 등록

2. 삭제 〈2018. 6. 26.〉

3. 법 제9조의2제2항의 규정에 의한 기재사항의 변경

4. 법 제17조의 규정에 의한 건설업의 양도·합병·상속의 신고수리

4의2. 법 제20조의2제2항의 규정에 의한 건설업 등록말소

5. 법 제81조 내지 제83조의 규정에 의한 시정명령·시정지시·영업정지·과징금부과·등록말소

6. 법 제101조의 규정에 의한 과태료부과

7. 제7조의2에 따른 주력분야의 등록(추가등록을 포함한다) 및 등록말소

[본조신설 2003. 8. 21.]

제11조(건설업등록의 공고) 국토교통부장관은 법 제9조제1항에 따라 건설업의 등록을 한 때에는 국토교통부령이 정하는 바에 의하여 이를 공고하여야 한다. 〈개정 1999. 8. 6., 2007. 12. 28., 2008. 2. 29., 2013. 3. 23.〉

[제목개정 1999. 8. 6.]

제12조(건설업등록대장) ① 국토교통부장관은 법 제9조제1항에 따라 건설업의 등록을 한 때에는 등록대장을 건설산업종합정보망을 이용하여 작성·관리하여야 한다. 〈개정 2007. 12. 28., 2008. 2. 29., 2013. 3. 23.〉

② 삭제 〈2007. 12. 28.〉

③ 삭제 〈2008. 6. 5.〉

[전문개정 1999. 8. 6.]

제12조의2 삭제 〈2016. 8. 4.〉

제12조의3(건설업등록증 또는 건설업등록수첩 기재사항중 변경신청대상) 법 제9조의2제2항에서 "대통령령으로 정하는 사항"이란 다음 각호의 1에 해당하는 사항을 말한다. 다만, 법 제17조제1항 또는 제4항에 따라 신고한 사항을 제외한다. 〈개정 2010. 5. 27., 2011. 11. 1.〉

1. 상호
2. 대표자
3. 영업소소재지
4. 법인(주민)등록번호
5. 국적 또는 소속국가명

[본조신설 2002. 9. 18.]

제12조의4(건설업 교육의 내용 및 방법 등) ① 법 제9조의3제1항 및 제2항에 따른 건설업 교육(이하 "건설업 교육"이라 한다)의 내용은 다음 각 호와 같다. 〈개정 2020. 2. 18.〉

1. 건설사업자의 윤리경영
2. 건설산업 관련 법규
3. 건설공사의 품질, 안전 및 환경관리
4. 그 밖에 건전한 건설산업 발전을 위하여 필요한 사항

② 건설업 교육은 강의·시청각교육 등 집합교육이나 인터넷강의 등 원격교육의 방법으로 하고, 교육시간은 8시간 이상으로 한다. 〈개정 2020. 10. 8.〉

[본조신설 2016. 2. 11.]

제12조의5(건설업 교육기관) ① 국토교통부장관은 법 제9조의3제3항에 따라 다음 각 호의 기관 중에서 건설업 교육을 실시할 기관(이하 "교육기관"이라 한다)을 지정할 수 있다. 〈개정 2020. 12. 29.〉

1. 법 제50조에 따라 설립된 협회 또는 법 제54조에 따른 공제조합
2. 「민법」 제32조에 따라 설립된 비영리법인(건설업과 관련된 교육과정이 개설된 경우만 해당한다)
3. 「에너지이용 합리화법」 제41조에 따라 설립된 시공업자단체
4. 「고압가스 안전관리법」 제28조에 따라 설립된 한국가스안전공사(이하 "한국가스안전공사"라 한다)

② 국토교통부장관은 제1항 각 호의 기관 중에서 신청을 받아 교육기관을 지정하여야 한다.

③ 교육기관의 지정요건은 별표 1의2와 같다.

④ 국토교통부장관은 교육기관을 지정하였을 때에는 해당 교육기관에 지정서를 발급하고, 그 교육기관의 명칭·대표자 및 소재지 등을 인터넷 홈페이지 등에 공고하여야 한다.

⑤ 교육기관은 교육을 받은 건설사업자에게 국토교통부령으로 정하는 바에 따라 교육수료증을 발급해야 한다. 〈개정 2020. 2. 18.〉

⑥ 제1항부터 제5항까지에서 규정한 사항 외에 건설업 교육에 필요한 사항은 국토교통부령으로 정한다.

[본조신설 2016. 2. 11.]

제13조(건설업의 등록기준) ①법 제10조에 따른 건설업의 등록기준은 다음 각 호와 같다. 〈개정 1999. 8. 6., 2001. 8. 25., 2002. 9. 18., 2005. 5. 7., 2005. 11. 25., 2007. 12. 28., 2008. 2. 29., 2008. 6. 5., 2011. 11. 1., 2013. 3. 23., 2014. 11. 14., 2019. 6. 18., 2020. 12. 29.〉

1. 별표 2에 따른 기술능력·자본금(개인인 경우에는 건설업에 제공되는 자산의 평가액을 말한다. 이하 같다)·시설 및 장비(전문공사를 시공하는 업종의 경우에는 주력분야의 기술능력·자본금·시설 및 장비를 말한다)를 갖출 것

1의2. 국토교통부장관이 지정하는 금융기관 등(이하 "금융기관등"이라 한다)이 다음 각 목의 기준에 따라 발급하는 보증가능금액확인서[제1호에 따른 자본금의 기준금액 이상의 금액에 대하여 법 제56조제1항제1호에 규정된 보증(입찰보증은 제외한다)을 할 수 있음을 확인한 것을 말한다. 이하 같다]를 제출할 것. 이 경우 금융기관등은 국토교통부장관이 정하여 고시하는 재무상태, 신용상태 등의 평가 및 담보제공, 현금예치 등 보증가능금액확인서의 발급 및 해지에 관한 기준에 따라 그에 관한 세부기준을 정하여 공시해야 한다.

가. 금융기관등은 보증가능금액확인서의 발급을 신청하는 자의 재무상태·신용상태 등을 평가해야 하며, 그 평가결과에 따라 제1호에 따른 업종별 자본금의 100분의 25 이상 100분의 60 이하의 범위에서 담보를 제공받거나 현금을 예치받을 것

나. 삭제 〈2007. 12. 28.〉

다. 금융기관등은 보증가능금액확인서의 발급을 받는 자의 제1호의 규정에 의한 자본금의 기준금액 이상의 금액에 대한 보증의무를 부담한다는 내용을 보증가능금액확인서에 기재할 것

2. 「건축법」 등 관계 법령에 적합하고, 건설업을 등록하려는 시·도 안에 위치한 사무실을 갖출 것

3. 국가를 당사자로 하는 계약에 관한 법령, 지방자치단체를 당사

자로 하는 계약에 관한 법령, 공공기관의 운영에 관한 법령 또는 지방공기업법령에 따라 부정당업자로 입찰참가자격이 제한된 경우에는 그 기간이 경과되었을 것

4. 삭제 〈2014. 11. 14.〉

5. 건설업영업정지처분을 받은 경우에는 그 기간이 경과되었을 것

6. 삭제 〈2003. 8. 21.〉

②외국에 주된 영업소를 두고 있는 외국인 또는 외국법인이 건설업등록을 신청하는 경우 당해 신청인은 건설업등록기준중 다음 각호의 요건을 충족하여야 한다. 다만, 국토교통부장관은 당해신청인이 건설업의 등록을 한 후 최초로 도급계약을 체결하기 전까지 제1호 또는 제3호의 요건을 충족할 것을 조건으로 하여 건설업의 등록을 할 수 있다. 〈개정 1999. 8. 6., 2005. 5. 7., 2007. 12. 28., 2008. 2. 29., 2013. 3. 23., 2018. 9. 18.〉

1. 별표 2의 규정에 의한 기술능력요건에 해당하는 자가 외국인인 경우 당해 외국인은 「출입국관리법 시행령」 별표 1의2의 규정에 의한 상사주재·기업투자 또는 무역경영의 체류자격을 갖춘 자일 것

2. 법인인 경우에는 주된 영업소의 자본금이, 개인인 경우에는 자산(외국에서 보유하고 있는 자산을 포함한다)의 평가액이 각각 별표 2의 규정에 의한 기준이상일 것

3. 「상법」 제614조의 규정에 의하여 영업소를 설치하고 등기를 할 것

[제목개정 1999. 8. 6.]

<u>제13조(건설업의 등록기준) ①법 제10조에 따른 건설업의 등록기준은 다음 각 호와 같다. 〈개정 1999. 8. 6., 2001. 8. 25., 2002. 9. 18., 2005. 5. 7., 2005. 11. 25., 2007. 12. 28., 2008. 2. 29., 2008. 6. 5., 2011. 11. 1., 2013. 3. 23., 2014. 11. 14., 2019. 6. 18., 2020. 12. 29., 2023. 5. 9.〉</u>

<u>1. 별표 2에 따른 기술능력·자본금(개인인 경우에는 건설업에 제공되는 자산의 평가액을 말한다. 이하 같다)·시설 및 장비(전문공사를 시공하는 업종의 경우에는 주력분야의 기술능력·자본금·시설 및 장비를 말한다)를 갖출 것</u>

<u>1의2. 국토교통부장관이 지정하는 금융기관 등(이하 "금융기관등"이라 한다)이 다음 각 목의 기준에 따라 발급하는 보증가능금액확인</u>

서[제1호에 따른 자본금의 기준금액 이상의 금액에 대하여 법 제56조제1항제1호에 규정된 보증(입찰보증은 제외한다)을 할 수 있음을 확인한 것을 말한다. 이하 같다]를 제출할 것. 이 경우 금융기관등은 국토교통부장관이 정하여 고시하는 재무상태, 신용상태 등의 평가 및 담보제공, 현금예치 등 보증가능금액확인서의 발급 및 해지에 관한 기준에 따라 그에 관한 세부기준을 정하여 공시해야 한다.

가. 금융기관등은 보증가능금액확인서의 발급을 신청하는 자의 재무상태ㆍ신용상태 등을 평가해야 하며, 그 평가결과에 따라 제1호에 따른 업종별 자본금의 100분의 25 이상 100분의 60 이하의 범위에서 담보를 제공받거나 현금을 예치받을 것

나. 삭제 〈2007. 12. 28.〉

다. 금융기관등은 보증가능금액확인서의 발급을 받는 자의 제1호의 규정에 의한 자본금의 기준금액 이상의 금액에 대한 보증의무를 부담한다는 내용을 보증가능금액확인서에 기재할 것

2. 다음 각 목의 요건을 모두 갖춘 사무실을 갖출 것

가. 「건축법」 제22조에 따른 사용승인을 받은 건축물에 소재할 것

나. 업무 수행과 관련하여 사무실의 위치 등 국토교통부장관이 정하여 고시하는 기준을 갖출 것

3. 국가를 당사자로 하는 계약에 관한 법령, 지방자치단체를 당사자로 하는 계약에 관한 법령, 공공기관의 운영에 관한 법령 또는 지방공기업법령에 따라 부정당업자로 입찰참가자격이 제한된 경우에는 그 기간이 경과되었을 것

4. 삭제 〈2014. 11. 14.〉

5. 건설업영업정지처분을 받은 경우에는 그 기간이 경과되었을 것

6. 삭제 〈2003. 8. 21.〉

②외국에 주된 영업소를 두고 있는 외국인 또는 외국법인이 건설업등록을 신청하는 경우 당해 신청인은 건설업등록기준중 다음 각호의 요건을 충족하여야 한다. 다만, 국토교통부장관은 당해신청인이 건설업의 등록을 한 후 최초로 도급계약을 체결하기 전까지 제1호 또는 제3호의 요건을 충족할 것을 조건으로 하여 건설업의 등록을 할 수 있다. 〈개정 1999. 8. 6., 2005. 5. 7., 2007. 12. 28., 2008. 2. 29., 2013. 3. 23., 2018. 9. 18.〉

1. 별표 2의 규정에 의한 기술능력요건에 해당하는 자가 외국인

인 경우 당해 외국인은 「출입국관리법 시행령」 별표 1의2의 규정에 의한 상사주재·기업투자 또는 무역경영의 체류자격을 갖춘 자일 것

2. 법인인 경우에는 주된 영업소의 자본금이, 개인인 경우에는 자산(외국에서 보유하고 있는 자산을 포함한다)의 평가액이 각각 별표 2의 규정에 의한 기준이상일 것

3. 「상법」 제614조의 규정에 의하여 영업소를 설치하고 등기를 할 것

[제목개정 1999. 8. 6.]

[시행일: 2023. 8. 10.] 제13조제1항제2호

제14조 삭제 〈1999. 8. 6.〉

제15조 삭제 〈2007. 12. 28.〉

제16조(건설업 등록기준의 특례) ① 건설사업자가 다른 업종의 건설업 등록을 추가로 신청하는 경우에는 다음 각 호의 구분에 따라 별표 2에 따른 등록기준을 이미 갖춘 것으로 본다. 〈개정 2013. 3. 23., 2016. 2. 11., 2020. 2. 18., 2020. 12. 29., 2021. 12. 28., 2023. 5. 9.〉

1. 자본금: 보유하고 있는 업종의 별표 2에 따른 최저 자본금기준(보유하고 있는 업종이 둘 이상인 경우 최저 자본금기준이 최대인 업종의 최저 자본금기준을 말한다)의 2분의 1을 한도로 1개 업종에 한정하여 등록하려는 업종의 최저 자본금기준의 2분의 1에 해당하는 자본금을 이미 갖춘 것으로 본다.

2. 기술능력: 보유하고 있는 업종의 별표 2에 따른 기술능력과 추가로 등록하려는 업종의 기술능력이 같은 종류·등급으로서 공동으로 활용할 수 있는 경우에는 1개 업종에 한정하여 1명(공동으로 활용할 수 있는 기술인력이 5명 이상인 경우에는 2명)의 기술능력을 이미 갖춘 것으로 본다. 다만, 건설사업자가 가스난방공사업을 추가로 등록[가스난방공사업 중 난방공사(제1종)을 주력분야로 등록하는 경우는 제외한다]하려는 경우에는 공동으로 활용할 수 있는 기술인력은 이미 갖춘 것으로 본다.

② 제1항제1호에 따른 등록기준의 특례를 인정받은 건설사업자 중 다음 각 호의 요건을 모두 갖춘 건설사업자가 다른 업종의 건설업 등록을 추가로 신청하는 경우에는 보유하고 있는 업종의 별표 2에 따른 최저 자본금기준(보유하고 있는 업종이 둘 이상인 경우 최

저 자본금기준이 최대인 업종의 최저 자본금기준을 말한다)의 2분의 1을 한도로 1회에 한정하여 등록하려는 업종의 최저 자본금기준의 2분의 1에 해당하는 자본금을 이미 갖춘 것으로 인정받을 수 있다. 다만, 최저 자본금기준의 2분의 1에 해당하는 자본금을 이미 갖춘 것으로 인정받아 등록한 이후 제2호에 따른 처분이나 벌칙을 받은 경우에는 해당 처분 또는 벌칙을 받은 날부터 60일 이내에 추가로 등록한 업종의 최저 자본금기준을 갖춰야 한다. 〈신설 2014. 11. 14., 2020. 2. 18.〉

1. 15년 이상 건설업을 영위한 건설사업자일 것

2. 최근 10년간 법 제82조, 제82조의2 또는 제83조에 따른 영업정지 등의 처분이나 이 법 위반에 따른 벌칙을 받지 아니하였을 것

③ 제2항 각 호의 요건을 모두 갖춘 건설사업자가 둘 이상의 건설업종을 동시에 추가로 등록 신청하는 경우에는 제1항 및 제2항을 각각 적용받을 수 있다. 〈신설 2014. 11. 14., 2020. 2. 18.〉

④ 건설사업자가 아닌 자가 최초로 둘 이상의 건설업종을 동시에 신청하려는 경우에 관하여는 제1항을 준용한다. 〈개정 2014. 11. 14., 2020. 2. 18.〉

⑤ 전문공사를 시공하는 업종을 등록한 자가 같은 업종의 주력분야를 추가로 등록하거나 전문공사를 시공하는 업종을 등록하려는 자가 둘 이상의 주력분야를 등록하려는 경우에는 기술능력이 같은 종류·등급으로서 공동으로 활용할 수 있는 기술인력 중 1명은 주력분야별로 이미 갖춘 것으로 본다. 다만, 가스난방공사업을 등록한 자가 주력분야[난방공사(제1종)은 제외한다]를 추가로 등록하거나 가스난방공사업을 등록하려는 자가 둘 이상의 주력분야[난방공사(제1종)은 제외한다]를 등록하려는 경우에는 공동으로 활용할 수 있는 기술인력은 이미 갖춘 것으로 본다. 〈신설 2020. 12. 29., 2021. 12. 28.〉

⑥ 대통령령 제21819호 건설산업기본법 시행령 일부개정령 시행 전에 둘 이상의 건설업종을 등록한 건설사업자는 국토교통부장관에게 제1항제1호에 따른 자본금기준의 특례 적용을 신청할 수 있다. 〈신설 2020. 2. 18., 2020. 12. 29.〉

[전문개정 2009. 11. 10.]

제17조(산림조합 등에 대한 건설업등록증등의 교부) 특별시장·광역

시장 · 특별자치시장 · 도지사 또는 특별자치도지사(이하 "시 · 도지사"라 한다)는 「산림조합법」 제11조제4항에 따라 신고를 받은 경우에는 건설업등록증 및 건설업등록수첩을 교부하여야 한다. 〈개정 1999. 8. 6., 2000. 5. 1., 2005. 5. 7., 2014. 2. 5.〉

[제목개정 1999. 8. 6., 2000. 5. 1.]

제18조(표지의 게시) 건설사업자는 국토교통부령이 정하는 바에 따라 영업소안의 보기 쉬운 곳에 건설업의 등록내용을 기재한 표지를 내걸어야 한다. 〈개정 1999. 8. 6., 2008. 2. 29., 2013. 3. 23., 2020. 2. 18.〉

제19조(건설공사의 시공자격) 법 제16조제1항제7호에서 "대통령령으로 정하는 경우"란 다음 각 호의 어느 하나에 해당하는 경우를 말한다. 〈개정 2012. 6. 21., 2014. 5. 22., 2020. 2. 18., 2020. 10. 8.〉

1. 다음 각 목의 어느 하나에 해당하는 자가 그 신기술 또는 공법이 적용되는 건설공사(해당 신기술 또는 특허권이 설정등록된 공법이 적용되는 공사의 공사예정금액이 전체 공사예정금액의 100분의 70 이상인 경우로 한정한다)를 도급받는 경우

가. 「건설기술 진흥법」 제14조에 따른 신기술을 개발한 건설사업자

나. 특정 공법에 대하여 「특허법」 제87조에 따른 특허권 설정등록을 한 건설사업자

다. 특정 공법에 대하여 「특허법」 제100조에 따라 특허권자로부터 전용실시권을 설정받은 건설사업자

라. 특정 공법에 대하여 「특허법」 제102조에 따라 특허권자로부터 통상실시권을 허락받은 건설사업자

2. 종합공사를 시공할 수 있는 자격을 보유한 건설사업자가 해당 종합공사의 부대공사(법 제16조제2항에 따른 부대공사를 말한다)로서 다른 종합공사를 함께 도급받는 경우

[본조신설 2011. 11. 1.]

[제목개정 2020. 10. 8.]

제20조 삭제 〈2020. 10. 8.〉

제21조(부대공사의 범위 및 기준) ①법 제16조제2항에 따른 부대공사의 범위는 다음 각 호와 같다. 〈개정 1999. 8. 6., 2005. 6.

30., 2007. 12. 28., 2011. 11. 1., 2020. 2. 18., 2020. 10. 8.〉

1. 주된 공사를 시공하기 위하여 또는 시공함으로 인하여 필요하게 되는 종된 공사

2. 2종이상의 전문공사가 복합된 공사로서 공사예정금액이 3억원 미만이고, 주된 전문공사의 공사예정금액이 전체 공사예정금액의 2분의 1이상인 경우 그 나머지 부분의 공사

3. 삭제 〈2020. 12. 29.〉

② 제1항제1호의 부대공사로 인정하는 기준은 다음 각 호와 같다. 〈신설 2020. 10. 8.〉

1. 주된 공사와 부대공사의 공사 종류간에 종속성(從屬性) 및 연계성(連繫性)이 인정될 것

2. 건설공사의 업종별 업무내용 및 시공기술의 난이도 등을 고려할 때 주된 공사의 건설사업자가 시공할 수 있고 주된 공사의 건설사업자가 부대공사를 시공하더라도 공사의 품질이나 안전에 지장을 초래하지 않을 것

③ 제1항 및 제2항에 따른 부대공사의 범위 및 기준에 관하여 필요한 세부사항은 국토교통부장관이 정하여 고시한다. 〈신설 2020. 10. 8.〉

[제목개정 2020. 10. 8.]

제22조 삭제 〈1999. 8. 6.〉

제23조 삭제 〈1999. 8. 6.〉

제24조 삭제 〈1999. 8. 6.〉

제3장 도급 및 하도급계약

제25조(공사도급계약의 내용) ①법 제22조제2항에 따라 공사의 도급계약에 분명하게 적어야 할 사항은 다음 각 호와 같다. 〈개정 2005. 5. 7., 2007. 12. 28., 2008. 12. 31., 2019. 12. 24., 2021. 1. 5., 2021. 12. 28.〉

1. 공사내용

2. 도급금액과 도급금액 중 임금에 해당하는 금액

3. 공사착수의 시기와 공사완성의 시기

4. 도급금액의 선급금이나 기성금의 지급에 관하여 약정을 한 경우에는 각각 그 지급의 시기·방법 및 금액

5. 공사의 중지, 계약의 해제나 천재 · 지변의 경우 발생하는 손해의 부담에 관한 사항

6. 설계변경 · 물가변동 등에 기인한 도급금액 또는 공사내용의 변경에 관한 사항

7. 법 제34조제2항의 규정에 의한 하도급대금지급보증서의 교부에 관한 사항(하도급계약의 경우에 한한다)

8. 법 제35조제1항의 규정에 의한 하도급대금의 직접지급사유와 그 절차

8의2. 법 제40조제1항에 따른 건설기술인의 배치에 관한 계획

9. 「산업안전보건법」 제72조에 따른 산업안전보건관리비의 지급에 관한 사항

10. 법 제87조제1항의 규정에 의하여 건설근로자퇴직공제에 가입하여야 하는 건설공사인 경우에는 건설근로자퇴직공제가입에 소요되는 금액과 부담방법에 관한 사항

11. 「산업재해보상보험법」에 의한 산업재해보상보험료, 「고용보험법」에 의한 고용보험료 기타 당해 공사와 관련하여 법령에 의하여 부담하는 각종 부담금의 금액과 부담방법에 관한 사항

12. 당해 공사에서 발생된 폐기물의 처리방법과 재활용에 관한 사항

13. 인도를 위한 검사 및 그 시기

14. 공사완성후의 도급금액의 지급시기

15. 계약이행지체의 경우 위약금 · 지연이자의 지급 등 손해배상에 관한 사항

16. 하자담보책임기간 및 담보방법

17. 분쟁발생시 분쟁의 해결방법에 관한 사항

18. 「건설근로자의 고용개선 등에 관한 법률」 제7조의2에 따른 고용 관련 편의시설의 설치 등에 관한 사항

② 삭제 〈2014. 2. 5.〉

제26조(건설공사대장의 기재사항 통보) ①도급금액이 1억원 이상인 건설공사를 도급받은 건설사업자는 법 제22조제6항에 따라 건설공사대장의 기재사항을 건설산업종합정보망을 이용하여 도급계약을 체결한 날부터 30일 이내에 발주자에게 통보해야 한다. 〈개정 2007. 12. 28., 2014. 2. 5., 2020. 2. 18.〉

② 제1항의 적용을 받는 건설사업자로부터 4천만원 이상의 건설공사를 하도급받은 건설사업자는 하도급계약을 체결한 날부터 30일 이내에 건설공사대장의 기재사항을 건설산업종합정보망을 이용하여 발주자에게 통보해야 한다. 〈신설 2007. 12. 28., 2020. 2. 18.〉

③제1항 및 제2항에 따른 건설사업자는 통보한 사항에 변경이 발생하거나 새로 기재해야 할 사항이 발생한 경우에는 발생한 날부터 30일 이내에 건설산업종합정보망을 이용하여 발주자에게 통보해야 한다. 다만, 제1항에 따라 통보한 도급금액이 1억원 미만의 범위에서 변경되거나 제2항에 따라 통보한 하도급금액이 4천만원 미만의 범위에서 변경되는 경우에는 통보하지 않을 수 있다. 〈개정 2007. 12. 28., 2020. 2. 18.〉

[본조신설 2002. 9. 18.]

제26조의2(보험료 등의 비용 명시 및 정산) ① 건설공사의 도급계약 당사자는 법 제22조제7항에 따른 보험료 등의 비용(이하 이 조에서 "보험료등"이라 한다)을 국토교통부장관이 정하여 고시하는 기준에 따라 도급금액산출내역서(하도급금액산출내역서를 포함한다. 이하 제3항에서 같다)에 명시하여야 한다. 〈개정 2008. 2. 29., 2010. 5. 27., 2013. 3. 23., 2014. 2. 5.〉

② 발주자(하도급의 경우에는 수급인을 포함한다. 이하 이 조에서 같다)는 그 건설공사를 도급받은 건설사업자가 보험료등을 부담하였는지 여부에 관하여 확인할 수 있다. 이 경우 발주자가 필요하다고 인정하는 경우에는 그 건설사업자에게 보험료등을 납부한 확인서의 제출을 요구할 수 있다. 〈개정 2020. 2. 18.〉

③ 발주자는 건설사업자가 보험료등을 납부한 내역을 확인한 결과, 도급금액산출내역서에 명시된 「국민연금법」에 따른 국민연금보험료, 「국민건강보험법」에 따른 건강보험료 및 「노인장기요양보험법」에 따른 노인장기요양보험료가 실제로 지출된 보험료보다 많은 경우에는 그 초과하는 금액을 정산할 수 있다. 〈개정 2010. 5. 27., 2020. 2. 18.〉

[전문개정 2007. 12. 28.]

제26조의3(공공기관의 범위) 법 제22조제8항 및 제22조의2제1항 본문에서 "대통령령으로 정하는 공공기관"이란 각각 다음 각 호의 공공기관을 말한다. 〈개정 2019. 6. 18., 2020. 9. 8.〉

1. 「공공기관의 운영에 관한 법률」 제5조에 따른 공기업 및 준정부기관

2. 「지방공기업법」 제49조 및 제76조에 따른 지방공사 및 지방공단

[본조신설 2014. 2. 5.]

[종전 제26조의3은 제26조의4로 이동 〈2014. 2. 5.〉]

제26조의4(공사대금지급의 보증 등의 예외가 되는 소규모공사 등의 범위) 법 제22조의2제2항에서 "소규모공사 등 대통령령으로 정하는 건설공사"란 다음 각 호의 어느 하나에 해당하는 건설공사를 말한다.

1. 공사 1건의 도급금액이 5천만원 미만인 소규모공사

2. 공사기간이 3개월 이내인 단기공사

[본조신설 2020. 9. 8.]

[종전 제26조의4는 제26조의5로 이동 〈2020. 9. 8.〉]

제26조의5(계약 추정의 통지 내용) 법 제22조의3제1항에서 "도급받은 건설공사의 내용, 계약금액 등 대통령령으로 정하는 사항"이란 다음 각 호의 사항을 말한다.

1. 제25조제1항 각 호의 사항

2. 그 밖에 발주자(하도급의 경우에는 수급인을 포함한다)가 도급한 사항

[본조신설 2016. 8. 4.]

[제26조의4에서 이동, 종전 제26조의5는 제26조의6으로 이동 〈2020. 9. 8.〉]

제26조의6(계약 추정의 통지 및 회신 방법) ① 법 제22조의3제1항 및 제2항에 따른 통지 및 회신은 다음 각 호의 어느 하나에 해당하는 방법으로 한다. 〈개정 2020. 12. 8.〉

1. 내용증명우편

2. 「전자문서 및 전자거래 기본법」 제2조제1호에 따른 전자문서로서 다음 각 목의 어느 하나에 해당하는 요건을 갖춘 것

가. 「전자서명법」 제2조제2호에 따른 전자서명(서명자의 실지명의를 확인할 수 있는 것으로 한정한다)이 있을 것

나. 「전자문서 및 전자거래 기본법」 제2조제8호에 따른 공인전자주소를 이용할 것

3. 그 밖에 통지와 회신의 내용 및 수신 여부를 객관적으로 확인할 수 있는 방법

② 제1항에 따른 통지 및 회신은 발주자, 수급인 및 하수급인의 주소(전자우편주소 또는 제1항제2호나목에 따른 공인전자주소를 포함한다)로 하여야 한다.

[본조신설 2016. 8. 4.]

[제26조의5에서 이동, 종전 제26조의6은 제26조의7로 이동 〈2020. 9. 8.〉]

제26조의7(서면의 보관) 법 제22조의3제6항에 따라 발주자, 수급인 및 하수급인은 같은 조 제1항 및 제2항에 따른 서면을 해당 도급공사 또는 하도급공사가 완공된 날부터 3년간 보관하여야 한다.

[본조신설 2016. 8. 4.]

[제26조의6에서 이동, 종전 제26조의7은 제26조의8로 이동 〈2020. 9. 8.〉]

제26조의8(건설산업정보종합관리체계의 구축·운영) ①국토교통부장관은 법 제24조제3항의 규정에 의한 건설산업정보종합관리체계의 효율적인 구축과 활용촉진을 위하여 다음 각 호의 업무를 수행할 수 있다. 〈개정 2008. 2. 29., 2013. 3. 23.〉

1. 건설산업정보종합관리체계의 구축·운영에 관한 각종 연구개발 및 기술지원
2. 건설산업정보종합관리체계의 구축을 위한 공동사업의 시행
3. 건설산업정보종합관리체계의 표준화
4. 건설산업정보종합관리체계를 이용한 정보의 공동활용 촉진
5. 그 밖에 건설산업정보종합관리체계의 구축·운영을 위하여 필요한 사항

②국토교통부장관은 건설산업정보종합관리체계의 효율적인 구축과 운영을 위하여 건설과 관련된 사업체·기관 또는 단체와의 협의체를 구성·운영할 수 있다. 〈개정 2008. 2. 29., 2013. 3. 23.〉

[본조신설 2005. 6. 30.]

[제26조의7에서 이동 〈2020. 9. 8.〉]

제27조(건설산업정보의 종합관리를 위한 자료제출의 요청절차 등) 국토교통부장관이 법 제24조제4항의 규정에 의하여 자료제출을 요청하는 경우에는 제출기한의 15일전에 다음 각 호의 사항을 서면으로 통보하여야 한다. 〈개정 2005. 6. 30., 2008. 2. 29., 2013. 3. 23.〉

1. 제출요청사유
2. 제출기한
3. 제출자료의 구체적인 사항
4. 제출자료의 방식 및 형태
5. 제출자료의 활용방법
[본조신설 2002. 9. 18.]

제28조(수급인에 대한 벌점 부과기준) 법 제25조제5항에 따라 국토교통부장관이 부과하는 벌점의 부과기준은 별표 3과 같다.
[본조신설 2019. 6. 18.]

제29조(견적기간) 법 제27조에서 "대통령령으로 정하는 일정 기간"이란 다음 각호의 기간을 말한다. 〈개정 2011. 11. 1.〉
1. 공사예정금액 30억원이상의 공사인 경우 : 공사현장을 설명한 날부터 20일이상
2. 공사예정금액 10억원이상의 공사인 경우 : 공사현장을 설명한 날부터 15일이상
3. 공사예정금액 1억원이상의 공사인 경우 : 공사현장을 설명한 날부터 10일이상
4. 공사예정금액 1억원미만의 공사인 경우 : 공사현장을 설명한 날부터 5일이상

제30조(하자담보책임기간) ①법 제28조제1항의 규정에 의한 공사의 공종별 하자담보책임기간은 별표 4와 같다. 〈개정 2016. 2. 11.〉
② 법 제28조제3항 단서에 따라 건설공사의 하자담보책임기간을 도급계약에서 특별히 따로 정할 경우에는 도급계약서에 다음 각 호의 사항을 알 수 있도록 명시하여야 한다. 〈신설 2016. 2. 11.〉
1. 따로 정한 하자담보책임기간과 그 사유
2. 따로 정한 하자담보책임기간으로 인하여 추가로 발생하는 하자보수보증 수수료

제30조의2(건설공사의 직접시공) ①법 제28조의2제1항 본문에서 "대통령령으로 정하는 금액 미만인 건설공사"란 도급금액이 70억원 미만인 건설공사를 말한다. 〈개정 2011. 11. 1., 2019. 3. 26.〉
② 법 제28조의2제1항 본문에서 "대통령령으로 정하는 비율"이란 다음 각 호의 구분에 따른 비율을 말한다. 〈개정 2011. 11. 1., 2019. 3. 26.〉

1. 도급금액이 3억원 미만인 경우: 100분의 50
2. 도급금액이 3억원 이상 10억원 미만인 경우: 100분의 30
3. 도급금액이 10억원 이상 30억원 미만인 경우: 100분의 20
4. 도급금액이 30억원 이상 70억원 미만인 경우: 100분의 10

③법 제28조의2제1항 단서에서 "대통령령으로 정하는 경우"란 다음 각 호의 어느 하나에 해당하는 경우를 말한다. 〈개정 2011. 11. 1., 2012. 6. 21., 2020. 2. 18.〉

1. 발주자가 공사의 품질이나 시공상 능률을 높이기 위하여 필요하다고 인정하여 서면으로 승낙한 경우
2. 수급인이 도급받은 건설공사 중 특허 또는 신기술이 사용되는 부분을 그 특허 또는 신기술을 사용할 수 있는 건설사업자에게 하도급하는 경우

④법 제28조의2제2항에 따른 직접시공계획의 통보는 국토교통부령으로 정하는 바에 따라 도급계약을 체결한 날부터 30일 이내에 하여야 한다. 다만, 법 제28조의2제1항에 따라 직접 시공하는 건설공사가 다음 각 호의 요건을 모두 갖춘 경우에는 해당 공사의 직접시공계획을 통보하지 아니할 수 있다. 〈개정 2007. 12. 28., 2008. 2. 29., 2011. 11. 1., 2013. 3. 23.〉

1. 1건 공사의 도급금액이 4천만원 미만일 것
2. 공사기간이 30일 이내일 것

⑤감리자가 있는 건설공사로서 도급계약을 체결한 자가 제4항의 규정에 의한 기한내에 감리자에게 직접시공계획을 통보한 경우에는 이를 발주자에게 통보한 것으로 본다.

⑥ 법 제28조의2제4항 본문에서 "대통령령으로 정하는 공공기관"이란 다음 각 호의 공공기관을 말한다. 〈신설 2017. 9. 19., 2019. 6. 18.〉

1. 「공공기관의 운영에 관한 법률」 제5조에 따른 공기업 및 준정부기관
2. 「지방공기업법」 제49조 및 제76조에 따른 지방공사 및 지방공단

[본조신설 2005. 6. 30.]

제31조(일괄하도급의 범위) ①법 제29조제1항 본문에 따라 건설공사의 주요부분의 대부분을 다른 건설사업자에게 하도급하는 경우는

도급받은 공사(도급받은 공사가 여러 동의 건축공사인 경우에는 각 동의 건축공사를 말한다)를 제21조제1항에 따른 부대공사에 해당하는 부분을 제외한 주된 공사의 전부를 하도급하는 경우로 한다. 〈개정 2020. 2. 18.〉

②법 제29조제1항 단서에서 "건설사업자가 도급받은 공사를 대통령령으로 정하는 바에 따라 계획, 관리 및 조정하는 경우"란 건설사업자가 국토교통부장관이 정하는 바에 따라 공사현상에서 인력·자재·장비·자금 등의 관리, 시공관리·품질관리·안전관리 등을 수행하고 이를 위한 조직체계 등을 갖추고 있는 경우를 말한다. 〈신설 2005. 6. 30., 2008. 2. 29., 2011. 11. 1., 2013. 3. 23., 2020. 2. 18.〉

③법 제29조제1항 단서에 따라 2인 이상에게 분할하여 하도급할 수 있는 경우는 다음 각 호의 어느 하나에 해당하는 경우로 한다. 〈개정 1999. 8. 6., 2007. 12. 28., 2011. 11. 1., 2012. 11. 27., 2020. 2. 18., 2020. 10. 8.〉

1. 도급받은 공사를 전문공사를 시공하는 업종별로 분할하여 각각 해당 전문공사를 시공할 수 있는 자격을 보유한 건설사업자에게 하도급하는 경우

2. 도서지역 또는 산간벽지에서 시행되는 공사를 해당 도서지역 또는 산간벽지가 속하는 특별시·광역시·특별자치시·도 또는 특별자치도(이하 "시·도"라 한다)에 있는 중소건설사업자 또는 법 제48조에 따라 등록한 협력업자에게 하도급하는 경우

제31조의2(건설공사 하도급 제한의 예외) 법 제29조제2항제2호 및 같은 조 제5항 단서에서 "대통령령으로 정하는 요건"이란 하도급하는 공사의 금액이 도급받은 전체 공사금액의 100분의 20을 초과하지 않는 경우로서 다음 각 호의 어느 하나에 해당하는 경우를 말한다.

1. 「건설기술 진흥법」 제14조에 따른 신기술이 적용되는 공사를 그 기술을 개발한 건설사업자에게 하도급하는 경우

2. 「특허법」 제87조에 따라 특허권이 설정된 공법을 적용하는 공사를 그 특허를 출원한 건설사업자에게 하도급하는 경우

3. 삭제 〈2021. 8. 3.〉

4. 점보드릴(암석에 구멍을 뚫는 기계), 쉴드기(터널 굴착에 사용

되는 전용기계) 등 그 조작을 위하여 상근 전문인력을 보유해야 하는 건설기계를 이용하여 시공해야 하는 공사를 그 건설기계와 그 건설기계 조작을 위한 상근 전문인력을 모두 보유하고 있는 건설사업자에게 하도급하는 경우

5. 「특허법」 제87조에 따른 특허권 또는 「실용신안법」 제21조에 따른 실용신안권이 설정된 자재(자재의 제작과정에 해당 권리가 설정된 경우를 포함한다)를 설치하는 공사를 그 자재의 제작·설치에 대한 전문성과 제작·설치를 위한 상근 전문인력을 모두 보유하고 있는 건설사업자에게 하도급하는 경우

6. 그 밖에 주된 공사에 부수되는 종된 공사로서 전문적인 시공기술·공법·인력이 필요하거나 특수한 자재를 제작·설치하는 공사를 그 공사에 대한 전문성이 있다고 발주자가 인정하는 건설사업자에게 하도급하는 경우

[본조신설 2020. 10. 8.]

제32조(하도급등의 통보) ①법 제29조제6항 각 호 외의 부분 본문에 따른 통보는 국토교통부령으로 정하는 바에 따라 하도급계약을 체결하거나 다시 하도급하는 것을 승낙한 날부터 30일 이내에 해야 한다. 하도급계약등을 변경 또는 해제한 때에도 또한 같다. 〈개정 1999. 8. 6., 2008. 2. 29., 2008. 6. 5., 2011. 11. 1., 2013. 3. 23., 2020. 10. 8.〉

②감리자가 있는 건설공사로서 하도급등을 한 자가 제1항의 규정에 의한 기한내에 감리자에게 통보한 경우는 이를 발주자에게 통보한 것으로 본다. 〈개정 1999. 8. 6.〉

③ 삭제 〈1999. 8. 6.〉

[제목개정 1999. 8. 6.]

제33조(건설공사의 하도급 참여제한) ① 법 제29조의3제1항 각 호 외의 부분 전단에서 “대통령령으로 정하는 공공기관”이란 다음 각 호의 공공기관을 말한다.

1. 「공공기관의 운영에 관한 법률」 제5조에 따른 공기업 및 준정부기관

2. 「지방공기업법」 제49조 및 제76조에 따른 지방공사 및 지방공단

② 법 제29조의3제1항 각 호 외의 부분 전단에 따라 국토교통부

장관이 하도급 참여를 제한하는 경우 그 참여제한 기간의 기준은 별표 3의2와 같다.

③ 국토교통부장관은 법 제29조의3제3항에 따라 건설산업종합정보망에 하도급 참여제한 처분 사실을 게재하는 경우에는 국토교통부령으로 정하는 바에 따라 하도급 참여제한 기간의 개시일 전까지 다음 각 호의 사항을 포함하여 게재해야 한다.

1. 업체(상호)명 · 주소 · 성명(법인인 경우 대표자의 성명) 및 사업자등록번호(법인인 경우 법인등록번호)

2. 하도급 참여제한의 구체적인 사유

3. 하도급 참여제한 기간

4. 하도급 참여제한 처분이 집행정지된 경우 그 집행정지 또는 집행정지의 해제사실

[본조신설 2019. 6. 18.]

제34조(하도급계약의 적정성 심사 등) ① 법 제31조제1항 및 제2항에서 "하도급계약금액이 대통령령으로 정하는 비율에 따른 금액에 미달하는 경우"란 다음 각 호의 어느 하나에 해당되는 경우를 말한다. 〈개정 2012. 11. 27., 2019. 3. 26.〉

1. 하도급계약금액이 도급금액 중 하도급부분에 상당하는 금액[하도급하려는 공사 부분에 대하여 수급인의 도급금액 산출내역서의 계약단가(직접 · 간접 노무비, 재료비 및 경비를 포함한다)를 기준으로 산출한 금액에 일반관리비, 이윤 및 부가가치세를 포함한 금액을 말하며, 수급인이 하수급인에게 직접 지급하는 자재의 비용과 법 제34조제3항에 따른 하도급대금 지급보증서 발급에 드는 금액 등 관계 법령에 따라 수급인이 부담하는 금액은 제외한다]의 100분의 82에 미달하는 경우

2. 하도급계약금액이 하도급부분에 대한 발주자의 예정가격의 100분의 64에 미달하는 경우

② 법 제31조제2항에서 "대통령령으로 정하는 공공기관"이란 다음 각 호의 공공기관을 말한다. 〈개정 2019. 6. 18.〉

1. 「공공기관의 운영에 관한 법률」 제5조에 따른 공기업 및 준정부기관

2. 「지방공기업법」 제49조 및 제76조에 따른 지방공사 및 지방공단

③ 발주자는 법 제31조제3항에 따라 하수급인 또는 하도급계약내용의 변경을 요구하려는 때에는 법 제29조제6항 각 호 외의 부분 본문에 따라 하도급의 통보를 받은 날 또는 그 사유가 있음을 안 날부터 30일 이내에 서면으로 해야 한다. 〈개정 2020. 10. 8.〉

④ 국토교통부장관은 법 제31조제1항 및 제2항에 따라 하수급인의 시공능력, 하도급계약내용의 적정성 등을 심사하는 경우에 활용할 수 있는 기준을 정하여 고시하여야 한다. 〈개정 2013. 3. 23.〉

⑤ 법 제31조제5항에 따른 하도급계약심사위원회(이하 이 조에서 "위원회"라 한다)는 위원장 1명과 부위원장 1명을 포함하여 10명 이내의 위원으로 구성한다.

⑥ 위원회의 위원장은 발주기관의 장(시·도의 경우에는 해당 기관 소속 2급 또는 3급 공무원 중에서, 제2항에 따른 공공기관의 경우에는 1급 이상 임직원 중에서 발주기관의 장이 지명하는 사람을 각각 말한다)이 되고, 부위원장과 위원은 다음 각 호의 어느 하나에 해당하는 사람 중에서 위원장이 임명하거나 위촉한다.

1. 해당 발주기관의 과장급 이상 공무원(제3항에 따른 공공기관의 경우에는 2급 이상의 임직원을 말한다)
2. 건설 분야 연구기관의 연구위원급 이상인 사람
3. 건설 분야의 박사학위를 취득하고 그 분야에서 3년 이상 연구 또는 실무경험이 있는 사람
4. 대학(건설 분야로 한정한다)의 조교수 이상인 사람
5. 「국가기술자격법」에 따른 건설 분야의 기술사 이상 자격을 취득한 사람

⑦ 제6항제2호부터 제5호까지의 규정에 해당하는 위원의 임기는 3년으로 하며, 한 차례만 연임할 수 있다.

⑧ 위원회의 회의는 재적위원 과반수의 출석으로 개의(開議)하고, 출석의원 과반수의 찬성으로 의결한다.

⑨ 위원의 제척·기피·회피에 관하여는 제68조의2를 준용한다. 〈신설 2012. 7. 4.〉

⑩ 이 영에서 규정한 사항 외에 위원회의 운영에 필요한 사항은 위원회의 의결을 거쳐 위원장이 정한다. 〈개정 2012. 7. 4.〉

[전문개정 2011. 11. 1.]

제34조의2(하도급계획의 제출) ① 법 제31조의2제1항 전단에서 "대

통령령으로 정하는 공공기관"이란 다음 각 호의 공공기관을 말한다. 〈개정 2011. 11. 1., 2019. 6. 18.〉

1. 「공공기관의 운영에 관한 법률」 제5조에 따른 공기업 및 준정부기관

2. 「지방공기업법」 제49조 및 제76조에 따른 지방공사 및 지방공단

② 법 제31조의2제1항 전단에서 "대통령령으로 정하는 건설공사"란 다음 각 호의 어느 하나에 해당하는 공사를 말한다. 〈개정 2011. 11. 1., 2013. 3. 23., 2014. 11. 19., 2017. 7. 26.〉

1. 「국가를 당사자로 하는 계약에 관한 법률 시행령」 제42조제4항(「공공기관의 운영에 관한 법률」 제39조제3항에 따라 정한 기획재정부령에서 준용되는 경우를 포함한다)에 따라 낙찰자를 결정하는 공사

2. 「지방자치단체를 당사자로 하는 계약에 관한 법률 시행령」 제42조제1항제1호[「지방공기업법」 제64조의2제5항(같은 법 제76조제2항에 따라 준용되는 경우를 포함한다)에 따라 정한 행정안전부령에서 준용되는 경우를 포함한다]에 따라 낙찰자를 결정하는 공사

③ 건설사업자는 법 제31조의2에 따라 건설공사를 도급받으려는 경우에는 국토교통부령으로 정하는 바에 따라 다음 각 호의 사항이 포함된 하도급계획서를 발주자에게 제출해야 한다. 〈개정 2008. 2. 29., 2010. 7. 26., 2011. 11. 1., 2013. 3. 23., 2014. 11. 19., 2016. 8. 4., 2017. 7. 26., 2020. 2. 18.〉

1. 하도급할 공사의 주요 공종{「국가를 당사자로 하는 계약에 관한 법률 시행령」 제14조제6항(「공공기관의 운영에 관한 법률」 제39조제3항에 따라 정한 기획재정부령에서 준용되는 경우를 포함한다) 및 「지방자치단체를 당사자로 하는 계약에 관한 법률 시행령」 제15조제6항[「지방공기업법」 제64조의2제5항(같은 법 제76조제2항에 따라 준용되는 경우를 포함한다)에 따라 정한 행정안전부령에서 준용되는 경우를 포함한다]에 따라 입찰서에 첨부한 입찰금액 산출내역서에 기재된 공종을 기준으로 국토교통부장관이 정하여 고시하는 공종을 말한다} 및 물량

2. 제1호에 따른 주요 공종 및 물량에 대한 다음 각 목의 사항

가. 하도급자 선정방식과 선정기준

나. 하도급예정금액(하도급 대상자가 하도급받으려는 공사의 하도급 금액이 국토교통부장관이 정하여 고시하는 금액 이상인 경우로 한정한다)

④ 삭제 〈2016. 8. 4.〉

⑤ 건설사업자는 다음 각 호의 어느 하나에 해당하는 경우에는 제3항에 따라 제출된 하도급계획서를 변경할 수 있다. 〈개정 2016. 8. 4., 2020. 2. 18.〉

1. 제3항제2호나목에 따른 하도급예정금액과 달라진 하도급금액을 단순히 반영하는 경우

2. 발주자가 공사의 품질이나 시공상 능률을 높이기 위하여 필요하다고 인정하여 서면으로 승낙한 경우

[본조신설 2007. 12. 28.]

[종전 제34조의2는 제34조의3으로 이동 〈2007. 12. 28.〉]

제34조의3(하도급공사 계약자료 등의 공개) ① 법 제31조의3제1항 각 호 외의 부분 및 같은 조 제2항제1호에서 "대통령령으로 정하는 공공기관"이란 각각 다음 각 호의 공공기관을 말한다. 〈개정 2019. 6. 18.〉

1. 「공공기관의 운영에 관한 법률」 제5조에 따른 공기업 및 준정부기관

2. 「지방공기업법」 제49조 및 제76조에 따른 지방공사 및 지방공단

② 발주기관은 법 제31조의3제1항에 따라 하도급공사 계약자료를 공개하는 경우 법 제29조제6항 각 호 외의 부분 본문에 따라 하도급 등의 통보를 받은 날부터 30일 이내에 발주기관의 인터넷 홈페이지에 게재하는 방법으로 해야 한다. 〈개정 2019. 6. 18., 2020. 10. 8.〉

[본조신설 2014. 11. 14.]

[제목개정 2019. 6. 18.]

[종전 제34조의3은 제34조의4로 이동 〈2014. 11. 14.〉]

제34조의4(하도급대금지급보증서 발급금액의 명시) ① 삭제 〈2010. 5. 27.〉

②건설공사의 도급계약 당사자는 법 제34조제3항의 규정에 의하여 하도급대금지급보증서 발급에 소요되는 금액을 국토교통부장관이 정하여 고시하는 기준에 따라 도급금액산출내역서에 명시하여야 한

다. 〈개정 2007. 12. 28., 2008. 2. 29., 2013. 3. 23.〉

③발주자는 건설공사를 시공하는 수급인이 법 제34조제3항의 규정에 의한 금액을 사용하였는지 여부에 관하여 확인할 수 있다. 이 경우 발주자는 필요하다고 인정하는 때에는 당해 수급인에게 소요비용 지출내역에 대한 증빙서류의 제출을 요구할 수 있다. 〈개정 2007. 12. 28.〉

④발주자는 제3항에 따라 건설사업자의 소요비용 지출내역을 확인하여 법 제34조제3항에 따른 건설공사의 도급금액산출내역서에 명시된 금액이 건설사업자가 지출한 금액을 초과하는 경우에는 그 초과하는 금액을 정산할 수 있다. 〈개정 2007. 12. 28., 2020. 2. 18.〉

⑤ 법 제34조제7항에서 "대통령령으로 정하는 공공기관"이란 다음 각 호의 공공기관을 말한다. 〈신설 2016. 8. 4., 2019. 6. 18.〉

1. 「공공기관의 운영에 관한 법률」 제5조에 따른 공기업 및 준정부기관

2. 「지방공기업법」 제49조 및 제76조에 따른 지방공사 및 지방공단

[본조신설 2005. 6. 30.]

[제34조의3에서 이동, 종전 제34조의4는 제34조의5로 이동 〈2014. 11. 14.〉]

제34조의5(공공기관의 범위) ① 법 제34조제9항에서 "대통령령으로 정하는 공공기관"이란 다음 각 호의 공공기관을 말한다. 〈신설 2020. 10. 8.〉

1. 「공공기관의 운영에 관한 법률」 제5조에 따른 공공기관(같은 조에 따른 기타공공기관으로서 해당 연도 예산규모가 250억원 미만인 공공기관은 제외한다)

2. 「지방공기업법」 제5조, 제49조 및 제76조에 따른 지방직영기업, 지방공사 및 지방공단

3. 「지방자치단체 출자·출연 기관의 운영에 관한 법률」 제5조에 따라 지정·고시된 출자·출연 기관(같은 법 제2조제3항 및 같은 법 시행령 제12조제2항에 따라 「지방자치단체를 당사자로 하는 계약에 관한 법률」을 준용하지 않는 출자·출연 기관은 제외한다)

② 법 제35조제1항제1호 각 목 외의 부분, 같은 조 제2항제6호,

제38조제3항, 제38조의2제2항ㆍ제3항 및 제46조제2항에서 "대통령령으로 정하는 공공기관"이란 각각 다음 각 호의 공공기관을 말한다. 〈개정 2011. 11. 1., 2014. 11. 14., 2019. 6. 18., 2020. 10. 8.〉

1. 「공공기관의 운영에 관한 법률」 제5조에 따른 공기업 및 준정부기관

2. 삭제 〈2014. 11. 14.〉

3. 삭제 〈2014. 11. 14.〉

4. 「지방공기업법」 제49조 및 제76조에 따른 지방공사 및 지방공단

[본조신설 2010. 5. 27.]

[제34조의4에서 이동, 종전 제34조의5는 제34조의6으로 이동 〈2014. 11. 14.〉]

제34조의6(공사금액 조정사유 등) ① 삭제 〈2010. 5. 27.〉

②법 제36조제2항의 규정에 의한 통보는 발주자가 설계변경 등에 따라 수급인에게 공사금액을 조정하여 지급한 날부터 15일 이내에 하여야 한다.

③ 제2항에 따른 통보의 내용 및 방법 등에 관한 구체적인 사항은 국토교통부령으로 정한다. 〈신설 2008. 12. 31., 2013. 3. 23.〉

[본조신설 2005. 6. 30.]

[제34조의5에서 이동, 종전 제34조의6은 제34조의7로 이동 〈2014. 11. 14.〉]

제34조의7(추가ㆍ변경공사에 대한 서면 요구 방법) ① 수급인은 법 제36조의2제1항에 따라 같은 항에 따른 추가ㆍ변경 공사(이하 "추가ㆍ변경공사"라 한다)에 관하여 하수급인에게 필요한 사항을 요구하거나 발주자에게 확인을 받으려는 경우에는 다음 각 호의 어느 하나에 해당하는 방법으로 하여야 한다. 〈개정 2020. 12. 8.〉

1. 내용증명우편

2. 「전자문서 및 전자거래 기본법」 제2조제1호에 따른 전자문서로서 다음 각 목의 어느 하나에 해당하는 요건을 갖춘 것

가. 「전자서명법」 제2조제2호에 따른 전자서명(서명자의 실지명의를 확인할 수 있는 것으로 한정한다)이 있을 것

나. 「전자문서 및 전자거래 기본법」 제2조제8호에 따른 공인전

자주소를 이용할 것

3. 그 밖에 서면 요구와 확인의 내용 및 수신 여부를 객관적으로 확인할 수 있는 방법

② 제1항에 따른 요구와 확인은 하수급인과 발주자의 주소(전자우편주소 또는 제1항제2호나목에 따른 공인전자주소를 포함한다)로 하여야 한다.

[본조신설 2016. 2. 11.]

[종전 제34조의7은 제34조의8로 이동 〈2016. 2. 11.〉]

제34조의8(부당특약의 유형) 법 제38조제2항 후단에 따른 부당한 특약의 유형은 다음 각 호와 같다. 〈개정 2011. 11. 1., 2012. 11. 27.〉

1. 법 제22조에 따라 하도급금액산출내역서에 명시된 보험료를 하수급인에게 지급하지 아니하기로 하는 특약

2. 법 제22조제1항을 위반하여 수급인이 부당하게 하수급인에게 각종 민원처리, 임시 시설물 설치, 추가 공사 또는 현장관리 등에 드는 비용을 전가하거나 부담시키는 특약

3. 법 제28조에 따라 수급인이 부담하여야 할 하자담보책임을 하수급인에게 전가·부담시키거나 도급계약으로 정한 기간을 초과하여 하자담보책임을 부담시키는 특약

4. 법 제34조제1항에 따라 하수급인에게 지급하여야 하는 하도급대금을 현금으로 지급하거나 지급기한 전에 지급하는 것을 이유로 지나치게 감액하기로 하는 특약

5. 법 제34조제4항에 따라 하수급인에게 지급하여야 하는 선급금을 지급하지 아니하기로 하는 특약 또는 선급금 지급을 이유로 기성금을 지급하지 아니하거나 하도급대금을 감액하기로 하는 특약

6. 법 제36조제1항에 따라 수급인이 발주자로부터 설계변경 또는 경제상황 변동에 따라 공사금액을 조정받은 경우에 하도급대금을 조정하지 아니하기로 한 특약

7. 법 제44조제1항에 따라 수급인이 부담하여야 할 손해배상책임을 하수급인에게 전가하거나 부담시키는 특약

[본조신설 2010. 5. 27.]

[제34조의7에서 이동 〈2016. 2. 11.〉]

제34조의9(포상금의 지급) ① 법 제38조의4제3항에 따른 포상금(이

하 이 조에서 “포상금”이라 한다)의 지급대상은 같은 조 제1항 각 호의 행위(이하 이 조에서 “불공정행위”라 한다)에 관한 사실과 이를 입증할 수 있는 증거자료를 최초로 제출한 자로 한다. 다만, 다음 각 호에 해당하는 자는 포상금 지급대상에서 제외한다.

1. 불공정행위를 한 발주자, 수급인 및 하수급인
2. 불공정행위로 피해를 입은 발주자, 수급인 및 하수급인
3. 동일한 불공정행위로 다른 법령에 따라 포상금을 지급받은 자

② 포상금의 지급기준은 200만원 이내에서 불공정행위의 중대성 등을 고려하여 국토교통부장관이 정하여 고시한다.

③ 국토교통부장관은 특별한 사정이 없으면 처분권자가 불공정행위를 한 자에게 행정처분을 한 날부터 3개월 이내에 신고한 자에게 포상금을 지급해야 한다.

④ 포상금 지급에 관한 사항을 심의하기 위하여 「건설기술 진흥법」 제82조제1항 및 같은 법 시행령 제115조제2항제1호에 따라 공정건설지원센터의 운영업무를 수행하는 지방국토관리청에 포상금지급심사위원회를 둘 수 있다.

⑤ 제1항부터 제4항까지에서 규정한 사항 외에 포상금 지급의 구체적 기준, 절차·방법 및 포상금지급심사위원회의 설치·운영 등에 필요한 세부사항은 국토교통부장관이 정하여 고시한다.

[본조신설 2022. 7. 19.]

제4장 시공 및 기술관리

제35조(건설기술인의 현장배치기준 등) ①법 제40조제1항에 따라 건설공사의 현장에 배치하여야 하는 건설기술인은 해당 공사의 공종에 상응하는 건설기술인이어야 하며, 해당 건설공사의 착수와 동시에 배치하여야 한다. 〈개정 2002. 9. 18., 2019. 3. 26.〉

②법 제40조제1항에 따른 건설기술인의 배치는 별표 5의 공사예정금액의 규모별 건설기술인 배치기준에 따라야 한다. 다만, 건설공사의 시공기술상 특성을 고려하여 도급계약 당사자 간의 합의에 따라 공사현장에 배치해야 할 건설기술인의 자격종목·등급 또는 인원수를 따로 정한 때에는 그에 따른다. 〈개정 2019. 3. 26., 2021. 1. 5.〉

③건설사업자는 다음 각 호의 어느 하나에 해당하는 공사에 대해

서는 공사품질 및 안전에 지장이 없는 범위에서 발주자의 승낙을 받아 1명의 건설기술인을 2개의 건설공사현장에 배치할 수 있다. 〈개정 1998. 12. 31., 2008. 12. 31., 2012. 11. 27., 2019. 3. 26., 2020. 2. 18., 2021. 12. 28.〉

1. 공사예정금액 5억원 미만의 동일한 종류의 공사로서 다음 각 목의 어느 하나에 해당하는 공사

가. 동일한 시(특별시, 광역시 및 특별자치시를 포함한다)·군의 관할지역에서 시행되는 공사. 다만, 제주특별자치도의 경우 제주특별자치도의 관할지역에서 시행되는 공사를 말한다.

나. 시(특별시, 광역시 및 특별자치시를 포함한다)·군을 달리하는 인접한 지역에서 시행되는 공사로서 발주자가 시공관리 기타 기술상 관리에 지장이 없다고 인정하는 공사

2. 이미 시공중에 있는 공사의 현장에서 새로이 행하여지는 동일한 종류의 공사

④ 삭제 〈1998. 12. 31.〉

⑤건설사업자는 법 제40조제1항에 따라 건설기술인을 건설공사의 현장에 배치한 때에는 해당 건설기술인이 국토교통부령으로 정하는 바에 따라 그 배치사실에 대한 발주자의 확인을 받도록 해야 한다. 〈개정 2008. 2. 29., 2011. 11. 1., 2013. 3. 23., 2019. 3. 26., 2020. 2. 18.〉

[제목개정 2019. 3. 26.]

제36조(시공자의 제한을 받는 건축물) ① 법 제41조제1항제2호나목에서 "대통령령으로 정하는 경우"란 「건축법 시행령」 별표 1 제1호 가목의 단독주택의 형태를 갖춘 가정어린이집·공동생활가정·지역아동센터 및 노인복지시설(노인복지주택은 제외한다)을 말한다. 〈신설 2012. 2. 2., 2018. 6. 26.〉

② 법 제41조제1항제2호다목에서 "대통령령으로 정하는 건축물"이란 건축물의 전부 또는 일부가 다음 각 호의 어느 하나에 해당하는 용도로 사용되는 건축물을 말한다. 〈개정 2001. 7. 7., 2005. 5. 7., 2005. 11. 25., 2007. 12. 28., 2011. 11. 1., 2011. 12. 8., 2012. 2. 2., 2014. 3. 24., 2018. 6. 26.〉

1. 「초·중등교육법」, 「고등교육법」 또는 「사립학교법」에 의한 학교

1의2. 「영유아보육법」에 따른 어린이집
1의3. 「유아교육법」에 따른 유치원
1의4. 「장애인 등에 대한 특수교육법」에 따른 특수교육기관 및 장애인평생교육시설
1의5. 「평생교육법」에 따른 평생교육시설
2. 「학원의 설립ㆍ운영 및 과외교습에 관한 법률」에 의한 학원
3. 「식품위생법」에 의한 식품접객업중 유흥주점
4. 「공중위생관리법」에 의한 숙박시설
5. 「의료법」에 의한 병원(종합병원ㆍ한방병원 및 요양병원을 포함한다)
6. 「관광진흥법」에 의한 관광숙박시설 또는 관광객 이용 시설중 전문휴양시설ㆍ종합휴양시설 및 관광공연장
7. 「건축법 시행령」 별표 1 제4호거목에 따른 다중생활시설
8. 「건축법 시행령」 별표 1 제14호에 따른 업무시설
[본조신설 2000. 4. 18.]
[제목개정 2012. 2. 2.]

제37조(시공자의 제한을 받지 아니하는 건축물) 법 제41조제1항 각 호 외의 부분 단서에서 "대통령령으로 정하는 건축물"이란 다음 각 호의 어느 하나에 해당하는 건축물을 말한다. 〈개정 2003. 11. 29., 2005. 5. 7., 2005. 11. 25., 2007. 12. 28., 2008. 10. 29., 2011. 11. 1., 2016. 8. 11.〉
1. 농업ㆍ임업ㆍ축산업 또는 어업용으로 설치하는 창고ㆍ저장고ㆍ작업장ㆍ퇴비사ㆍ축사ㆍ양어장 기타 이와 유사한 용도의 건축물
2. 삭제 〈2012. 2. 2.〉
3. 「주택법」 제4조에 따라 등록을 한 주택건설사업자가 같은 법 시행령 제17조제1항에 따른 자본금ㆍ기술능력 및 주택건설실적을 갖추고 같은 법 제15조에 따른 주택건설사업계획의 승인 또는 「건축법」 제11조에 따른 건축허가를 받아 건설하는 주거용건축물
[본조신설 2000. 4. 18.]

제38조(많은 사람이 이용하는 시설물) ① 법 제41조제2항제1호에서 "대통령령으로 정하는 체육시설"이란 「체육시설의 설치ㆍ이용에 관한 법률 시행령」 별표 1에 따른 골프장(9홀 이상에 한정한다), 스키장 및 자동차경주장을 말한다. 〈개정 2011. 11. 1.〉

② 법 제41조제2항제2호에서 “대통령령으로 정하는 시설물”이란 「도시공원 및 녹지 등에 관한 법률」 제2조에 따른 공원시설 중 다음 각 호의 어느 하나에 해당하는 시설물을 말한다. 〈개정 2008. 5. 26., 2011. 11. 1.〉

1. 공연장(「공연법」 제9조에 따라 등록하여야 하는 공연장에 한정한다)

2. 봉안시설(면적이 10만 제곱미터 이상인 경우에 한정한다)

3. 묘지(면적이 10만 제곱미터 이상인 경우에 한정한다)

③ 법 제41조제2항제3호에서 “대통령령으로 정하는 시설물”이란 「자연공원법 시행령」 제2조에 따른 공원시설 중 다음 각 호의 어느 하나에 해당하는 시설물을 말한다. 〈개정 2011. 11. 1.〉

1. 산지 또는 해안에 설치되는 사방시설(산지 또는 해안모래언덕의 면적이 1만 제곱미터 이상인 경우에 한정한다)

2. 길이가 1킬로미터 이상인 호안시설

④ 법 제41조제2항제4호에서 “대통령령으로 정하는 시설물”이란 「관광진흥법 시행령」 제2조에 따른 종합유원시설업에 이용되는 유기시설 중 미로를 말한다. 〈개정 2011. 11. 1.〉

[본조신설 2007. 12. 28.]

[제목개정 2011. 11. 1.]

제5장 경영합리화와 중소건설사업자 지원 〈개정 2020. 2. 18.〉

제39조(공사금액의 하한의 결정등) ① 법 제47조제1항에서 “대통령령으로 정하는 공공기관”이란 다음 각 호의 공공기관을 말한다. 〈개정 2019. 6. 18.〉

1. 「공공기관의 운영에 관한 법률」 제5조에 따른 공기업 및 준정부기관

2. 「지방공기업법」 제49조 및 제76조에 따른 지방공사 및 지방공단

②국토교통부장관이 법 제47조제2항에 따라 공사금액의 하한을 정할 수 있는 건설사업자는 법 제23조제1항에 따라 공시한 시공능력이 종합공사를 시공하는 업종을 등록한 건설사업자 중 100분의 3 이내에 해당하는 건설사업자로 한다. 〈개정 2007. 12. 28., 2008.

2. 29., 2013. 3. 23., 2020. 2. 18.〉

③제2항에 따른 공사금액의 하한은 종합공사를 시공하는 업종을 등록한 건설사업자가 도급받아서는 안 되는 1건 공사의 공사예정금액으로 한다. 〈개정 2007. 12. 28., 2020. 2. 18.〉

④국토교통부장관은 공사금액의 하한을 결정한 때에는 하한금액 및 하한금액이 적용되는 건설사업자와 대상공사를 관보에 고시하고 해당 건설사업자의 건설업등록수첩에 공사하한금액을 기재해야 한다. 〈개정 1999. 8. 6., 2007. 12. 28., 2008. 2. 29., 2008. 12. 31., 2013. 3. 23., 2020. 2. 18.〉

제40조(공동도급 등에 관한 지도) 국토교통부장관은 법 제48조제1항에 따라 건설사업자 간의 상생협력관계를 유지하도록 하기 위하여 필요하다고 인정하는 경우에는 공동도급 등에 관하여 다음 각 호의 사항을 정하여 고시하고 그에 따른 지도를 할 수 있다. 〈개정 1999. 8. 6., 2008. 2. 29., 2010. 5. 27., 2013. 3. 23., 2020. 2. 18.〉

1. 발주자와 공동수급체간 또는 공동수급체의 구성원 상호간의 시공상 책임한계와 공사실적의 인정 등 공동도급의 유형과 그 운영에 관한 기준
2. 건설사업자 간의 상생협력에 관한 권장사항
3. 건설사업자 간의 상생협력의 평가에 관한 기준

제41조(협력업자의 등록) ①국토교통부장관은 법 제48조제2항에 따라 종합공사를 시공하는 업종을 등록한 건설사업자에게 협력업자의 등록을 받게 하려는 경우에는 등록업종, 등록범위 및 그 밖에 등록에 필요한 사항을 정할 수 있다. 〈개정 2007. 12. 28., 2008. 2. 29., 2013. 3. 23., 2020. 2. 18.〉

②종합공사를 시공하는 업종을 등록한 건설사업자는 법 제48조제2항에 따라 협력업자로 등록하려는 건설사업자에 대하여 공사경험ㆍ공사실적ㆍ재무구조 등을 심사할 수 있다. 〈개정 2007. 12. 28., 2020. 2. 18.〉

③법 제48조제2항의 규정에 의하여 등록을 하는 경우 그 등록의 유효기간은 1년으로 하되, 당사자간의 합의에 의하여 1년씩 연장할 수 있다.

제42조(준수사항) ①법 제48조제2항에 따라 협력업자로 등록을 하

는 경우 그 등록을 받는 종합공사를 시공하는 업종을 등록한 건설사업자와 등록을 하는 건설사업자는 합의로 상호준수사항을 정해야 하며, 각각 대등한 입장에서 신의에 따라 성실히 준수사항을 이행해야 한다. 〈개정 2007. 12. 28., 2020. 2. 18.〉

②법 제48조제2항에 따라 등록을 받는 종합공사를 시공하는 업종을 등록한 건설사업자는 등록을 한 협력업자와 합의하여 공사수행을 위한 자금 또는 기술등을 지원할 수 있다. 이 경우 종합공사를 시공하는 업종을 등록한 건설사업자는 지원을 이유로 협력업자의 경영이나 업무에 간섭해서는 안 된다. 〈개정 2007. 12. 28., 2020. 2. 18.〉

제43조(하도급계약의 특례) 법 제48조제2항에 따라 등록을 받은 종합공사를 시공하는 업종을 등록한 건설사업자와 등록을 한 협력업자가 제25조제1항 각 호의 사항이 포함된 하도급계약내용을 일괄하여 약정하는 경우에는 등록사항으로 명시된 사항은 하도급계약서에 기재하지 않을 수 있다. 〈개정 2007. 12. 28., 2020. 2. 18.〉

제44조(협력업자등록의 해지) 법 제48조제2항에 따라 등록을 받은 종합공사를 시공하는 업종을 등록한 건설사업자 또는 등록한 협력업자는 상대방이 제42조에 따른 준수사항을 이행하지 않는 경우에는 등록관계를 해소할 수 있다. 〈개정 2007. 12. 28., 2020. 2. 18.〉

제44조의2(건설근로자 고용평가의 자료) 법 제48조의2제2항 전단에서 “건설사업자의 고용보험, 가족친하 인증, 시내근로복시기금 조성 및 사업시행 현황에 관한 자료 등 대통령령으로 정하는 자료”란 다음 각 호의 자료를 말한다.

1. 건설사업자 소속 건설근로자에 대한 고용보험 가입 현황에 관한 자료

2. 「가족친화 사회환경의 조성 촉진에 관한 법률」 제15조제1항에 따른 가족친화인증을 확인할 수 있는 자료

3. 「근로복지기본법」 제50조에 따른 사내근로복지기금 설치와 그 관리ㆍ운용 현황에 관한 자료

4. 그 밖에 건설사업자의 건설근로자 고용 실태와 복지증진 노력 등에 대한 사항을 평가하는데 필요한 자료로서 국토교통부령으로 정하는 자료

[본조신설 2020. 10. 8.]

제45조(건설사업자의 실태조사 등) ①국토교통부장관 또는 지방자치단체의 장(제86조제1항에 따라 위임받은 사무의 처리를 위하여 필요한 경우에 한정한다)은 법 제49조제1항에 따라 소속 공무원에게 경영실태를 조사하게 하거나 자재·시설을 검사하게 하는 때에는 그 사유를 미리 건설사업자에게 통보해야 한다. 〈개정 2007. 12. 28., 2008. 2. 29., 2013. 3. 23., 2020. 2. 18.〉

②법 제49조제1항의 규정에 의한 조사 또는 검사를 하는 공무원이 준수하여야 할 사항에 관하여 필요한 사항은 국토교통부령으로 정할 수 있다. 〈개정 2008. 2. 29., 2013. 3. 23.〉

③ 법 제49조제7항에 따른 경영실태의 조사는 법 제10조에 따른 건설업 등록기준에의 적합 여부에 관한 조사를 그 내용으로 한다. 〈신설 2016. 8. 4.〉

④ 국토교통부장관 또는 지방자치단체의 장은 법 제49조제7항에 따라 경영실태의 조사를 할 때에는 조사의 기간, 내용 및 사유를 해당 건설사업자에게 통보해야 한다. 〈신설 2016. 8. 4., 2020. 2. 18.〉

⑤ 국토교통부장관은 제3항 및 제4항에서 규정한 사항 외에 경영실태의 조사에 필요한 사항을 정하여 고시할 수 있다. 〈신설 2016. 8. 4.〉

[본조신설 2005. 6. 30.]

[제목개정 2020. 2. 18.]

제6장 건설사업자의 단체 〈개정 2020. 2. 18.〉

제46조(협회 상호 간의 협력관계) 법 제50조제1항에 따라 설립된 건설사업자단체(이하 "협회"라 한다)는 상호 간에 사업을 이용하거나 공동으로 사업을 수행할 수 있다. 〈개정 2020. 2. 18.〉

[전문개정 1999. 8. 6.]

[제목개정 2020. 2. 18.]

제47조(협회의 정관기재사항) 법 제50조제5항의 규정에 의한 협회의 정관의 기재사항은 다음 각호와 같다. 〈개정 1999. 8. 6.〉

1. 목적
2. 명칭
3. 주된 사무소의 소재지

4. 사업의 내용
5. 회원의 자격
6. 임원의 정수 · 임기 및 선출방법
7. 총회의 구성 및 의결사항
8. 이사회의 구성 및 의결사항
9. 자산 및 회계에 관한 사항
10. 정관의 변경절차

제48조(협회의 감독) 협회는 매 회계연도 개시전까지 사업계획과 수지예산서를 국토교통부장관에게 제출하여야 한다. 〈개정 1999. 8. 6., 2008. 2. 29., 2013. 3. 23.〉

제49조(협회 설립 시 동의를 얻어야 하는 건설사업자의 수) 법 제51조제1항에서 "대통령령으로 정하는 수"란 10분의 1을 말한다. 〈개정 1999. 8. 6., 2011. 11. 1.〉

[제목개정 2020. 2. 18.]

제7장 건설관련 공제조합

제50조(정관의 기재사항) 법 제54조제5항의 규정에 의한 공제조합(이하 "공제조합"이라 한다)의 정관의 기재사항은 다음 각호와 같다. 〈개정 1999. 8. 6.〉

1. 목적
2. 명칭
3. 사무소의 소재지
4. 출자 1좌의 금액과 그 납입방법 및 지분계산에 관한 사항
5. 조합원의 자격과 가입 · 탈퇴에 관한 사항
6. 자산 및 회계에 관한 사항
7. 총회에 관한 사항
8. 운영위원회에 관한 사항
9. 임원 및 직원에 관한 사항
10. 융자에 관한 사항
11. 업무와 그 집행에 관한 사항
12. 정관의 변경에 관한 사항
13. 해산과 잔여재산의 처리에 관한 사항
14. 공고의 방법에 관한 사항

제51조(운영위원회) ①공제조합에는 운영위원회를 둔다. 〈개정 1999. 8. 6.〉

②운영위원회는 다음 각 호의 위원으로 구성하되, 조합원인 운영위원의 수는 전체위원 수의 2분의 1 미만으로 한다. 〈개정 1999. 8. 6., 2002. 9. 18., 2003. 8. 21., 2007. 12. 28., 2008. 2. 29., 2011. 11. 1., 2013. 3. 23., 2016. 2. 11., 2021. 4. 6.〉

1. 총회가 조합원 중에서 출자좌수 등 국토교통부장관이 정하는 기준에 따라 직접·무기명투표로 선출하는 9명 이하의 위원

2. 기획재정부장관이 그 소속공무원중에서 지명하는 사람 1명

3. 국토교통부장관이 그 소속공무원중에서 지명하는 사람 1명

4. 삭제 〈2021. 4. 6.〉

5. 삭제 〈2021. 4. 6.〉

6. 다음 각 목의 어느 하나에 해당하는 자로서 국토교통부장관이 위촉하는 9명 이하의 위원

가. 대학 또는 정부출연연구기관에서 부교수 또는 책임연구원이상으로 재직하고 있거나 재직하였던 자로서 건설산업분야 또는 금융분야를 전공한 자

나. 변호사 또는 공인회계사의 자격이 있는 자

다. 금융감독원 또는 금융기관에서 임원이상의 직에 있거나 있었던 자

라. 공제조합 관련 업무에 관한 학식과 경험이 풍부한 자로서 해당 업무에 2년 이상 종사한 자

③제2항제1호 및 제6호의 위원의 임기는 2년으로 하며, 한 차례만 연임할 수 있다. 다만, 보궐위원의 임기는 전임위원 임기의 남은 기간으로 한다. 〈개정 1998. 12. 31., 1999. 8. 6., 2021. 4. 6.〉

④운영위원회에 위원장 1명과 부위원장 1명을 두되, 위원장 및 부위원장은 위원 중에서 위원의 직접·무기명투표로 각각 선출한다. 이 경우 위원장과 부위원장 중 1명은 제2항제6호의 위원 중에서 선출해야 한다. 〈개정 2016. 2. 11., 2021. 4. 6.〉

⑤위원장은 운영위원회를 소집하며 그 의장이 된다.

⑥운영위원회는 다음 사항을 심의·의결하며 공제조합의 업무집행을 감독할 수 있다. 〈개정 1999. 8. 6., 2021. 4. 6.〉

1. 사업계획 기타 업무운영 및 관리에 관한 기본방침

2. 예산 및 결산에 관한 사항
3. 차입금에 관한 사항
4.임원의 임면에 관한 사항
5. 기타 정관이 정하는 사항

⑦ 위원장은 다음 각 호의 사항을 심의하기 위하여 운영위원회를 소집하려는 경우에는 그 소집 전에 국토교통부장관에게 해당 사항을 알리고 관련 자료를 제출해야 한다. 〈신설 2021. 4. 6.〉

1. 법 제56조제2항 각 호의 사업에 관한 사업계획 수립 또는 변경
2. 예산 및 결산에 관한 사항
3. 법 제56조제1항제1호 및 제5호의 보증사업 및 공제사업에 대한 책임성을 확보하고 그 밖에 같은 조에 따른 공제조합의 사업을 건전하게 운영하는 데 중요한 영향을 미치는 사항이라고 위원장 또는 부위원장이 인정하는 사항

⑧ 국토교통부장관은 제7항에 따라 관련 자료를 제출받은 경우에는 같은 항에 따른 심의 사항에 대하여 재검토 요청을 할 수 있다. 〈신설 2021. 4. 6.〉

⑨ 공제조합 이사장은 운영위원회의 심의에 참석하여 의견을 제출할 수 있다. 〈신설 2021. 4. 6.〉

제52조(위원의 제척 · 기피 · 회피) ① 운영위원회 안건이 다음 각 호의 어느 하나에 해당하는 경우에는 해당 위원은 운영위원회의 심의 · 의결에서 제척된다.

1. 특정 조합원에게 채무보증, 담보제공, 채무경감을 하는 등의 재정적 지원에 관한 안건인 경우로서 해당 지원을 받는 자가 다음 각 목의 어느 하나에 해당하는 자인 경우
   가. 위원 또는 위원의 배우자나 배우자였던 사람
   나. 위원의 친족이거나 친족이었던 사람
   다. 위원 또는 위원이 속한 기관 · 단체 · 법인이 자문 · 연구 · 용역 등을 행하고 있는 자
2. 거래계약을 포함하는 안건인 경우로서 계약의 당사자가 제1호 각 목의 어느 하나에 해당하는 자인 경우

② 공제조합 이사장, 위원 또는 조합원은 제1항에 따른 제척 사유가 있거나 공정한 심의 · 의결을 기대하기 어려운 사정이 있는 위원에 대하여 운영위원회에 기피 신청을 할 수 있고, 운영위원회는 의

결로 기피 여부를 결정한다. 이 경우 기피 신청의 대상인 위원은 그 의결에 참여할 수 없다.

③ 위원이 제1항에 따른 제척 사유 또는 제2항에 따른 기피 사유에 해당하는 경우에는 스스로 해당 안건의 심의·의결에서 회피해야 한다.

[본조신설 2021. 4. 6.]

제53조(공제조합 설립 시 동의를 얻어야 하는 건설사업자의 수) 법 제55조제1항에서 "대통령령으로 정하는 수"란 3분의 1을 말한다. 〈개정 1999. 8. 6., 2011. 11. 1.〉

[제목개정 2020. 2. 18.]

제54조(등기) ①공제조합은 설립인가를 받은 때에는 주사무소의 소재지에서 다음 각호의 사항을 등기하여야 한다. 〈개정 1999. 8. 6.〉

1. 목적
2. 명칭
3. 사업
4. 사무소의 소재지
5. 설립인가의 연월일
6. 출자금의 총액
7. 출자 1좌의 금액
8. 출자의 방법
9. 출자증권양도의 제한에 관한 사항
10. 임원의 성명 및 주민등록번호(이사장인 경우에는 주소를 포함한다)
11. 대표권의 제한에 관한 사항
12. 대리인에 관한 사항
13. 공고의 방법

②공제조합은 지점 또는 분사무소 등(이하 "지점"이라 한다)을 설치한 때에는 3주이내에 다음 각 호의 사항을 등기하여야 한다. 〈개정 1999. 8. 6., 2007. 12. 28.〉

1. 주사무소의 소재지에서는 그 설치된 지점의 명칭 및 소재지
2. 새로 설치된 지점의 소재지에서는 제1항 제1호·제2호·제4호 및 제10호 내지 제13호의 사항

3. 이미 설치된 지점의 소재지에서는 새로 설치된 지점의 명칭 및 소재지

③공제조합이 주사무소나 지점을 이전한 때에는 3주이내에 다음 각호의 사항을 등기하여야 한다. 〈개정 1998. 12. 31., 1999. 8. 6.〉

1. 주사무소를 다른 등기소의 관할구역으로 이전한 때에는 주사무소의 구소재지와 지점의 소재지에서는 이전한 뜻, 주사무소의 신소재지에서는 제1항 각호의 사항

2. 지점을 다른 등기소의 관할구역으로 이전한 때에는 주사무소의 소재지, 그 지점의 구소재지 및 다른 지점의 소재지에서는 이전한 뜻, 그 지점의 신소재지에서는 제2항제2호의 사항

3. 주사무소 또는 지점을 관할 등기소의 관할구역안에서 이전한 때에는 주사무소 및 지점의 소재지에서 이전한 뜻

④제1항 각호의 등기사항(사무소의 소재지를 제외한다)에 변경이 있는 경우에는 그 변경이 있는 날부터 3주이내에 이를 등기하여야 한다. 다만, 제1항제6호의 규정에 의한 출자금의 총액의 변경등기는 매회계연도말 현재를 기준으로 하여 회계연도 종료후 3월이내에 등기할 수 있다.

⑤공제조합은 지점을 폐지한 때에는 3주이내에 주사무소 및 지점의 소재지에서 그 폐지한 뜻을 각각 등기하여야 한다. 〈개정 1999. 8. 6.〉

제55조(출자 및 조합원의 책임) ①공제조합의 총출자금은 그 조합원이 출자한 출자좌의 액면총액으로 한다. 〈개정 1999. 8. 6.〉

②출자 1좌의 금액은 균일하여야 한다.

③공제조합은 정관이 정하는 바에 의하여 조합원에게 그의 출자를 나타내는 출자증권을 발행하여 교부하여야 한다. 〈개정 1999. 8. 6.〉

④조합원의 책임은 그 출자지분액을 한도로 한다.

제56조(공제조합의 보증대상 및 내용) ①법 제54조제5항의 규정에 의하여 공제조합이 행할 수 있는 보증대상은 조합원이 다음 각호의 사업을 영위하는 과정에서 부담하는 의무 또는 채무를 말한다. 〈개정 1997. 12. 31., 1999. 8. 6., 2005. 5. 7.〉

1. 법 제2조제1호의 규정에 의한 건설산업

2. 「해외건설촉진법」에 의한 해외건설업
3. 「전기공사업법」에 의한 전기공사업
4. 「정보통신공사업법」에 의한 정보통신공사업
5. 「소방법」에 의한 소방설비공사업
6. 「문화재보호법」에 의한 문화재수리업

②법 제56조제1항제1호의 규정에 의한 각 보증의 내용은 다음 각 호와 같다. 〈개정 2007. 12. 28.〉

1. 입찰보증 : 공사 등의 입찰에 참가하는 조합원이 입찰참가자로서 부담하는 입찰보증금의 납부에 관한 의무이행을 보증하는 것
2. 계약보증 : 조합원이 도급받은 공사등의 계약이행과 관련하여 부담하는 계약보증금의 납부에 관한 의무이행을 보증하는 것
3. 공사이행보증 : 조합원이 도급받은 공사의 계약상 의무를 이행하지 못하는 경우 조합원을 대신하여 계약이행의무를 부담하거나 의무이행을 하지 아니할 경우 일정금액을 납부할 것을 보증하는 것
4. 손해배상보증 : 조합원이 도급받은 공사등의 계약이행중 발생한 제3자의 피해에 대한 배상금의 지급채무를 보증하는 것
5. 하자보수보증 : 조합원의 건설공사 등 사업의 영위와 관련하여 발생된 하자의 보수에 관한 의무이행을 보증하는 것
6. 선급금보증 : 조합원이 도급받은 공사등과 관련하여 수령하는 선금의 반환채무를 보증하는 것
7. 하도급보증 : 조합원이 하도급받고자 하거나 하도급받은 공사등과 관련하여 부담하는 제1호 내지 제6호와 같은 채무를 보증하는 것

③법 제56조제1항제1호에서 "대통령령으로 정하는 보증"이란 다음 각 호의 보증을 말한다. 〈개정 2011. 11. 1., 2013. 6. 17.〉

1. 인·허가보증
2. 자재구입보증
3. 대출보증
4. 납세보증
5. 하도급대금지급보증
6. 삭제 〈2016. 8. 4.〉
7. 법 제68조의3제1항에 따른 건설기계 대여대금 지급보증
8. 그 밖에 조합원이 경영하는 건설업과 관련하여 그가 부담하게

되는 재산상의 의무이행을 보증하는 것으로서 정관으로 정하는 보증

④공제조합은 그가 행하는 각종 보증의 구체적인 내용·범위 및 조건 등에 관하여 약관을 정하여 시행할 수 있다. 〈개정 1999. 8. 6.〉

제56조의2(공제조합의 수익사업) 법 제56조제2항제2호에서 “대통령령으로 정하는 수익사업”이란 다음 각 호의 사업을 말한다. 〈개정 2008. 7. 29., 2011. 11. 1.〉

1. 「부동산투자회사법」에 따른 부동산투자회사에 출자

2. 「체육시설의 설치·이용에 관한 법률」에 따른 체육시설의 설치·경영

3. 「부동산개발업의 관리 및 육성에 관한 법률」에 따른 부동산개발업

4. 「자본시장과 금융투자업에 관한 법률」에 따른 집합투자업자 및 집합투자기구 등에 출자 또는 투자

[본조신설 2007. 12. 28.]

제57조(보증한도) ①법 제54조제5항에 따라 공제조합이 보증할 수 있는 총보증한도는 출자금과 준비금을 합산한 금액의 35배까지로 하되, 국토교통부장관은 개별 공제조합의 재무건전성 및 보증위험을 고려하여 해당 공제조합의 보증한도를 고시할 수 있다. 다만, 금융기관·보험회사 또는 이와 유사한 기관의 보증이나 보험에 의하여 보장을 받거나 그 밖에 담보물을 받고 보증하는 경우에는 공제조합의 보증한도에 이를 포함하지 아니한다. 〈개정 1999. 8. 6., 2005. 11. 25., 2010. 5. 27., 2013. 3. 23.〉

②제1항의 규정에 의하여 보증한도를 정하는 경우 그 출자금과 준비금은 각 사업연도의 전년도말 결산액을 기준으로 한다. 다만, 사업연도중에 증자를 하였거나 「자산재평가법」에 의하여 자산을 재평가한 경우에는 증자 또는 자산재평가를 마친 때의 출자금과 준비금을 기준으로 한다. 〈개정 2005. 5. 7.〉

③공제조합이 조합원(법 제56조제2항의 법인 등을 포함한다)에 대하여 보증할 수 있는 보증종류별 한도는 보증종류별 사고율과 조합원에 대한 신용평가 등을 고려하여 정한다. 〈개정 1999. 8. 6., 2005. 11. 25., 2021. 1. 5.〉

④공제조합은 제3항의 규정에 의하여 보증종류별 한도를 정한 때

에는 국토교통부장관에게 이를 통보하여야 한다. 〈개정 1999. 8. 6., 2008. 2. 29., 2013. 3. 23.〉

제58조(신용정보의 제공 및 이용) ①공제조합은 수행하는 사업과 관련하여 필요한 때에는 조합원 및 관련채무자의 신용정보에 관한 자료를 「신용정보의 이용 및 보호에 관한 법률」에 따른 종합신용정보집중기관, 신용정보회사 또는 채권추심회사에 제공하거나 이들의 자료를 이용할 수 있다. 〈개정 1998. 12. 31., 1999. 8. 6., 2005. 5. 7., 2009. 10. 1., 2015. 9. 11., 2020. 8. 4.〉

②공제조합은 제1항의 규정에 의한 신용정보자료를 업무목적외에 사용하거나 누설하여서는 아니된다. 〈개정 1999. 8. 6.〉

제59조(출자증권의 명의 기재변경) ①법 제59조제1항에 따라 조합원 또는 조합원이었던 자가 그의 지분을 양도하려는 때에는 정관이 정하는 바에 따라 공제조합으로부터 출자증권에 명의 기재변경을 받아야 한다. 〈개정 1999. 8. 6., 2021. 1. 5.〉

②공제조합이 법 제60조제1항제2호부터 제5호까지의 규정 중 어느 하나에 해당하는 사유로 취득한 지분을 처분하는 때에는 해당 출자증권을 공제조합의 명의로 기재변경한 후 처분해야 한다. 〈개정 1999. 8. 6., 2002. 9. 18., 2021. 1. 5.〉

[제목개정 2021. 1. 5.]

제60조(책임준비금등의 계상) ①법 제63조제1항의 규정에 의하여 공제조합은 보증책임의 이행을 위한 대위변제금에 충당하기 위하여 매 사업연도말 현재의 보증잔액에 대하여 보증의 종류별로 책임준비금을 계상한다. 〈개정 1999. 8. 6.〉

② 법 제63조제1항에 따라 공제조합은 위기 시 재무안전성 확보를 위하여 매 사업연도 말에 비상위험준비금을 계상한다. 〈개정 2011. 11. 1.〉

③ 삭제 〈2011. 11. 1.〉

④ 삭제 〈2011. 11. 1.〉

제61조(보증금지급 대비자금) 공제조합은 법 제67조제3항에 따른 보증금의 지급에 대비하기 위하여 출자금과 준비금 합계액의 100분의 5에 해당하는 금액이상의 보증금지급 대비자금을 현금 또는 즉시 현금화할 수 있는 예금등으로 보유하여야 한다. 〈개정 1999. 8. 6., 2014. 11. 14.〉

제62조(수수료·이자 등) ①공제조합은 조합원(법 제56조제2항의 법인 등을 포함한다)으로부터 보증수수료, 융자금의 이자, 어음할인료와 사용료를 받을 수 있다. 〈개정 1999. 8. 6., 2005. 11. 25.〉

②제1항의 규정에 의한 보증수수료의 요율, 융자금의 이자율과 어음할인료율에 관하여는 국토교통부장관의 승인을 얻어야 한다. 〈개정 2008. 2. 29., 2013. 3. 23.〉

제63조(시공상황의 조사등) ①공제조합은 법 제64조제1항의 규정에 의한 시공상황의 조사를 위하여 필요한 때에는 당해 공사의 감리자 또는 보증채권자에게 시공방법·공정 및 자재 등에 관한 자료의 제공을 요청할 수 있다. 〈개정 1999. 8. 6.〉

②공제조합이 법 제64조제1항의 규정에 의하여 조합원에게 의견을 진술하고자 하는 때에는 이를 서면으로 하여야 한다. 다만, 긴급히 잘못을 바로잡을 사항이 있는 때에는 먼저 구두로 의견을 진술할 수 있다. 〈개정 1999. 8. 6.〉

제63조의2(조사 및 검사) ① 법 제65조제2항에 따른 금융위원회의 조사 또는 검사는 국토교통부장관이 조사 또는 검사가 필요한 사유를 명시하여 금융위원회에 요청한 경우에 한정한다. 〈개정 2008. 2. 29., 2008. 12. 31., 2013. 3. 23.〉

② 금융위원회는 제1항에 따라 조사 또는 검사를 한 경우 그 결과를 지체 없이 국토교통부장관에게 통보하여야 한다. 이 경우 시정하여야 할 사항이 있는 경우에는 시정을 요구할 수 있다. 〈개정 2008. 2. 29., 2008. 12. 31., 2013. 3. 23.〉

[본조신설 2007. 12. 28.]

제64조 삭제 〈2016. 2. 11.〉

제64조의2 삭제 〈2016. 8. 4.〉

제64조의3(건설기계 대여대금 지급보증서 발급금액의 명시) ① 법 제68조의3제3항에 따른 건설기계 대여대금 지급보증서 발급에 드는 금액은 도급금액 산출내역서(하도급금액 산출내역서를 포함한다)에 기재된 재료비, 직접노무비 및 경비 등을 고려하여 산출한다. 이 경우 구체적인 산출방법은 국토교통부장관이 정하여 고시하는 기준에 따른다.

② 발주자는 건설공사를 시공하는 수급인 또는 하수급인이 법 제68조의3제3항에 따른 금액을 해당 용도에 맞게 사용하였는지를 확인

할 수 있다. 이 경우 발주자는 필요하면 해당 수급인 또는 하수급인에게 소요비용 지출내역에 대한 증빙서류의 제출을 요구할 수 있다.

③ 발주자는 제2항에 따라 해당 수급인 또는 하수급인이 제출한 소요비용 지출내역을 확인하여 법 제68조의3제3항에 따른 건설공사의 도급금액 산출내역서에 명시된 금액이 수급인 또는 하수급인이 지출한 금액보다 많은 경우에는 그 초과하는 금액을 정산할 수 있다.

④ 법 제68조의3제6항에서 "대통령령으로 정하는 공공기관"이란 다음 각 호의 공공기관을 말한다. 〈신설 2016. 8. 4., 2019. 6. 18.〉

1. 「공공기관의 운영에 관한 법률」 제5조에 따른 공기업 및 준정부기관

2. 「지방공기업법」 제49조 및 제76조에 따른 지방공사 및 지방공단

[본조신설 2013. 6. 17.]

제64조의4(타워크레인 대여계약 적정성 심사 등) ① 법 제68조의4제2항에서 "타워크레인 대여계약금액이 대통령령으로 정하는 비율에 따른 금액에 미달하는 경우"란 다음 각 호의 어느 하나에 해당되는 경우를 말한다.

1. 타워크레인 대여계약금액이 수급인의 도급금액 중 타워크레인 대여부분에 상당하는 금액의 100분의 82에 미달하는 경우

2. 타워크레인 대여계약금액이 타워크레인 대여부분에 대한 발주자의 예정가격의 100분의 64에 미달하는 경우

② 국토교통부장관은 법 제68조의4제2항에 따라 타워크레인 대여계약의 적정성 등을 심사하는 경우에는 타워크레인 대여계약금액의 적정성, 대여업자의 대여능력 및 신뢰도 등을 항목으로 해야 한다.

③ 발주자는 법 제68조의4제3항에 따라 타워크레인 대여업자 또는 대여계약내용의 변경을 요구하려는 경우에는 법 제68조의4제1항에 따라 타워크레인 대여계약의 통보를 받은 날 또는 그 사유가 있음을 안 날부터 30일 이내에 서면으로 해야 한다.

④ 발주자는 타워크레인 대여계약의 적정성 등을 심사하기 위하여 필요한 경우에는 심사위원회를 구성·운영할 수 있다. 이 경우 발주자가 국가·지방자치단체 또는 공공기관(「공공기관의 운영에 관한 법률」 제5조에 따른 공기업·준정부기관 및 「지방공기업법」 제49조 및 제76조에 따른 지방공사·지방공단을 말한다)인 경우에는 심사위

원회의 구성·운영에 관하여 제34조제5항부터 제10항까지의 규정을 준용한다.

⑤ 법 제68조의4제2항에 따른 타워크레인 대여계약의 적정성 등의 심사 항목의 세부 심사기준과 심사절차 등에 관하여 필요한 사항은 국토교통부장관이 정하여 고시한다.

[본조신설 2019. 6. 18.]

제8장 건설분쟁조정위원회

제65조(위원회의 기능) 법 제69조제3항제6호에서 "대통령령으로 정하는 사항에 관한 분쟁"이란 다음 각 호의 분쟁을 말한다. 〈개정 2010. 5. 27., 2011. 11. 1., 2020. 2. 18.〉

1. 수급인 또는 하수급인과 제3자간의 자재의 대금 및 건설기계 사용대금에 관한 분쟁
2. 건설업의 양도에 관한 분쟁
3. 법 제28조의 규정에 의한 수급인의 하자담보책임에 관한 분쟁
4. 법 제44조에 따른 건설사업자의 손해배상책임에 관한 분쟁

제66조(조정신청) 법 제69조제3항 각 호의 분쟁을 조정받고자 하는 자는 국토교통부령으로 정하는 바에 따라 그 신청취지와 신청사건의 내용을 명확히 하여 서면(전자문서를 포함한다)으로 법 제69조제1항에 따른 건설분쟁 조정위원회(이하 "위원회"라 한다)에 신청하여야 한다. 〈개정 2004. 3. 17., 2008. 2. 29., 2010. 5. 27., 2011. 11. 1., 2012. 7. 4., 2013. 3. 23., 2014. 2. 5.〉

제66조의2 삭제 〈2014. 11. 14.〉

제67조(위원장의 직무) ①위원장은 위원회의 업무를 총괄하고 위원회를 대표한다.

②위원장이 부득이한 사유로 직무를 수행할 수 없는 때에는 부위원장이, 위원장과 부위원장이 사고가 있을 때에는 위원장이 지명하는 위원이 위원장의 직무를 대행한다.

제68조(위원회의 위원) ①법 제70조제2항에 따라 위원회의 위원이 되는 공무원은 다음 각 호의 자로서 당해 기관의 장이 지명하는 자로 한다. 〈개정 1998·12·31, 2006.6.12, 2007.12.28, 2008.2.29, 2008.6.5, 2013.3.23, 2014.2.5〉

1. 국토교통부의 3급공무원 또는 고위공무원단에 속하는 일반직

공무원 1명

2. 기획재정부 · 법제처 및 공정거래위원회의 3급공무원 또는 고위공무원단에 속하는 일반직공무원 각 1명

② 삭제 〈2014. 2. 5.〉

③ 삭제 〈2014. 11. 14.〉

제68조의2(위원의 제척 · 기피 · 회피) ① 위원회의 위원이 다음 각 호의 어느 하나에 해당하는 경우에는 그 직무집행에서 제척된다.

1. 위원 또는 그 배우자나 배우자이었던 자가 해당 분쟁의 당사자가 되거나 해당 분쟁에 관하여 당사자와 공동권리자 또는 의무자의 관계에 있는 경우

2. 위원이 해당 분쟁의 당사자와 친족관계에 있거나 있었던 경우

3. 위원이 해당 분쟁에 관하여 진술이나 감정을 한 경우

4. 위원이 해당 분쟁에 관하여 당사자의 대리인으로서 관여하였거나 관여한 경우

5. 위원이 해당 분쟁의 원인이 된 처분 또는 부작위에 관여한 경우

② 위원회는 제척의 원인이 있는 경우에는 직권 또는 당사자의 신청에 따라 제척의 결정을 하여야 한다.

③ 당사자는 위원에게 공정한 직무집행을 기대하기 어려운 사정이 있는 경우에는 위원회에 기피신청을 할 수 있으며, 위원회는 기피신청이 타당하다고 인정하는 때에는 기피의 결정을 하여야 한다.

④ 위원은 제1항 또는 제3항의 사유에 해당하는 경우에는 스스로 그 사건의 직무집행에서 회피(回避)하여야 한다. 〈개정 2012. 7. 4.〉

[본조신설 2007. 12. 28.]

[제목개정 2012. 7. 4.]

제68조의3(위원의 해촉 등) ① 국토교통부장관은 법 제70조제2항에 따른 위원회의 위원이 다음 각 호의 어느 하나에 해당하는 경우에는 해당 위원을 해촉(解囑)할 수 있다.

1. 심신장애로 인하여 직무를 수행할 수 없게 된 경우

2. 직무와 관련된 비위사실이 있는 경우

3. 직무태만, 품위손상이나 그 밖의 사유로 인하여 위원으로 적합하지 아니하다고 인정되는 경우

4. 제68조의2제1항 각 호의 어느 하나에 해당하는 데에도 불구하고 회피하지 아니한 경우

5. 위원 스스로 직무를 수행하는 것이 곤란하다고 의사를 밝히는 경우

② 제68조제1항에 따라 위원을 지명한 자는 해당 위원이 제1항 각 호의 어느 하나에 해당하는 경우에는 그 지명을 철회할 수 있다.

[본조신설 2015. 12. 31.]

제69조(감정등의 의뢰) ①위원장은 분쟁조정신청사건을 심사하기 위하여 필요하다고 인정되는 때에는 관계전문기관에 감정·진단·시험 등을 의뢰할 수 있다.

②제1항의 규정에 의하여 감정·진단·시험 등을 의뢰받은 기관은 의뢰받은 날부터 20일이내에 그 결과를 제출하여야 한다. 이 경우 20일이내에 결과를 제출할 수 없는 부득이한 사유가 있는 때에는 그 사유와 제출기한을 정하여 위원회에 통지하여야 한다.

제69조의2 삭제 〈2014. 11. 14.〉

제70조(의견청취의 절차) ①법 제75조제2항에 따라 분쟁조정 당사자, 분쟁 관련 이해관계인 또는 관계 전문가로 하여금 위원회의 회의에 출석하여 발언할 수 있게 하거나 그 의견을 듣고자 하는 때에는 회의개최 7일전에 서면으로 통지하여야 한다. 〈개정 2014. 2. 5.〉

②제1항의 통지를 받은 분쟁조정 당사자, 분쟁 관련 이해관계인 또는 관계 전문가는 위원회의 회의에 출석할 수 없는 부득이한 사유가 있는 경우에는 미리 서면(전자문서를 포함한다)으로 의견을 제출할 수 있다. 〈개정 2004. 3. 17., 2014. 2. 5.〉

③제1항의 통지를 받은 분쟁조정 당사자, 분쟁 관련 이해관계인 또는 관계 전문가가 정당한 사유없이 출석하지 아니하고 서면(전자문서를 포함한다)으로도 의견을 제출하지 아니한 때에는 의견진술의 기회를 포기한 것으로 본다. 〈개정 2004. 3. 17., 2014. 2. 5.〉

제71조(조정부) ①위원장은 제66조의 규정에 의하여 조정신청을 받은 경우에 필요하다고 인정하는 때에는 법 제76조제1항의 규정에 의한 조정부에 분쟁조정신청사건을 회부할 수 있다.

②제69조 및 제70조의 규정은 제1항의 조정부의 조정업무에 관하여 이를 준용한다.

제72조(비용의 예납 및 정산) ①위원회는 법 제79조제2항의 규정에 의하여 분쟁조정을 위한 소요비용을 예납하게 하고자 하는 때에는 그 소요비용·내역·예납장소 및 예납기간을 정하여 서면으로 이를 부담할 자에게 통지하여야 한다.

②위원회는 제1항의 규정에 의하여 비용예납을 통지한 경우에 비용을 부담할 자가 기한내에 예납하지 아니한 때에는 당해 분쟁에 대한 조정을 보류할 수 있다.

③위원회는 법 제79조제2항의 규정에 의하여 비용을 예납받은 경우에는 당해 분쟁에 대한 조정안을 작성하여 당사자에게 제시한 날 또는 조정의 거부·중지를 통보한 날부터 5일이내에 예납받은 금액과 제1항의 규정에 의한 비용에 대한 정산서를 작성하여 신청인에게 통지하여야 한다.

제73조(비용의 범위) 법 제79조제1항의 규정에 의하여 분쟁의 신청인 또는 당사자가 부담할 비용의 범위는 다음 각호와 같다.

1. 감정·진단·시험에 소요된 비용
2. 증인·증거채택에 소요된 비용
3. 검사·조사에 소요된 비용
4. 녹음·속기록·통역 등 기타 조정에 소요된 비용

제74조 삭제 〈2007. 12. 28.〉

제75조 삭제 〈2007. 12. 28.〉

제76조(간사 및 서기) ①위원회의 사무를 처리하기 위하여 위원회에 간사 및 서기를 둔다.

② 위원회의 간사 및 서기는 국토교통부 소속 공무원 중에서 국토교통부장관이 임명한다. 〈개정 2014. 2. 5.〉

제77조(수당) 위원회의 회의에 출석한 위원 및 관계전문가에 대하여는 예산의 범위안에서 수당을 지급할 수 있다. 다만, 공무원인 위원이 그 소관업무와 직접 관련하여 회의에 출석한 경우에는 그러하지 아니하다.

제78조(운영세칙) 이 영에 규정한 것외에 위원회의 운영에 관하여 필요한 사항은 위원회의 의결을 거쳐 위원장이 정한다.

제9장 시정명령등

제79조(영업정지 등의 부과 대상이 되는 벌점 기준) 법 제82조제1

항제10호에서 "대통령령으로 정하는 기준"이란 제28조 및 별표 3에 따른 합산 벌점 10점을 말한다.

[본조신설 2019. 6. 18.]

제79조의2(일시적인 등록기준미달) 법 제83조제3호 단서에서 "일시적으로 등록기준에 미달하는 등 대통령령으로 정하는 경우"란 다음 각 호의 어느 하나에 해당하는 경우를 말한다. 〈개정 2003. 8. 21., 2005. 5. 7., 2006. 3. 29., 2011. 11. 1., 2016. 2. 11., 2016. 4. 29., 2016. 6. 30., 2020. 2. 18., 2021. 8. 3.〉

1. 별표 2에 따른 기술능력에 해당하는 자의 사망·실종 또는 퇴직으로 인하여 등록기준에 미달되는 기간이 50일 이내인 경우

1의2. 별표 2에 따른 기술능력에 해당하는 자의 육아휴직(「남녀고용평등과 일·가정 양립 지원에 관한 법률」 제19조에 따른 육아휴직을 말한다)으로 인하여 등록기준에 미달하는 경우. 다만, 기술능력 기준이 2명 이상인 업종에 한정하며, 1명에 대해서만 인정한다.

1의3. 별표 2에 따른 기술능력에 해당하는 사람의 육아기 근로시간 단축(「남녀고용평등과 일·가정 양립 지원에 관한 법률」 제19조의2에 따른 육아기 근로시간 단축을 말한다)으로 인하여 등록기준에 미달하는 경우

1의4. 영업소소재지 변경으로 인하여 사무실의 등록기준에 미달한 경우로서 다음 각 목에 모두 해당하는 경우

가. 영업소소재지 변경에 따라 법 제9조의2제2항에 따른 건설업 등록증 또는 건설업 등록수첩의 기재 사항 변경신청을 했을 것

나. 제13조제1항제2호에 따른 사무실 등록기준에 적합한 곳으로 다시 이전하고 가목에 따른 변경신청일부터 30일 이내에 법 제9조의2제2항에 따른 건설업 등록증 또는 건설업 등록수첩의 기재 사항 변경신청을 다시 했을 것

2. 「상법」 제542조의8제1항 단서의 적용대상법인이 최근 사업연도말 현재의 자산총액의 감소로 인하여 등록기준에 미달하는 기간이 50일 이내인 경우

3. 제13조제1항제1호에 따른 자본금기준에 미달한 경우 중 다음 각 목의 어느 하나에 해당하는 경우

가. 「채무자 회생 및 파산에 관한 법률」에 따라 법원이 회생절차의 개시의 결정을 하고 그 절차가 진행 중인 경우

나. 회생계획의 수행에 지장이 없다고 인정되는 경우로서 해당 건설업체가 법원으로부터 회생절차의 종결 결정을 받고 회생계획을 수행 중인 경우

다. 「기업구조조정 촉진법」에 따라 금융채권자협의회가 금융채권자협의회에 의한 공동관리절차의 개시의 의결을 하고 그 절차가 진행중인 경우

라. 법 제9조제1항에 따라 건설업을 등록한 날부터 1년 이내에 자본금기준에 미달하는 기간이 50일 이내인 경우. 다만, 건설사업자가 추가로 다른 업종을 등록하는 경우는 제외한다.

[본조신설 2002. 9. 18.]

제79조의3(위반사실 통보대상 공공기관) 법 제83조의2제3항에서 "대통령령으로 정하는 공공기관"이란 다음 각 호의 공공기관을 말한다. 〈개정 2011. 11. 1., 2019. 6. 18.〉

1. 「공공기관의 운영에 관한 법률」 제5조에 따른 공기업 및 준정부기관

2. 「지방공기업법」 제49조 및 제76조에 따른 지방공사 및 지방공단

[본조신설 2007. 12. 28.]

제80조(영업정지 또는 과징금부과기준등) ①법 제84조의 규정에 의한 위반행위의 종별과 정도에 따른 영업정지의 기간 또는 과징금의 금액은 별표 6과 같다.

② 국토교통부장관은 위반행위의 동기·내용 및 횟수, 위반행위와 관련된 공사의 특성 및 입찰방식 등을 고려하여 제1항에 따른 영업정지의 기간 또는 과징금의 금액의 2분의 1의 범위에서 이를 가중 또는 감경할 수 있다. 다만, 법 제82조제1항제3호, 제82조의2제1항 및 제2항에 해당하는 경우에는 감경하지 아니한다. 〈개정 2007. 12. 28., 2008. 2. 29., 2011. 11. 1., 2013. 3. 23.〉

③ 제2항에 따라 영업정지의 기간 또는 과징금의 금액을 가중하는 경우 영업정지의 총 기간 또는 과징금의 총액은 법 제82조, 제82조의2 및 제83조에 따른 기간 및 금액을 초과할 수 없다. 〈신설 2007. 12. 28., 2011. 11. 1.〉

제81조(과징금의 부과 및 납부) ①국토교통부장관은 법 제82조 및 제82조의2에 따라 과징금을 부과하려는 때에는 그 위반행위의 종별

과 해당과징금의 금액을 명시하여 이를 납부할 것을 서면으로 통지하여야 한다. 〈개정 2007. 12. 28., 2008. 2. 29., 2011. 11. 1., 2013. 3. 23.〉

②제1항의 규정에 의하여 통지를 받은 자는 통지를 받은 날부터 20일이내에 과징금을 국토교통부장관이 정하는 수납기관에 납부하여야 한다. 다만, 천재·지변 기타 부득이한 사유로 인하여 그 기간내에 과징금을 납부할 수 없는 때에는 그 사유가 해소된 날부터 7일이내에 납부하여야 한다. 〈개정 2007. 12. 28., 2008. 2. 29., 2013. 3. 23.〉

③제2항의 규정에 의하여 과징금의 납부를 받은 수납기관은 그 납부자에게 영수증을 교부하여야 한다.

④과징금의 수납기관은 제2항의 규정에 의하여 과징금을 수납한 때에는 지체없이 그 사실을 국토교통부장관에게 통보하여야 한다. 〈개정 2007. 12. 28., 2008. 2. 29., 2013. 3. 23.〉

⑤ 삭제 〈2021. 9. 24.〉

[본조신설 1999. 8. 6.]

제81조의2(건설사업자의 지위 승계 업종) 법 제85조의2제1항제2호에서 "대통령령으로 정하는 경우"란 다음 각 호의 어느 하나에 해당하는 경우를 말한다.

1. 토목공사업 또는 건축공사업의 등록을 말소하고 토목건축공사업의 등록을 하는 경우

2. 토목건축공사업의 등록을 말소하고 토목공사업 또는 건축공사업의등록을 하는 경우

[본조신설 2012. 11. 27.]

[제목개정 2020. 2. 18.]

제82조(정보공유 대상기관) 법 제85조의3제2항 전단에서 "대통령령으로 정하는 금융기관, 신용정보기관"이란 다음 각 호의 어느 하나에 해당하는 기관을 말한다. 〈개정 2009. 10. 1., 2010. 11. 15., 2011. 11. 1.〉

1. 공제조합

2. 「은행법」에 따른 은행

3. 「보험업법」에 따른 보험회사

4. 「신용정보의 이용 및 보호에 관한 법률」에 따른 신용정보회사

[본조신설 2007. 12. 28.]

제10장 보칙

제82조의2(점검ㆍ확인대상 공공기관) 법 제86조의2에서 “대통령령이 정하는 공공기관”이란 다음 각 호의 공공기관을 말한다. 〈개정 2011. 11. 1., 2019. 6. 18.〉

1. 「공공기관의 운영에 관한 법률」 제5조에 따른 공기업 및 준정부기관

2. 「지방공기업법」 제49조 및 제76조에 따른 지방공사 및 지방공단

[본조신설 2005. 6. 30.]

제82조의3(상습체불건설사업자의 명단 공표 제외대상) 법 제86조의4제1항 단서에서 “상습체불건설사업자의 사망, 실종선고로 명단공표의 실효성이 없는 경우 등 대통령령으로 정하는 사유가 있는 경우”란 다음 각 호의 어느 하나에 해당하는 경우를 말한다. 〈개정 2020. 2. 18.〉

1. 법 제86조의4제1항에 따른 상습체불건설사업자(이하 “상습체불건설사업자”라 한다)가 사망한 경우

2. 상습체불건설사업자가 「민법」 제27조에 따라 실종선고를 받은 경우

3. 상습체불건설사업자가 법 제86조의4제3항에 따른 소명 기간 종료 전까지 체불 대금을 전액 지급한 경우

4. 상습체불건설사업자가 법 제86조의4제3항에 따른 소명 기간 종료 전까지 체불 대금의 일부를 지급하고 나머지 체불 대금에 대한 구체적인 지급 계획 및 자금 조달 방안을 법 제86조의4제2항에 따른 상습체불건설사업자 명단공표심의위원회(이하 “심의위원회”라 한다)에 소명한 경우로서 국토교통부장관이 제82조의6에 따라 해당 심의위원회의 재심의를 거쳐 명단 공표 대상에서 제외할 필요가 있다고 인정하는 경우

5. 그 밖에 국토교통부장관이 심의위원회의 심의를 거쳐 상습체불건설사업자의 명단을 공표할 실효성이 없다고 인정하는 경우

[본조신설 2014. 11. 14.]

[제목개정 2020. 2. 18.]

第82조의4(상습체불건설사업자의 명단 공표 방법 등) ① 법 제86조의4제1항에 따른 명단공표는 관보에 싣거나 국토교통부 인터넷 홈페이지 또는 건설산업종합정보망에 3년간 게재하는 방법으로 한다.

② 법 제86조의4제1항에 따른 명단 공표에는 다음 각 호의 내용이 포함되어야 한다. 〈개정 2020. 2. 18.〉

1. 상습체불건설사업자의 성명·나이·상호·주소(법인인 경우에는 그 대표자의 성명·나이·주소 및 법인의 명칭·주소를 말한다)

2. 명단 공표 직전연도부터 과거 3년간 상습체불건설사업자의 처분 이력 및 체불 대금 내역

[본조신설 2014. 11. 14.]

[제목개정 2020. 2. 18.]

第82조의5(심의위원회의 구성 및 운영) ① 심의위원회는 위원장 1명을 포함한 9명 이내의 위원으로 구성한다.

② 심의위원회의 위원장은 국토교통부차관이 되고, 위원은 다음 각 호의 사람이 된다.

1. 국토교통부의 고위공무원단에 속하는 일반직공무원 중에서 국토교통부장관이 임명하는 사람 3명 이내

2. 다음 각 목의 어느 하나에 해당하는 사람으로서 국토교통부장관이 위촉하는 사람 5명 이내

가. 대학 또는 정부출연연구기관에서 부교수 또는 책임연구원 이상으로 재직하고 있거나 재직하였던 사람으로서 건설산업 또는 금융 분야를 전공한 사람

나. 변호사 자격이 있는 사람

다. 그 밖에 건설산업 또는 금융 분야에 관한 학식과 경험이 풍부한 사람으로서 해당 분야의 업무에 2년 이상 종사한 사람

③ 제2항제2호에 따라 국토교통부장관이 위촉하는 위원의 임기는 3년으로 한다. 다만, 보궐위원의 임기는 전임자의 잔임기간으로 한다.

④ 심의위원회의 위원장은 심의위원회의 업무를 총괄한다.

⑤ 심의위원회의 위원장이 부득이한 사유로 직무를 수행할 수 없을 때에는 위원장이 지명하는 위원이 그 직무를 대행한다.

⑥ 심의위원회의 회의는 재적위원 과반수의 출석으로 개의하고, 출석위원 과반수의 찬성으로 의결한다.

⑦ 제1항부터 제6항까지에서 규정한 사항 외에 심의위원회의 구

성 및 운영에 필요한 사항은 심의위원회의 의결을 거쳐 국토교통부장관이 정한다.

[본조신설 2014. 11. 14.]

제82조의6(상습체불건설사업자 명단 공표 재심의) 국토교통부장관은 법 제86조의4제3항에 따라 상습체불건설사업자가 소명을 요청하는 경우 심의위원회에 명단의 공표 여부를 재심의하게 해야 한다. 〈개정 2020. 2. 18.〉

[본조신설 2014. 11. 14.]

[제목개정 2020. 2. 18.]

제82조의7(위원의 제척·기피·회피 등) ① 심의위원회의 위원은 다음 각 호의 어느 하나에 해당하는 경우 심의에서 제척(除斥)된다.

1. 위원 또는 그 배우자나 배우자였던 사람이 해당 안건의 당사자(당사자가 법인·단체 등인 경우에는 그 임원을 포함한다. 이하 이 조에서 같다)가 되거나 그 안건의 당사자와 공동권리자 또는 공동의무자인 경우

2. 위원이 해당 안건의 당사자와 친족이거나 친족이었던 경우

3. 위원이나 위원이 속한 법인·단체 등이 해당 안건의 당사자의 대리인이거나 대리인이었던 경우

② 해당 안건의 당사자는 심의위원회의 위원에게 공정한 심의·의결을 기대하기 어려운 사정이 있는 경우에는 심의위원회에 기피 신청을 할 수 있고, 심의위원회는 의결로 이를 결정한다. 이 경우 기피 신청의 대상인 위원은 그 의결에 참여하지 못한다.

③ 심의위원회의 위원 본인이 제1항 각 호에 따른 제척 사유에 해당하는 경우에는 스스로 해당 안건의 심의·의결에서 회피(回避)하여야 한다.

④ 국토교통부장관은 심의위원회의 위원이 제1항 각 호의 어느 하나에 해당하는 데에도 불구하고 회피하지 아니한 경우에는 해당 위원을 해촉(解囑)할 수 있다.

[본조신설 2014. 11. 14.]

제83조(건설근로자퇴직공제 가입대상공사) ①법 제87조제1항에서 "대통령령으로 정하는 건설공사"란 다음 각 호의 어느 하나에 해당하는 공사를 말한다. 〈개정 1999. 8. 6., 2001. 8. 25., 2003. 8. 21., 2003. 11. 29., 2005. 3. 8., 2005. 5. 7., 2007. 12. 28.,

2010. 5. 27., 2011. 11. 1., 2016. 8. 11., 2020. 9. 8.〉

1. 국가 또는 지방자치단체가 발주하는 공사로서 공사예정금액(「국가를 당사자로 하는 계약에 관한 법률」 제21조에 따른 장기계속계약에 따라 연차별로 계약을 체결하는 공사의 경우에는 해당 공사의 예정금액을 말한다. 이하 제2호에서 같다)이 1억원 이상인 공사

2. 국가 또는 지방자치단체가 출자 또는 출연한 법인이 발주하는 공사로서 공사예정금액이 1억원 이상인 공사

2의2. 제2호에 따른 법인이 납입자본금의 50퍼센트 이상을 출자한 법인이 발주하는 공사로서 공사예정금액이 1억원 이상인 공사

3. 「주택법」 제15조제1항에 따른 사업계획의 승인을 얻어 건설하는 200호이상인 공동주택의 건설공사

4. 「사회기반시설에 대한 민간투자법」에 따른 민간투자사업으로 시행되는 공사로서 공사예정금액이 1억원 이상인 공사

5. 200호 이상의 공동주택(「건축법 시행령」에 따른 공동주택을 말한다)과 주거용 외의 용도가 복합된 건축물(다수의 건축물이 연결된 하나의 건축물을 포함한다)의 건설공사(「주택법」 제15조에 따라 사업계획의 승인을 받은 경우를 포함한다)

6. 「건축법 시행령」에 따른 일반업무시설 중 200실 이상인 오피스텔의 건설공사

7. 공사예정금액이 50억원 이상인 건설공사

② 법 제87조제2항에 따른 건설공사도급계약의 당사자는 국토교통부장관이 정하여 고시하는 기준에 따라 건설근로자퇴직공제에 가입하는데 소요되는 금액을 산정하여 도급금액산출내역서에 명시하여야 한다. 〈신설 2007. 12. 28., 2008. 2. 29., 2013. 3. 23.〉

③제1항의 규정에 의한 건설공사를 하도급하는 경우 수급인은 당해 하도급부분에 해당하는 건설공사의 하도급금액산출내역서에 건설근로자퇴직공제에 가입하는데 소요되는 금액을 명시하여야 한다. 다만, 수급인이 「건설근로자의 고용개선 등에 관한 법률」 제10조제1항 전단의 규정에 의하여 하수급인이 고용하는 건설근로자를 피공제자로 하는 공제계약을 체결한 때에는 그러하지 아니하다. 〈개정 2003. 8. 21., 2005. 5. 7., 2007. 12. 28.〉

④제1항제1호 · 제2호 · 제2호의2 · 제4호 · 제5호 · 제6호 및 제7호에 따른 발주자나 같은 항 제3호 · 제5호 및 제7호에 따른 사업계획

의 승인을 한 자(이하 이 조에서 "발주자등"이라 한다)는 해당 건설공사를 시공하는 건설사업자가 법 제87조제1항에 따라 건설근로자퇴직공제에 가입했는지 여부를 확인할 수 있다. 〈개정 1998. 12. 31., 2003. 8. 21., 2007. 12. 28., 2010. 5. 27., 2020. 2. 18.〉

⑤ 발주자등은 제4항에 따른 확인을 위하여 필요하다고 인정하는 경우에는 해당 건설사업자에게 건설근로자공제회에 공제부금을 납부한 확인서의 제출을 요구할 수 있다. 다만, 발주자등이 건설산업종합정보망을 통하여 공제부금을 납부한 확인서의 확인이 가능한 경우에는 그 확인으로 대신할 수 있다. 〈신설 2007. 12. 28., 2020. 2. 18.〉

⑥발주자등은 건설사업자의 공제부금납부내역을 확인하여 법 제87조제2항에 따른 건설공사의 도급금액 산출내역서에 명시된 금액이 건설사업자가 납부한 공제부금을 초과하는 경우에는 그 초과하는 금액을 정산해야 한다. 〈신설 1998. 12. 31., 1999. 8. 6., 2002. 9. 18., 2007. 12. 28., 2020. 2. 18.〉

제83조의2(건설전문인력의 육성 및 관리) ① 국토교통부장관은 법 제87조의2제1항에 따라 건설전문인력의 육성 및 관리 등에 관한 시책을 수립하려는 때에는 관계 중앙행정기관의 장의 의견을 들어야 한다. 〈개정 2008. 2. 29., 2013. 3. 23.〉

② 법 제87조의2제2항제4호에서 "대통령령으로 정하는 사항"이란 건설전문인력의 육성 및 관리를 위한 소요재원의 확보, 건설전문인력 양성기관의 설립 및 지정에 관한 사항을 말한다.

③ 법 제87조의2제5항에 따라 국토교통부장관이 건설전문인력의 육성 및 관리 등에 필요한 자료를 요청하는 경우에는 그 목적, 용도 및 제출기한 등을 명시하여야 한다. 〈개정 2008. 2. 29., 2013. 3. 23.〉

[본조신설 2007. 12. 28.]

제83조의3(공공건설공사의 외국인근로자 관리) 법 제87조의3제2항에서 "대통령령으로 정하는 자료"란 다음 각 호의 자료를 말한다.

1. 외국인근로자 고용현황에 관한 자료

2. 「외국인근로자의 고용 등에 관한 법률」 제8조제4항에 따른 외국인근로자 고용허가서 또는 같은 법 제12조제6항에 따른 특례고용가능확인서

3. 고용한 외국인근로자에 대한 다음 각 목의 자료

가. 「출입국관리법」 제18조에 따른 체류자격 및 같은 법 제21조에 따른 근무처의 변경·추가 허가에 관한 자료

나. 「외국인근로자의 고용 등에 관한 법률」 제11조에 따른 외국인 취업교육 수료증 또는 「산업안전보건법」 제31조에 따른 기초안전보건교육 이수증

[본조신설 2021. 12. 28.]

제84조(압류대상에서 제외되는 임금의 산정방법 등) ① 법 제88조제2항에 따른 임금에 상당하는 금액은 해당 건설공사의 도급금액 중 산출내역서에 적힌 임금을 합산하여 산정한다. 〈개정 2021. 1. 5.〉

②건설공사의 발주자(하도급의 경우에는 수급인을 포함한다)는 제1항에 따른 임금을 도급계약서 또는 하도급계약서에 분명하게 적어야 한다. 〈개정 2021. 1. 5.〉

[제목개정 2021. 1. 5.]

제85조(기술자격취득자에 대한 우대) 기술자격직종에 해당하는 근로자를 사용하는 건설사업자는 「국가기술자격법」 제14조제2항 및 같은 법 시행령 제27조제3항에 따라 기술자격취득자를 우대해야 한다. 〈개정 2005. 5. 7., 2007. 12. 28., 2020. 2. 18.〉

제86조(권한의 위임 등) ①국토교통부장관은 법 제91조제1항에 따라 건설사업자 등에 관한 다음 각 호의 권한을 시·도지사에게 위임한다. 〈개정 1998. 12. 31., 1999. 8. 6., 2002. 9. 18., 2005. 6. 30., 2007. 12. 28., 2008. 2. 29., 2011. 11. 1., 2013. 3. 23., 2014. 11. 14., 2016. 2. 11., 2016. 8. 4., 2020. 2. 18., 2021. 12. 28., 2022. 7. 19.〉

1. 전문공사를 시공하는 업종(국토교통부장관이 정하여 고시하는 업종은 제외한다)에 관한 다음 각 목의 확인

가. 법 제9조에 따른 건설업 등록 신청의 접수 및 신청내용의 확인

나. 법 제9조의2에 따른 건설업등록증 또는 건설업등록수첩의 기재사항의 변경 신청의 접수 및 신청 내용의 확인

다. 법 제17조에 따른 건설업의 양도·법인합병 및 상속에 대한 신고의 접수 및 신고 내용의 확인

2. 법 제9조의 규정에 의한 건설업의 등록 및 건설업등록기준에 관한 사항의 신고의 수리(受理)

3. 법 제9조의2의 규정에 의한 건설업등록증 및 건설업등록수첩의 교부·재교부

3의2. 법 제11조에 따른 표시제한을 위반한 자에 대한 광고물의 강제철거 등의 조치

4. 법 제17조의 규정에 의한 건설업의 양도·법인합병 및 상속에 대한 신고의 수리

5. 법 제20조의2의 규정에 의한 건설업 폐업신고의 수리 및 건설업 등록말소

6. 삭제 〈2007. 12. 28.〉

7. 삭제 〈1999. 8. 6.〉

8. 법 제81조의 규정에 의한 시정명령·지시(제2항제2호에 따른 시정명령·지시는 제외한다)

9. 법 제82조에 따른 영업정지 또는 과징금의 부과. 다만, 법 제82조제2항제5호에 해당하는 경우로서 「건설기술 진흥법」 제67조제3항에 따른 중대건설현장사고가 발생한 경우에 대한 처분 권한은 제외한다.

9의2. 법 제82조의2에 따른 영업정지, 과징금의 부과 또는 건설업 등록말소

10. 법 제83조에 따른 건설업등록말소 또는 영업정지. 다만, 법 제83조제10호에 해당하는 경우로서 「건설기술 진흥법」 제67조제3항에 따른 중대건설현장사고가 발생한 경우에 대한 처분 권한은 제외한다.

10의2. 법 제85조의3에 따른 건설업등록말소 등의 공고 및 통지

11. 법 제86조의 규정에 의한 청문

12. 법 제101조의 규정에 의한 과태료의 부과·징수(이 조 제2항제3호 및 법 제99조제10호에 따른 과태료의 부과·징수는 제외한다)

12의2. 제7조의2제2항에 따른 주력분야의 추가등록, 같은 조 제4항에 따른 주력분야의 등록말소 및 말소사실의 기재

12의3. 제10조 및 제11조에 따른 건설업등록 등 건설행정에 관한 사항의 건설산업종합정보망에 입력 및 공고

13. 제12조제1항의 규정에 의한 건설업등록대장의 작성 · 보관

14. 삭제 〈2008. 6. 5.〉

② 국토교통부장관은 법 제91조제1항에 따라 건설사업자에 대한 다음 각 호의 권한을 지방국토관리청장에게 위임한다. 〈신설 2014. 11. 14., 2020. 2. 18.〉

1. 법 제49조제1항에 따른 하도급의 적정 여부 또는 성실시공 여부를 판단하기 위한 보고, 조사 및 검사

2. 법 제81조제9호에 따른 시정명령 · 지시(제1호에 따라 위임받은 사무를 처리하기 위하여 필요한 경우로 한정한다)

3. 법 제101조에 따른 과태료의 부과 · 징수(제1호에 따라 위임받은 사무를 처리하기 위하여 필요한 경우로서 법 제99조제9호 및 제100조제3호에 따른 과태료의 부과 · 징수로 한정한다)

③ 삭제 〈2007. 12. 28.〉

제87조(권한의 위탁 등) ①국토교통부장관은 법 제91조제3항에 따라 다음 각 호의 권한을 국토교통부장관이 제2항에 따라 지정하여 고시하는 기관에 위탁한다. 〈개정 2002. 9. 18., 2005. 6. 30., 2007. 12. 28., 2008. 2. 29., 2008. 6. 5., 2011. 11. 1., 2013. 3. 23., 2016. 8. 4., 2019. 6. 18., 2020. 2. 18., 2020. 10. 8.〉

1. 종합공사 및 국토교통부장관이 정하여 고시하는 전문공사를 시공하는 업종에 관한 다음 각 목의 확인

가. 법 제9조에 따른 건설업 등록 신청의 접수 및 신청내용의 확인

나. 법 제9조의2에 따른 건설업등록증 또는 건설업등록수첩의 기재사항의 변경 신청의 접수 및 신청 내용의 확인

다. 법 제17조에 따른 건설업의 양도 · 법인합병 및 상속에 대한 신고의 접수 및 신고 내용의 확인

2. 법 제23조제1항에 따른 건설사업자의 시공능력 평가 · 공시, 같은 조 제3항에 따라 제출된 건설공사 실적 등의 접수 및 그 내용 확인과 같은 조 제4항에 따른 시공능력 평가 자료의 제출 요청

3. 법 제23조의2의 규정에 의한 건설사업관리자의 건설사업관리능력의 평가 · 공시 및 건설사업관리실적 등의 접수

4. 법 제24조의 규정에 의한 건설산업정보종합관리체계의 구축 · 운영과 이의 수행에 필요한 자료제출의 요청

4의2. 법 제25조제5항에 따른 벌점의 종합관리
4의3. 법 제29조의3에 따른 하도급 참여제한 처분 사실의 게재 및 관리
5. 법 제48조제4항에 따른 건설사업자 간의 협력관계의 평가에 관한 업무
5의2. 법 제48조의2제1항에 따른 건설근로자 고용평가 및 관계 기관 협조 요청과 같은 조 제2항 전단에 따른 평가 자료의 제출 요청
6. 법 제49조에 따른 건설사업자에 대한 실태조사 중 등록기준에 적합한지를 판단하기 위한 자료의 제출 요청, 그 내용의 확인 및 그 밖에 국토교통부장관이 필요하다고 인정한 사항의 확인
7. 법 제87조의2에 따른 건설전문인력의 육성 및 관리 업무
8. 제39조제4항에 따른 공사하한금액의 건설업등록수첩에의 기재

②국토교통부장관이 제1항에 따라 지정하는 위탁기관은 다음 각 호의 어느 하나에 해당하는 기관으로서 위탁업무를 수행할 수 있는 인력과 장비를 갖춘 기관으로 한다. 〈개정 2002. 9. 18., 2005. 5. 7., 2005. 6. 30., 2007. 12. 28., 2008. 2. 29., 2008. 8. 26., 2011. 11. 1., 2013. 3. 23.〉
1. 법 또는 「에너지이용 합리화법」 제41조제1항의 규정에 의하여 설립된 협회
2. 공제조합
3. 「정부출연연구기관 등의 설립·운영 및 육성에 관한 법률」에 의하여 설립된 정부출연연구기관으로서 건설산업에 관한 연구를 수행하는 기관
4. 건설사업관리의 활성화를 위하여 「민법」 제32조에 따라 국토교통부장관의 허가를 받아 설립된 법인
5. 삭제 〈2011. 11. 1.〉
6. 건설산업정보종합관리체계의 구축·운영을 위하여 「민법」 제32조의 규정에 의하여 국토교통부장관의 허가를 얻어 설립된 법인
7. 건설 관련 단체 간의 협력 증진 등을 위하여 「민법」 제32조에 따라 국토교통부장관의 허가를 받아 설립된 법인

③국토교통부장관은 제1항 및 제2항의 규정에 의하여 위탁기관을 지정하는 경우에는 위탁한 업무의 내용 및 처리방법 기타 필요한 사항을 정하여 관보에 고시하여야 한다. 〈개정 2002. 9. 18.,

2008. 2. 29., 2013. 3. 23.〉

④제1항제2호에 따른 시공능력평가·공시에 관한 권한을 위탁받은 기관 및 같은 항 제3호에 따른 건설사업관리능력의 평가·공시에 관한 권한을 위탁 받은 기관은 위탁업무의 처리결과를 공시일부터 5일이내에 국토교통부장관에게 통보해야 한다. 〈개정 2002. 9. 18., 2008. 2. 29., 2013. 3. 23., 2020. 10. 8.〉

⑤국토교통부장관은 제1항 및 제2항의 규정에 의하여 위탁한 업무의 원활한 수행을 위하여 특히 필요하다고 인정하는 때에는 예산의 범위안에서 그에 소요되는 비용의 일부를 보조할 수 있다. 〈개정 2002. 9. 18., 2008. 2. 29., 2013. 3. 23.〉

[전문개정 1999. 8. 6.]

[제목개정 2016. 8. 4.]

제87조의2(고유식별정보의 처리) ① 국토교통부장관(법 제91조제1항 및 제3항에 따라 국토교통부장관의 권한을 위임·위탁받은 자를 포함한다)은 다음 각 호의 사무를 수행하기 위하여 불가피한 경우 「개인정보 보호법 시행령」 제19조에 따른 주민등록번호 또는 외국인등록번호가 포함된 자료를 처리할 수 있다. 〈개정 2017. 3. 27., 2018. 6. 26., 2020. 2. 18.〉

1. 법 제9조제2항에 따른 건설업 등록 신청의 접수·확인

2. 법 제9조의2에 따른 다음 각 목의 업무를 위한 법 제13조제1항에 따른 결격사유 확인에 관한 사무

가. 법 제9조의2제2항에 따른 건설업 등록증 또는 건설업 등록수첩의 기재사항 변경 신청의 접수 및 신청 내용의 확인

나. 법 제9조의2제3항에 따른 건설업 등록증 또는 건설업 등록수첩의 재발급

2의2. 법 제9조의3에 따른 건설업 윤리 및 실무 관련 교육에 관한 사무

3. 법 제17조에 따른 건설업의 양도·법인합병 또는 상속에 대한 신고의 수리에 관한 사무

4. 법 제20조의2에 따른 건설업 폐업신고의 수리 및 건설업 등록말소에 관한 사무

4의2. 법 제23조에 따른 건설사업자의 시공능력평가 및 공시

4의3. 법 제23조의2에 따른 건설사업관리자의 건설사업관리능력

의 평가 및 공시
5. 법 제24조에 따른 건설산업정보의 종합관리에 관한 사무
5의2. 삭제 〈2022. 12. 20.〉
6. 법 제49조제1항부터 제3항까지의 규정에 따른 경영실태조사, 재무관리상태진단 등에 관한 사무
7. 법 제87조의2에 따른 건설전문인력의 육성 및 관리 등에 관한 시책 수립 및 필요한 자료의 제출 요청에 관한 사무
② 금융기관등은 법 제10조제4호 및 이 영 제13조제1항제1호의2에 따른 보증가능금액확인서의 발급에 관한 사무를 수행하기 위하여 불가피한 경우 「개인정보 보호법 시행령」 제19조에 따른 주민등록번호 또는 외국인등록번호가 포함된 자료를 처리할 수 있다. 〈개정 2017. 3. 27.〉
③ 공제조합이 법 제56조에 따른 보증, 융자 및 공제사업 등에 관한 사무를 수행하기 위하여 불가피한 경우 「개인정보 보호법 시행령」 제19조에 따른 주민등록번호 또는 외국인등록번호가 포함된 자료를 처리할 수 있다. 〈신설 2017. 3. 27.〉
[본조신설 2014. 8. 6.]
[종전 제87조의2는 제87조의3으로 이동 〈2014. 8. 6.〉]
제87조의3(규제의 재검토) 국토교통부장관은 다음 각 호의 사항에 대하여 다음 각 호의 기준일을 기준으로 3년마다(매 3년이 되는 해의 기준일과 같은 날 전까지를 말한다) 그 타당성을 검토하여 개선 등의 조치를 해야 한다. 〈개정 2014. 11. 14., 2020. 3. 3., 2021. 3. 2., 2021. 12. 28., 2023. 5. 9.〉
1. 제13조 및 별표 2에 따른 건설업의 등록기준: 2024년 1월 1일
2. 삭제 〈2016. 12. 30.〉
2의2. 삭제 〈2017. 12. 12.〉
2의3. 삭제 〈2021. 3. 2.〉
3. 제30조 및 별표 4에 따른 공사의 종류별 하자담보책임기간: 2014년 1월 1일
4. 제30조의2에 따른 건설공사의 직접시공: 2014년 1월 1일
5. 삭제 〈2020. 3. 3.〉
5의2. 삭제 〈2021. 3. 2.〉

6. 제34조에 따른 하도급계약의 적정성 심사 등: 2014년 1월 1일

6의2. 제34조의7에 따른 부당특약의 유형: 2015년 1월 1일

7. 제35조에 따른 건설기술인의 현장배치기준 등: 2022년 1월 1일

8. 삭제 〈2020. 3. 3.〉

9. 삭제 〈2020. 3. 3.〉

[전문개정 2013. 12. 30.]

[제87조의2에서 이동 〈2014. 8. 6.〉]

제11장 벌칙

제88조(주요시설물의 범위) 법 제93조제1항에서 "대통령령으로 정하는 시설물"이란 다음 각 호의 어느 하나에 해당하는 시설물을 말한다. 〈개정 2003. 11. 29., 2011. 11. 1., 2016. 8. 11.〉

1. 고가도로·지하도·활주로·삭도·댐 및 항만시설중 외곽시설·임항교통시설·계류시설

2. 연면적 5천제곱미터이상인 공항청사·철도역사·여객자동차터미널·종합여객시설·종합병원·판매시설·관광숙박시설 및 관람집회시설

3. 16층이상인 건축물. 다만, 「주택법」 제2조제3호에 따른 공동주택을 제외한다.

제88조의2(과태료가 부과되는 벌점 기준) 법 제99조제14호에서 "대통령령으로 정하는 기준"이란 제28조 및 별표 3에 따른 합산 벌점 5점을 말한다.

[본조신설 2019. 6. 18.]

제89조(과태료의 부과기준) 법 제99조 및 제100조에 따른 과태료의 부과기준은 별표 7과 같다.

[전문개정 2011. 4. 14.]

부칙 〈제15433호, 1997. 7. 10.〉

제1조 (시행일) 이 영은 공포한 날부터 시행한다. 다만, 제61조의 규정은 1998년 7월 1일부터 시행하고, 제83조의 규정은 1998년 1월 1일부터 시행한다.

제2조 (일반건설업의 일부 면허기준에 관한 적용시한) 토목공사업 또는 건축공사업의 면허발급에 관한 제13조제1항제2호가목의 규정은 1998년 12월 31일까지 적용한다.

제3조 (다른 법령의 폐지) 다음 각호의 대통령령은 이를 각각 폐지한다.

1. 건설공제조합법시행령
2. 전문건설공제조합법시행령

제4조 (기존건설업자에 대한 경과조치) ①이 영 시행이전에 종전의 건설업법 등 관계법령에 의하여 다음 표의 왼쪽란에 기재된 건설업의 면허를 받거나 등록을 한 자는 같은 표의 오른쪽란에 기재된 건설업의 면허를 받거나 등록한 것으로 본다.

종전의 규정에 의한 건설업	이 영에 의한 건설업
특수건설업인 조경공사업	조경공사업
특수건설업인 철강재설치공사업	철강재설치공사업
특수건설업인 준설공사업	준설공사업
전문건설업인 설비공사업	기계설비공사업
전문건설업인 승강기설치공사업	승강기설치공사업
도시가스시설시공업(제1종)	가스시설시공업(제1종)
도시가스시설시공업(제2종)	가스시설시공업(제2종)
액화석유가스시설시공업(제1종)	가스시설시공업(제2종)
도시가스시설시공업(제3종)	가스시설시공업(제3종)
액화석유가스시설시공업(제2종)	가스시설시공업(제3종)
도시가스시설시공업(제4종)	가스시설시공업(제4종)
액화석유가스시설시공업(제3종)	가스시설시공업(제4종)
도시가스시설시공업(제5종)	가스시설시공업(제5종)
액화석유가스시설시공업(제4종)	가스시설시공업(제5종)
온돌시공업	온돌시공업

②이 영 시행당시 종전의 규정에 의하여 건설업의 면허를 받거나 등록을 한 자로서 제13조제1항·제14조제2항 및 제16조제1항의 규정에 의한 건설업의 면허기준 또는 등록기준에 적합하지 아니한 자는 1997년 12월 31일까지 이 영에 의한 면허기준 또는 등록기준에 적합한 요건을 갖추어 해당 건설업의 면허 또는 등록관청에 신고하

여야 한다. 다만, 종전의 특수건설업자인 철강재설치공사업 및 준설공사업면허를 받은 자로서 건설공제조합에 출자한 자는 별표 2 비고의 제2호라목의 규정에 불구하고 이 영에 적합하게 출자한 것으로 본다.

③이 영 시행당시 종전의 규정에 의하여 산업설비공사업 및 삭도설치공사업의 업무내용에 속한 공사를 도급받을 수 있는 건설업자는 1997년 12월 31일까지는 별표 1의 규정에 불구하고 산업설비공사업 또는 삭도설치공사업의 면허없이 산업설비공사업 또는 삭도설치공사업의 업무내용에 속하는 공사를 도급받을 수 있다.

제5조 (도급계약내용에 관한 경과조치) 이 영 시행당시 종전의 규정에 적합하게 체결된 도급계약서는 제25조제1항의 개정규정에 불구하고 이 영에 적합한 것으로 본다.

제6조 (시공능력공시에 관한 경과조치) 이 영 시행이후 최초로 제27조의 규정에 의하여 시공능력이 평가·고시될 때까지는 종전의 규정에 의하여 결정·고시한 도급한도액을 이 영에 의하여 평가·고시된 시공능력으로 본다.

제7조 (공제조합의 운영위원의 임기 및 보증업무에 대한 경과조치) ①이 영 시행당시 종전의 건설공제조합법 제14조제2항제1호 및 전문건설공제조합법시행령 제11조의2제1호의 규정에 의하여 선임된 각 공제조합의 운영위원은 제51조제2항제1호의 규정에 의하여 선임된 것으로 보며, 동조제3항의 규정에 불구하고 종전의 규정에 의한 임기가 만료될 때까지 그 자격을 유지한다.

②이 영 시행당시 종전의 건설공제조합법 및 동법시행령과 전문건설공제조합법 및 동법시행령에 따라 각 공제조합이 취급하고 있는 제반 보증업무는 각 공제조합의 정관변경절차가 완료될 때까지는 제56조의 규정에 불구하고 종전의 규정에 따라 취급한다.

제8조(건설업분쟁조정위원회의 위원에 관한 경과조치) 이 법 시행당시 종전의 규정에 의한 건설업분쟁조정위원회의 위원은 이 영 제68조제1항의 규정에 의한 중앙건설분쟁조정위원회의 위원으로 본다.

제9조 (다른 법령의 개정) ①공동주택관리령중 다음과 같이 개정한다.

제17조제4항제3호중 "건설공제조합법"을 "건설산업기본법"으로 한다.

②국가를당사자로하는계약에관한법률시행령중 다음과 같이 개정한다.

제21조제1항제1호중 "도급한도액"을 "도급한도액 · 시공능력"으로 한다.

제37조제2항제4호중 "건설공제조합법에 의한 건설공제조합, 전문건설공제조합법에 의한 전문건설공제조합 · 업종별공제조합"을 "건설산업기본법에 의한 건설공제조합 · 전문건설공제조합 · 업종별공제조합"으로 하고, 동조제3항제5호중 "건설업법"을 "건설산업기본법"으로 한다.

제84조제1호를 다음과 같이 한다.

1. 건설산업기본법 제9조 또는 제11조의 규정에 의하여 당해공사의 시공에 필요한 건설업의 면허를 받거나 등록을 한 자일 것

③도시재개발법시행령중 다음과 같이 개정한다.

제35조제2항중 "건설공제조합법"을 "건설산업기본법"으로 한다.

④시설물의안전관리에관한특별법시행령중 다음과 같이 개정한다.

제20조 및 제21조를 삭제한다.

⑤지역균형개발및중소기업육성에관한법률시행령중 다음과 같이 개정한다.

제25조제2항제2호 다목중 "건설공제조합법"을 "건설산업기본법"으로 한다.

제10조 (다른 법령과의 관계) 이 영 시행당시 다른 법령에서 종전의 건설공제조합법시행령 · 전문건설공제조합법시행령 또는 그 규정을 인용하고 있는 경우 이 영에 그에 해당하는 규정이 있는 때에는 종전의 규정에 갈음하여 이 영 또는 이 영의 해당 규정을 인용한 것으로 본다.

부칙 〈제15581호, 1997. 12. 31.〉 (정보통신공사업법시행령)

제1조 (시행일) 이 영은 1998년 1월 1일부터 시행한다. 다만 제21조 및 제25조의 개정규정은 1999년 1월 1일부터 시행한다.

제2조 내지 제5조 생략

제6조 (다른 법령의 개정) ①건설산업기본법시행령중 다음과 같이 개정한다.

제56조제1항제4호를 다음과 같이 한다.

4. 정보통신공사업법에 의한 정보통신공사업

②내지 ⑪생략
제7조 생략

부칙 〈제15598호, 1997. 12. 31.〉 (행정절차법의시행에따른 관세법시행령등의개정령)
이 영은 1998년 1월 1일부터 시행한다.

부칙 〈제16063호, 1998. 12. 31.〉
①(시행일) 이 영은 공포한 날부터 시행한다.
②(건설업의 업종조정에 관한 경과조치) 이 영 시행당시 종전의 규정에 의하여 등록한 다음 표의 왼쪽란의 건설업은 같은 표의 오른쪽란의 건설업의 등록을 한 것으로 본다.

종전의 규정에 의한 건설업	이 영의 규정에 의한 건설업
특정열사용기자재설치시공업(제1종)	난방시공업(제1종)
특정열사용기자재설치시공업(제2종)	난방시공업(제1종)
특정열사용기자재설치시공업(재3종)	난방시공업(제2종)
특정열사용기자재설치시공업(제4종)	난방시공업(제2종)
특정열사용기자재설치시공업(제5종)	난방시공업(제3종)
온돌시공업	난방시공업(제2종)

부칙 〈제16512호, 1999. 8. 6.〉
제1조 (시행일) 이 영은 공포한 날부터 시행한다.
제2조 (건설업자에 관한 경과조치) ①이 영 시행당시 종전의 규정에 의하여 다음 표의 왼쪽 란에 기재된 건설업의 면허를 받거나 등록을 한 자는 같은 표의 오른쪽 란에 기재된 등록을 한 것으로 본다.

종전의 규정에 의한 건설업	이 영의 규정에 의한 건설업
· 의장공사업 · 가스시설시공업(제1종) · 가스시설시공업(제2종) · 가스시설시공업(제3종) · 가스시설시공업(제4종) · 가스시설시공업(제5종)	· 실내건축공사업 · 가스시설시공업(제1종) · 가스시설시공업(제1종) · 가스시설시공업(제1종) · 가스시설시공업(제2종) · 가스시설시공업(제3종)

②이 영 시행당시 종전의 규정에 의하여 가스시설시공업(제1종 내지 제3종)의 등록을 한 자로서 제13조제1항, 제16조제1항 및 별표 2의 개정규정에 의한 건설업의 등록기준에 적합하지 아니한 자는 2000년 12월 31일까지 이 영에 의한 등록기준에 적합한 요건을 갖추어야 한다.

제3조 (협회 및 공제조합에 관한 경과조치) 이 영 시행당시 종전의 규정에 의하여 설립된 협회 및 공제조합은 제49조 또는 제53조의 개정규정에 의한 요건에 적합하게 설립된 것으로 본다.

제4조 (하자담보책임기간에 관한 경과조치) 이 영 시행당시 도급계약을 체결한 건설공사의 하자담보책임기간에 관하여는 별표 4의 개정규정에 불구하고 종전의 규정에 의한다.

제5조 (건설기술자의 현장배치에 관한 경과조치) 이 영 시행당시 도급계약을 체결한 건설공사에 관하여는 별표 5의 개정규정에 불구하고 종전의 규정에 의한다.

제6조 (다른 법령의 개정) 지하수법시행령중 다음과 같이 개정한다.

별표 4 제1호 다목(2)중 "전문건설협회"를 "협회"로 하고, 동호 라목중 "보링·그라우팅공사업면허"를 "보링·그라우팅공사업등록"으로 하며, 동표 제2호 마목 및 동표 제3호 다목중 "면허를 가진 자"를 각각 "등록을 한 자"로 한다.

부칙 〈제16514호, 1999. 8. 6.〉 (공유수면관리법시행령)

제1조 (시행일) 이 영은 1999년 8월 9일부터 시행한다.

제2조 생략

제3조 (다른 법령의 개정) ①내지 ④생략

⑤건설산업기본법시행령중 다음과 같이 개정한다.

제38조제4호중 "공유수면관리법 제4조제1항제1호의 규정에 의한 공작물의 신축·개축"을 "공유수면관리법 제5조제1항제1호의 규정에 의한 공작물의 신축·개축·증축"으로 한다.

⑥생략

제4조 생략

부칙 〈제16790호, 2000. 4. 18.〉

이 영은 공포한 날부터 시행한다.

부칙 〈제16798호, 2000. 5. 1.〉 (산림조합법시행령)

제1조 (시행일) 이 영은 2000년 5월 1일부터 시행한다.

제2조 및 제3조 생략

제4조 (다른 법령의 개정) ①생략

②건설산업기본법시행령중 다음과 같이 개정한다.

제17조의 제목중 "임업협동조합등"을 "산림조합 등"으로 하고, 동조 본문중 "임업협동조합법 제7조의2제3항"을 "산림조합법 제11조제3항"으로 한다.

③생략

제5조 생략

부칙 〈제17296호, 2001. 7. 7.〉 (학원의설립·운영및과외교습에관한법률시행령)

제1조 (시행일) 이 영은 2001년 7월 8일부터 시행한다.

제2조 (다른 법령의 개정) ①내지 ⑫생략

⑬건설산업기본법시행령중 다음과 같이 개정한다.

제36조제2호중 "학원의설립·운영에관한법률"을 "학원의설립·운영및과외교습에관한법률"로 한다.

제3조 생략

부칙 〈제17347호, 2001. 8. 25.〉

①(시행일) 이 영은 공포한 날부터 시행한다. 다만, 제13조제1항

제1호의2의 개정규정은 공포후 1월이 경과한 날부터 시행한다.

②(보증가능금액확인서 및 사무실에 관한 건설업 등록기준의 유효기간) 보증가능금액확인서에 관한 제13조제1항제1호의2의 개정규정 및 사무실에 관한 별표 2의 개정규정은 이 영 시행일부터 3년이 경과하는 날까지 효력을 가진다.

③(수목재배용 토지에 관한 건설업 등록기준의 유효기간 및 특례) 별표 2의 시설·장비에 관한 개정규정중 조경공사업 및 조경식재공사업의 수목재배용 토지에 관한 부분은 2005년 12월 31일까지 효력을 가진다. 이 경우 동 개정규정에 불구하고 2004년 12월 31일까지는 다음 각호의 구분에 의한다.

1. 공포일부터 2001년 12월 31일까지 : 수목재배용 토지 5만제곱미터 이상

2. 2002년 1월 1일부터 2002년 12월 31일까지 : 수목재배용 토지 4만제곱미터 이상

3. 2003년 1월 1일부터 2003년 12월 31일까지 : 수목재배용 토지 3만5천제곱미터 이상

4. 2004년 1월 1일부터 2004년 12월 31일까지 : 수목재배용 토지 3만제곱미터 이상

④(건설근로자퇴직공제 가입대상공사에 관한 적용례) 제83조제1항제1호 및 제2호의 개정규정은 이 영 시행후 최초로 발주하는 건설공사부터 적용한다.

⑤(종전의 건설업자에 관한 경과조치) 이 영 시행당시 제13조제1항제1호의2 및 별표 2의 개정규정에 의한 건설업의 등록기준에 미달하는 건설업자는 이 영 시행일부터 6월 이내에 동 개정규정에 적합하도록 하여야 한다.

부칙 〈제17740호, 2002. 9. 18.〉

①(시행일) 이 영은 공포한 날부터 시행한다.

②(건설공사대장의 기재사항 통보에 관한 적용례) 제26조의 개정규정은 2003년 1월 1일 이후에 도급계약을 체결한 건설공사에 대하여 적용하되, 2003년 12월 31일까지는 도급금액 3억원 이상인 건설공사에 한하여 적용한다.

③(건설업등록기준에 관한 사항의 신고에 관한 경과조치) 이 영

시행일 당시 건설업의 등록을 한 날부터 2년 6월 이상이 경과한 건설업자는 제12조의2의 개정규정에 불구하고 이 영 시행일부터 7월 이내에 법 제9조제4항의 규정에 의한 건설업등록기준에 관한 사항의 신고를 하여야 한다.

④(건설기술자의 현장배치에 관한 경과조치) 이 영 시행일 이전에 도급계약을 체결한 건설공사에 대하여는 별표 5의 개정규정에 불구하고 종전의 규정에 의한다.

부칙 〈제18092호, 2003. 8. 21.〉

제1조 (시행일) 이 영은 공포한 날부터 시행한다. 다만, 제82조의 개정규정은 2003년 9월 1일부터 시행한다.

제2조 (건설근로자퇴직공제 가입대상공사에 관한 적용례) 제83조제1항의 개정규정은 입찰공고일 또는 사업계획승인일이 2004년 1월 1일 이후인 공사부터 적용한다.

제3조 (기존 경력임원 의무고용에 관한 경과조치) 이 영 시행당시 일반건설업의 등록을 한 자에 대하여는 제13조제1항제6호 및 제79조의2제1호의 개정규정에 불구하고 2003년 12월 31일까지는 종전의 규정에 의한다.

제4조 (공제조합 운영위원회의 구성에 관한 경과조치) 이 영 시행당시 제51조제2항 각호외의 부분의 개정규정에 의한 공제조합 운영위원회의 구성기준에 저촉되는 공제조합은 이 영 시행일부터 3월 이내에 동조동항의 개정규정에 의하여 조합원인 운영위원의 수를 전체위원 수의 2분의 1 미만으로 하여야 한다.

제5조 (건설업자의 영업정지 또는 등록말소의 공고에 관한 경과조치) 건설업자의 영업정지 또는 등록말소의 공고는 제82조의 개정규정에 불구하고 2003년 12월 31일까지는 종전의 규정에 의한다. 이 경우 동조의 개정규정에 의하여 정보통신망에 의한 공고를 병행할 수 있다.

제6조 (기존 건설업자에 관한 경과조치) ①이 영 시행당시 종전의 규정에 의하여 다음 표의 왼쪽란에 기재된 건설업의 등록을 한 자는 같은 표의 오른쪽란에 기재된 건설업의 등록을 한 것으로 본다.

종전의 규정에 의한 건설업	이 영의 규정에 의한 건설업
· 미장 · 방수공사업 · 조적공사업	미장 · 방수 · 조적공사업
· 창호공사업 · 철물공사업 · 온실설치공사업	금속구조물 · 창호공사업
· 지붕 · 판금공사업 · 건축물조립공사업	지붕판금 · 건축물조립공사업

②이 영 시행당시 종전의 규정에 의하여 건설업의 등록을 한 자로서 별표 2의 개정규정에 의한 건설업의 등록기준에 미달하는 자는 2004년 12월 31일까지 동 개정규정에 적합한 요건을 갖추어야 한다. 다만, 철도 · 궤도공사업의 등록기준중 시설 · 장비기준에 미달하는 자는 2003년 12월 31일까지 동 개정규정에 적합한 요건을 갖추어야 한다.

③이 영 시행당시 종전의 규정에 의하여 창호공사업의 등록을 한 자가 2003년 12월 31일까지 실내건축공사업의 등록을 하는 경우 기존의 목재창호공사실적은 실내건축공사업의 실적으로 본다.

부칙 〈제18146호, 2003. 11. 29.〉 (주택법시행령)

제1조 (시행일) 이 영은 2003년 11월 30일부터 시행한다. 〈단서 생략〉

제2조 내지 제14조 생략

제15조 (다른 법령의 개정) ①내지 ③생략

④건설산업기본법시행령중 다음과 같이 개정한다.

제37조제3호중 "주택건설촉진법 제6조"를 "주택법 제9조"로, "동법시행령 제10조의2제1항"을 "동법시행령 제13조제1항"으로, "동법 제33조"를 "동법 제16조"로 한다.

제83조제1항제3호중 "주택건설촉진법 제33조제1항"을 "주택법 제16조제1항"으로 한다.

제88조제3호단서중 "주택건설촉진법 제3조제3호"를 "주택법 제2조제2호"로 한다.
⑤내지 〈54〉생략

부칙 〈제18312호, 2004. 3. 17.〉 (전자적민원처리를위한가석방자관리규정등중개정령)
이 영은 공포한 날부터 시행한다.

부칙 〈제18736호, 2005. 3. 8.〉 (사회기반시설에 대한 민간투자법 시행령)
제1조 (시행일) 이 영은 공포한 날부터 시행한다.
제2조 및 제3조 생략
제4조 (다른 법령의 개정) ①내지 ③생략
④건설산업기본법시행령 일부를 다음과 같이 개정한다.
제83조제1항제4호중 "사회간접자본시설에대한민간투자법"을 "「사회기반시설에 대한 민간투자법」"으로 한다.
⑤내지 ㉗생략
제5조 생략

부칙 〈제18822호, 2005. 5. 7.〉
①(시행일) 이 영은 공포후 1월이 경과한 날부터 시행한다.
②(사무실에 관한 건설업 등록기준의 유효기간) 사무실에 관한 별표 2의 개정규정은 이 영 시행일부터 3년이 경과하는 날까지 효력을 가진다.
③(보증가능금액확인서 및 사무실에 관한 건설업 등록기준의 적용례) 제13조제1항제1호의2 및 별표 2의 개정규정은 이 영 시행 후 최초로 건설업 등록을 신청하는 분부터 적용한다.
④(종전의 건설업자에 관한 경과조치) 이 영 시행 당시 제13조제1항제1호의2 및 별표 2의 개정규정에 의한 건설업의 등록기준에 미달하는 건설업자는 이 영 시행일부터 6월 이내에 동 개정규정에 적합하도록 하여야 한다.

부칙 〈제18918호, 2005. 6. 30.〉

①(시행일) 이 영은 2005년 7월 1일부터 시행한다. 다만, 제21조제1항제2호, 제26조의2, 제30조의2, 제34조의2, 별표 6 가목제12호 다목, 별표 6 나목제1호의2 및 별표 7 제3호의3의 개정규정은 2006년 1월 1일부터 시행하고, 제33조제1항·제2항 및 별표 6 나목제7호의 개정규정은 2008년 1월 1일부터 시행한다.

②(부대공사의 범위에 관한 적용례) 제21조제1항제2호의 개정규정은 이 영 시행후 최초로 도급계약을 체결하는 분부터 적용한다.

부칙 〈제19139호, 2005. 11. 25.〉

이 영은 공포한 날부터 시행한다. 다만, 제36조 및 제37조의 개정규정은 2006년 2월 9일부터, 제13조제1항제4호의 개정규정은 2006년 5월 9일부터 시행한다.

부칙 〈제19422호, 2006. 3. 29.〉 (채무자 회생 및 파산에 관한 법률 시행령)

제1조 (시행일) 이 영은 2006년 4월 1일부터 시행한다.

제2조 (다른 법령의 개정) ①건설산업기본법 시행령 일부를 다음과 같이 개정한다.

제79조의2제3호 가목중 "「회사정리법」에 따라 법원이 회사정리절차"를 "「채무자 회생 및 파산에 관한 법률」에 따라 법원이 회생절차"로 하고, 동호 나목을 삭제한다.

②내지 ㉖생략

부칙 〈제19513호, 2006. 6. 12.〉 (고위공무원단 인사규정)

제1조 (시행일) 이 영은 2006년 7월 1일부터 시행한다.

제2조 및 제3조 생략

제4조 (다른 법령의 개정) ①내지 ④생략

⑤건설산업기본법 시행령 일부를 다음과 같이 개정한다.

제3조제1항중 "건설교통부소속 1급 또는 이에 상당하는 공무원"을 "건설교통부의 고위공무원단에 속하는 공무원"으로 하고, 동조제2항중 "공정거래위원회 소속 2급·3급 또는 이에 상당하는 공무원"을 "공정거래위원회의 3급공무원(이에 상당하는 공무원을 포함한다) 또는 고위공무원단에 속하는 공무원"으로 한다.

제68조제1항제1호 및 제2호중 "2급 또는 3급공무원"을 각각 "3급공무원 또는 고위공무원단에 속하는 일반직공무원"으로 하고, 동조제2항제1호중 "3급 또는 4급공무원"을 "3급 공무원, 4급 공무원 또는 고위공무원단에 속하는 일반직공무원"으로 하고, 동항제2호중 "4급이상 공무원"을 "4급 이상 공무원 또는 고위공무원단에 속하는 일반직공무원"으로 한다.

⑥내지 〈241〉생략

부칙 〈제20488호, 2007. 12. 28.〉

제1조 (시행일) 이 영은 2008년 1월 1일부터 시행한다. 다만, 제25조제1항제18호의 개정규정은 2008년 1월 28일부터 시행하고, 별표 2(난방시공업 제1종 및 제2종과 비고 제1호마목 및 바목에 한정한다)의 개정규정은 2009년 1월 1일부터 시행한다.

제2조 (부대공사의 범위에 관한 적용례) 제21조제1항제2호의 개정규정은 이 영 시행 후 최초로 입찰공고를 하는 분(입찰공고를 하지 아니한 경우에는 최초로 도급계약을 체결하는 분을 말한다)부터 적용한다.

제3조 (공사도급계약의 내용에 관한 적용례) 제25조제1항제18호의 개정규정은 2008년 1월 28일 이후 최초로 도급계약을 체결하는 분부터 적용한다.

제4조 (건설공사대장 기재사항에 관한 적용례) 제26조제2항의 개정규정은 이 영 시행 후 최초로 하수급인이 수급인으로부터 하도급받은 건설공사부터 적용한다.

제5조 (직접시공계획의 통보면제에 관한 적용례) 제30조의2제4항 단서의 개정규정은 이 영 시행 후 최초로 도급계약을 체결하는 분부터 적용한다.

제6조 (다중이 이용하는 건축물에 관한 적용례) 제36조제1호의2부터 제5호까지의 개정규정은 이 영 시행 후 최초로 「건축법」 제8조에 따른 건축허가신청 또는 같은 법 제9조에 따른 건축신고를 하거나 「주택법」 제16조에 따른 사업계획승인(「도시 및 주거환경정비법」 제28조에 따른 사업시행인가를 포함한다)을 신청하는 분부터 적용한다.

제7조 (건설근로자퇴직공제 가입대상 공사에 관한 적용례) 제83조제

1항의 개정규정은 이 영 시행 후 최초로 다음 각 호의 어느 하나에 해당하는 신청 등을 하는 분부터 적용한다.

1. 「건축법」 제8조에 따른 건축허가신청 또는 같은 법 제9조에 따른 건축신고

2. 「주택법」 제16조에 따른 사업계획승인(「도시 및 주거환경정비법」 제28조에 따른 사업시행인가를 포함한다)의 신청

3. 입찰공고(입찰공고를 하지 아니한 경우에는 도급계약의 체결)

제8조 (건설업의 업종과 업종별 업무내용에 관한 적용례) 별표 1의 개정규정은 이 영 시행 후 최초로 입찰공고를 하는 분(입찰공고를 하지 아니한 경우에는 최초로 도급계약을 체결하는 분을 말한다)부터 적용한다.

제9조 (건설업의 등록기준에 관한 적용례) 수중공사업에 관한 별표 2의 개정규정은 이 영 시행후 최초로 건설업 등록을 신청하는 분부터 적용한다.

제10조 (겸업제한에 관한 특례) 법률 제8477호 건설산업기본법 일부개정법률 부칙 제3조에서 "대통령령으로 정하는 기계설비의 설치와 관련된 업종"이란 별표 1에 따른 전문공사를 시공하는 업종 중 기계설비공사업을 말한다.

제11조 (운영위원회 위원의 결격사유에 관한 경과조치) 이 영 시행 전에 운영위원회의 위원으로 선임된 자의 결격사유에 관하여는 제52조제1항제3호 및 제5호의 개정규정에도 불구하고 종전의 규정에 따른다.

제12조 (건설업 등록에 관한 경과조치) 이 영 시행 전에 일반건설업 또는 전문건설업의 등록을 한 자는 별표 1의 개정규정에 따른 해당 업종의 건설업을 등록한 것으로 본다.

제13조 (건설업의 등록기준에 관한 경과조치) ① 이 영 시행 전에 수중공사업의 등록을 한 자로서 별표 2의 개정규정(수중공사업에 한정한다)에 따른 등록기준에 미달하는 자는 2008년 12월 31일까지 같은 표의 개정규정(수중공사업에 한정한다)에 적합하도록 하여야 한다. 다만, 이 영 시행 전에 수중공사업을 등록한 자가 종전의 별표 2 비고 제1호바목에 따른 기술능력을 갖춘 경우에는 그러하지 아니하다.

② 이 영 시행 전에 철도·궤도공사업, 난방시공업 제1종 및 제2

종의 등록을 한 자는 별표 2의 개정규정(난방시공업 제1종 및 제2종과 비고 제1호마목에 한정한다)에도 불구하고 등록기준을 갖춘 것으로 본다.
제14조 (하자담보책임기간에 관한 경과조치) 이 영 시행 전에 도급계약을 체결한 건설공사의 하자담보책임기간에 관하여는 별표 4의 개정규정에도 불구하고 종전의 규정에 따른다.
제15조 (건설기술자의 현장배치에 관한 경과조치) 이 영 시행 전에 도급계약을 체결한 건설공사의 현장에 배치하여야 하는 건설기술자에 관하여는 별표 5의 개정규정에도 불구하고 종전의 규정에 따른다.
제16조 (행정처분 및 과태료에 관한 경과조치) 이 영 시행 전의 위반행위에 대한 행정처분(과징금 부과처분을 포함한다) 및 과태료의 적용에 관하여는 종전의 규정에 따른다.

부칙 〈제20506호, 2007. 12. 31.〉 (전자적 업무처리의 활성화를 위한 국유재산법 시행령 등 일부개정령)
이 영은 공포한 날부터 시행한다.

부칙 〈제20722호, 2008. 2. 29.〉 (국토해양부와 그 소속기관 직제)
제1조(시행일) 이 영은 공포한 날부터 시행한다. 다만, 부칙 제6조에 따라 개정되는 대통령령 중 이 영의 시행 전에 공포되었으나 시행일이 도래하지 아니한 대통령령을 개정한 부분은 각각 해당 대통령령의 시행일부터 시행한다.
제2조 부터 제5조까지 생략
제6조(다른 법령의 개정) ① 부터 ⑥ 까지 생략
⑦ 건설산업기본법 시행령 일부를 다음과 같이 개정한다.
제2조제1항 본문 · 제3조제1항 및 제2항, 제9조, 제10조 각 호 외의 부분, 제11조, 제12조제1항, 제12조의2제2항 및 제3항, 제13조제1항제1호의2 각 목 외의 부분 전단 및 후단 · 제2호나목 · 다목 및 제2항 각 호 외의 부분 단서, 제16조제1항 본문, 제25조제2항, 제26조의2제1항, 제26조의3제1항 각 호 외의 부분 및 제2항, 제27조 각 호 외의 부분, 제31조제2항, 제34조제3항, 제34조의2제3항제1호, 제34조의3제2항, 제39조제2항 및 제4항, 제40조 각 호 외

의 부분, 제41조제1항, 제45조제1항, 제48조, 제51조제2항제3호 및 제6호 각 목 외의 부분, 제57조제4항, 제62조제2항, 제63조의2제1항 및 제2항 전단, 제80조제2항 본문, 제81조제1항·제2항 본문 및 제4항, 제83조제2항, 제83조의2제1항 및 제3항, 제86조제1항 각 호 외의 부분, 제87조제1항 각 호 외의 부분 및 같은 항 제6호·제2항 각 호 외의 부분·같은 항 제4호·같은 항 제6호·같은 항 제7호·제3항부터 제5항까지 및 제89조제2항 전단·제3항·제4항 전단, 별표 1 비고 제1호다목·라목·아목 및 별표 6 비고 제1호 중 "건설교통부장관"을 각각 "국토해양부장관"으로 한다.

제11조, 제12조의2제2항, 제18조, 제30조의2제4항 본문, 제32조제1항, 제34조의2제3항 각 호 외의 부분·제4항 각 호 외의 부분 전단, 제35조제5항, 제45조제2항, 제66조 및 제89조제5항 중 "건설교통부령"을 각각 "국토해양부령"으로 한다.

제68조제1항제2호 중 "재정경제부·법제처"를 "기획재정부·법제처"로 하고, 같은 조 제2항제2호 중 "건설교통부·공정거래위원회"를 "국토해양부·공정거래위원회"로 한다.

제76조제2항 중 "건설교통부소속 공무원중에서 건설교통부장관"을 "국토해양부 소속 공무원 중에서 국토해양부장관"으로 한다.

제3조제1항 중 "건설교통부차관"을 "국토해양부차관"으로 하고, 같은 조 제2항 중 "재정경제부·과학기술부·행정자치부·산업자원부·환경부·노동부·건설교통부·해양수산부"를 "기획재정부·교육과학기술부·행정안전부·지식경제부·환경부·노동부·국토해양부"로 한다.

제51조제2항제2호 중 "재정경제부장관"을 "기획재정부장관"으로 한다.

⑧ 부터 〈138〉 까지 생략

부칙 〈제20791호, 2008. 5. 26.〉 (장사 등에 관한 법률 시행령)

제1조 (시행일) 이 영은 공포한 날부터 시행한다.

제2조 및 제3조 생략

제4조 (다른 법령의 개정) ① 생략

② 건설산업기본법 시행령 일부를 다음과 같이 개정한다.

제38조제2항제2호 중 "납골시설"을 "봉안시설"로 한다.
③ 부터 ⑱ 까지 생략

부칙 〈제20805호, 2008. 6. 5.〉
제1조 (시행일) 이 영은 공포한 날부터 시행한다. 다만, 제86조제1항제14호 및 제87조제1항제8호의 개정규정은 2008년 9월 22일부터 시행하고, 사무실에 관한 별표 2의 개정규정은 2008년 6월 8일부터 시행한다.
제2조 (사무실에 관한 건설업 등록기준의 유효기간) 사무실에 관한 별표 2의 개정규정은 이 영 시행일부터 3년이 경과하는 날까지 효력을 가진다.
제3조 (행정처분에 관한 경과조치) 이 영 시행 전의 위반행위에 대한 행정처분(과징금 부과처분을 포함한다)의 적용에 관하여는 종전의 규정에 따른다.

부칙 〈제20947호, 2008. 7. 29.〉 (자본시장과 금융투자업에 관한 법률 시행령)
제1조(시행일) 이 영은 2009년 2월 4일부터 시행한다. 〈단서 생략〉
제2조 부터 제25조까지 생략
제26조(다른 법령의 개정) ① 생략
② 건설산업기본법 시행령 일부를 다음과 같이 개정한다.
제56조의2제4호 중 "「간접투자자산 운용업법」에 따른 자산운용회사 및 간접투자기구"를 "「자본시장과 금융투자업에 관한 법률」에 따른 집합투자업자 및 집합투자기구"로 한다.
③ 부터 〈113〉 까지 생략
제27조 및 제28조 생략

부칙 〈제20977호, 2008. 8. 26.〉 (에너지이용 합리화법 시행령)
제1조(시행일) 이 영은 2008년 8월 28일부터 시행한다.
제2조 및 제3조 생략
제4조(다른 법령의 개정) ① 건설산업기본법 시행령 일부를 다음과 같이 개정한다.

제87조제2항제1호 중 “「에너지이용 합리화법」 제82조제1항”을 “「에너지이용 합리화법」 제41조제1항”으로 한다.

② 부터 ⑨ 까지 생략

제5조 생략

부칙 〈제21098호, 2008. 10. 29.〉 (건축법 시행령)

제1조(시행일) 이 영은 공포한 날부터 시행한다. 〈단서 생략〉

제2조 및 제3조 생략

제4조(다른 법령의 개정) ① 건설산업기본법 시행령 일부를 다음과 같이 개정한다.

제37조제3호 중 “「건축법」 제8조의 규정에 의한”을 “「건축법」 제11조에 따른”으로 한다.

② 부터 ㊳ 까지 생략

부칙 〈제21214호, 2008. 12. 31.〉 (행정안전부와 그 소속기관 직제)

제1조(시행일) 이 영은 공포한 날부터 시행한다. 〈단서 생략〉

제2조 부터 제4조 까지 생략

제5조(다른 법령의 개정) ① 부터 〈149〉 까지 생략

〈150〉 건설산업기본법 시행령 일부를 다음과 같이 개정한다.

제63조의2제1항 및 제2항 중 “금융감독위원회”를 각각 “금융위원회”로 한다.

별표 2 비고란의 제1호다목 및 라목 중 “건설교통부장관”을 각각 “국토해양부장관”으로 하고, 같은 호 아목 중 “산업자원부장관”을 “지식경제부장관”으로, “건설교통부장관”을 “국토해양부장관”으로 한다.

〈151〉 부터 〈175〉 까지 생략

부칙 〈제21233호, 2008. 12. 31.〉

제1조(시행일) 이 영은 공포 후 6개월이 경과한 날부터 시행한다. 다만, 제25조제1항의 개정규정은 공포한 날부터 시행한다.

제2조(적용례) 제35조제3항 및 별표 5의 개정규정은 이 영 시행 후 최초로 입찰공고를 하는 분(입찰에 부치지 아니하는 경우에는 최초

로 도급계약을 체결한 분을 말한다)부터 적용한다.

부칙 〈제21626호, 2009. 7. 7.〉 (규제일몰제 적용을 위한 옥외광고물 등 관리법 시행령 등 일부개정령)
이 영은 공포한 날부터 시행한다.

부칙 〈제21765호, 2009. 10. 1.〉 (신용정보의 이용 및 보호에 관한 법률 시행령)
제1조(시행일) 이 영은 공포한 날부터 시행한다.
제2조 및 제3조 생략
제4조(다른 법령의 개정) ① 건설산업기본법 시행령 일부를 다음과 같이 개정한다.
제58조제1항 및 제82조제4호 중 "신용정보업자에게"를 각각 "신용정보회사에"로 한다.
② 부터 ㉛ 까지 생략
제5조 생략

부칙 〈제21819호, 2009. 11. 10.〉
이 영은 공포 후 3개월이 경과한 날부터 시행한다.

부칙 〈제22173호, 2010. 5. 27.〉
제1조(시행일) 이 영은 2010년 6월 30일부터 시행한다. 다만, 제57조제1항의 개정규정은 공포한 날부터 시행하고, 제83조제1항의 개정규정은 2010년 9월 30일부터 시행한다.
제2조(적용례) 제83조제1항의 개정규정은 부칙 제1조 단서에 따른 제83조제1항의 개정규정 시행 후 최초로 입찰공고를 하는 경우(입찰공고를 하지 아니한 경우에는 도급계약을 체결하는 경우)부터 적용한다.
제3조(경과조치) 이 영 시행 전의 위반행위에 대하여 행정처분(과징금 부과처분을 포함한다) 및 과태료를 적용할 때에는 종전의 규정에 따른다.

부칙 〈제22269호, 2010. 7. 12.〉 (고용노동부와 그 소속기

관 직제)
제1조(시행일) 이 영은 공포한 날부터 시행한다. 〈단서 생략〉
제2조(다른 법령의 개정) ① 부터 ⑧ 까지 생략
⑨ 건설산업기본법 시행령 일부를 다음과 같이 개정한다.
별표 6 가목의 위반행위란의 제14호 중 "노동부장관"을 "고용노동부장관"으로 한다.
⑩ 부터 〈136〉 까지 생략

부칙 〈제22303호, 2010. 7. 26.〉 (지방자치단체를 당사자로 하는 계약에 관한 법률 시행령)
제1조(시행일) 이 영은 공포 후 3개월이 경과한 날부터 시행한다. 〈단서 생략〉
제2조 부터 제8조까지 생략
제9조(다른 법령의 개정) 건설산업기본법 시행령 일부를 다음과 같이 개정한다.
제34조의2제3항제1호 중 "「지방자치단체를 당사자로 하는 계약에 관한 법률 시행령」 제15조제7항"을 "「지방자치단체를 당사자로 하는 계약에 관한 법률 시행령」 제15조제6항"으로 한다.

부칙 〈제22493호, 2010. 11. 15.〉 (은행법 시행령)
제1조(시행일) 이 영은 2010년 11월 18일부터 시행한다.
제2조 및 제3조 생략
제4조(다른 법령의 개정) ①부터 ④까지 생략
⑤ 건설산업기본법 시행령 일부를 다음과 같이 개정한다.
제82조제2호 중 "금융기관"을 "은행"으로 한다.
⑥부터 〈115〉까지 생략
제5조 생략

부칙 〈제22903호, 2011. 4. 14.〉
제1조(시행일) 이 영은 공포한 날부터 시행한다.
제2조(과태료에 대한 경과조치) ① 이 영 시행 전의 위반행위에 대하여 과태료의 부과기준을 적용할 때에는 제89조 및 별표 7의 개정규정에도 불구하고 종전의 규정에 따른다.

② 이 영 시행 전의 위반행위로 받은 과태료 부과처분은 별표 7의 개정규정에 따른 위반행위의 횟수 산정에 포함하지 아니한다.

부칙 〈제23282호, 2011. 11. 1.〉

제1조(시행일) 이 영은 2011년 11월 25일부터 시행한다. 다만, 제13조(법 제82조의2제3항, 제83조제8호 및 제13호의 개정규정에 관한 부분으로 한정한다), 제19조, 제20조, 제21조, 제32조, 제34조의4(법 제38조의2제2항 및 제3항의 개정규정에 관한 부분으로 한정한다), 제56조, 제60조, 제64조의2, 제79조의3, 제80조(법 제82조의2의 개정규정에 관한 부분으로 한정한다), 제81조, 제86조제1항제9호의2, 별표 6 제1호마목, 같은 표 제2호다목부터 사목까지, 같은 표 제3호, 별표 7 제2호바목·사목의 개정규정은 2012년 5월 25일부터 시행하고, 제86조제1항제1호 및 제87조제1항제1호의 개정규정은 공포 후 6개월이 경과한 날부터 시행하며, 별표 2의 개정규정 중 사무실에 관한 기준은 공포한 날부터 시행한다.

제2조(시공자격의 예외 및 건설공사의 직접시공에 관한 적용례) 제19조·제20조 및 제30조의2의 개정규정은 이 영 시행 후 최초로 건설공사에 대한 입찰공고를 하는 경우(입찰공고를 하지 아니한 경우에는 최초로 도급계약을 체결하는 경우를 말한다)부터 적용한다.

제3조(하도급계약심사위원회 및 건설업의 업무내용에 관한 적용례) 제34조제5항부터 제9항까지 및 별표 1 비고 제1호의 개정규정은 이 영 시행 후 최초로 도급 또는 하도급계약을 체결하는 경우부터 적용한다.

제4조(일시적인 등록기준 미달에 관한 적용례) 제79조의2제3호나목의 개정규정은 이 영 시행 전에 법원으로부터 회생절차의 종결 결정을 받은 경우에 대해서도 적용한다.

제5조(건설업의 등록기준에 관한 적용례) 이 영 시행 전에 건설업의 등록을 한 자로서 별표 2의 개정규정(사무실에 관한 부분으로 한정한다. 이하 같다)에 따른 등록기준에 미달하는 자는 2011년 12월 31일까지 같은 표의 개정규정에 적합하도록 하여야 한다.

제6조(다른 법률의 개정) ① 건설기술관리법 시행령 일부를 다음과 같이 개정한다.

제122조제1항제1호 중 "「건설산업기본법」 제82조제1항 및 제2

항"을 "「건설산업기본법」 제82조제1항·제2항 또는 제82조의2제1항·제2항"으로 한다.

제127조제1항제2호가목 중 "「건설산업기본법」 제8조제2항"을 "「건설산업기본법」 제8조제1항"으로 한다.

② 고용보험 및 산업재해보상보험의 보험료징수 등에 관한 법률 시행령 일부를 다음과 같이 개정한다.

제2조제1항제2호 단서 중 "같은 법 제2조제5호"를 "같은 법 제2조제7호"로 한다.

제6조제1항제1호 중 "「건설산업기본법」 제2조제5호"를 "「건설산업기본법」 제2조제7호"로 한다.

③ 국가를 당사자로 하는 계약에 관한 법률 시행령 일부를 다음과 같이 개정한다.

제73조의2제1항 중 "「건설산업기본법」 제2조제6호"를 "「건설산업기본법」 제2조제8호"로 한다.

④ 국제과학비즈니스벨트 조성 및 지원에 관한 특별법 시행령 일부를 다음과 같이 개정한다.

제24조 중 "같은 법 제2조제4호의2"를 "같은 법 제2조제5호"로 한다.

⑤ 주택법 시행령 일부를 다음과 같이 개정한다.

제65조제1항제4호 중 "시·도지사"를 "국토해양부장관"으로 한다.

제99조제1항제2호를 다음과 같이 한다.

2. 「건설산업기본법」 제9조에 따라 건설업 등록을 한 자일 것

⑥ 지방자치단체를 당사자로 하는 계약에 관한 법률 시행령 일부를 다음과 같이 개정한다.

제89조의2제1항 중 "「건설산업기본법」 제2조제6호"를 "「건설산업기본법」 제2조제8호"로 한다.

⑦ 하도급거래 공정화에 관한 법률 시행령 일부를 다음과 같이 개정한다.

제17조제2항제2호 중 "「건설산업기본법」 제82조제1항제6호"를 "「건설산업기본법」 제82조제1항제7호"로 한다.

⑧ 한국주택금융공사법 시행령 일부를 다음과 같이 개정한다.

제3조제2호 각 목 외의 부분 및 제28조제2항제3호 중 "「건설산업기본법」 제2조제10호"를 각각 "「건설산업기본법」 제2조제13호"로

한다.

부칙 〈제23356호, 2011. 12. 8.〉 (영유아보육법 시행령)

제1조(시행일) 이 영은 2011년 12월 8일부터 시행한다. 〈단서 생략〉

제2조(다른 법령의 개정) ①부터 ③까지 생략

④ 건설산업기본법 시행령 일부를 다음과 같이 개정한다.

제36조제1호의2 중 "보육시설"을 "어린이집"으로 한다.

⑤부터 〈54〉까지 생략

부칙 〈제23583호, 2012. 2. 2.〉

제1조(시행일) 이 영은 2012년 2월 5일부터 시행한다. 다만, 별표 2 비고 제1호차목의 개정규정은 2013년 1월 1일부터 시행한다.

제2조(시공자의 제한을 받는 건축물에 관한 적용례) 제36조제1항, 같은 조 제2항제7호 및 제8호의 개정규정은 이 영 시행 후 최초로 「건축법」 제11조에 따른 건축허가신청 또는 같은 법 제14조에 따른 건축신고를 하거나 「주택법」 제16조에 따른 사업계획승인(「도시 및 주거환경정비법」 제28조에 따른 사업시행인가를 포함한다)을 신청하는 경우부터 적용한다.

제3조(시공자의 제한을 받지 아니하는 건축물에 관한 경과조치) 이 영 시행 당시 종전의 제37조제2호에 따라 시공자의 제한을 받지 아니하는 건축물로서 이 영 시행 전에 「건축법」 제11조에 따른 건축허가신청 또는 같은 법 제14조에 따른 건축신고를 하거나 「주택법」 제16조에 따른 사업계획승인(「도시 및 주거환경정비법」 제28조에 따른 사업시행인가를 포함한다)을 신청한 경우에는 종전의 규정에 따른다.

부칙 〈제23869호, 2012. 6. 21.〉

제1조(시행일) 이 영은 공포한 날부터 시행한다.

제2조(적용례) 제19조제1호, 제20조제1호 및 제30조의2제3항의 개정규정은 이 영 시행 후 건설공사에 대한 입찰공고를 하는 경우(입찰공고를 하지 아니하는 경우에는 도급계약을 체결하는 경우를 말한다)부터 적용한다.

부칙 <제23928호, 2012. 7. 4.> (위원회 운영의 공정성 제고를 위한 경제자유구역 및 제주국제자유도시의 외국교육기관 설립·운영에 관한 특별법 시행령 등 일부개정령)
이 영은 공포한 날부터 시행한다. <단서 생략>

부칙 <제24155호, 2012. 10. 29.> (행정규제 개선 등을 위한 건설근로자의 고용개선 등에 관한 법률 시행령 등 일부개정령)
제1조(시행일) 이 영은 2012년 11월 1일부터 시행한다. <단서 생략>
제2조(「건설산업기본법 시행령」 개정에 따른 적용례) 「건설산업기본법 시행령」 제8조제1항제2호 각 목 외의 부분 본문의 개정규정은 이 영 시행 후 도급계약을 체결하는 경우부터 적용한다.
제3조 부터 제11조까지 생략

부칙 <제24204호, 2012. 11. 27.>
제1조(시행일) 이 영은 2012년 12월 2일부터 시행한다.
제2조(하도급계약의 적정성 심사에 관한 적용례) 제34조제1항제2호의 개정규정은 이 영 시행 후 하도급계약을 체결하는 경우부터 적용한다.
제3조(부당특약의 유형에 관한 적용례) 제34조의6제2호 및 제7호의 개정규정은 이 영 시행 후 하도급계약을 체결하는 경우부터 적용한다.
제4조(행정처분에 관한 경과조치) 이 영 시행 전의 위반행위에 대한 행정처분(과징금 부과처분을 포함한다)에 관하여는 종전의 규정에 따른다.

부칙 <제24443호, 2013. 3. 23.> (국토교통부와 그 소속기관 직제)
제1조(시행일) 이 영은 공포한 날부터 시행한다. <단서 생략>
제2조 부터 제5조까지 생략
제6조(다른 법령의 개정) ①부터 ⑤까지 생략
⑥ 건설산업기본법 시행령 일부를 다음과 같이 개정한다.
제2조제1항 본문, 같은 조 제2항, 제9조제1항 각 호 외의 부분, 같은 조 제2항, 제10조 각 호 외의 부분, 제11조, 제12조제1항, 제12조의2제2항·제3항, 제13조제1항제1호의2 전단·후단, 같은 조

제2항 각 호 외의 부분 단서, 제16조제1항제2호 본문, 제25조제2항, 제26조의2제1항, 제26조의3제1항 각 호 외의 부분, 같은 조 제2항, 제27조 각 호 외의 부분, 제31조제2항, 제34조제4항, 제34조의2제3항제1호, 같은 조 제4항제3호, 제34조의3제2항, 제39조제2항·제4항, 제40조 각 호 외의 부분, 제41조제1항, 제45조제1항, 제48조, 제51조제2항제3호, 같은 항 제6호 각 목 외의 부분 전단, 제57조제1항 본문, 같은 조 제4항, 제62조제2항, 제63조의2제1항, 같은 조 제2항 전단, 제64조의2제3항, 제76조제2항, 제80조제2항 본문, 제81조제1항, 같은 조 제2항 본문, 같은 조 제4항, 제83조제2항, 제83조의2제1항·제3항, 제86조제1항 각 호 외의 부분, 같은 항 제1호 각 목 외의 부분, 제87조제1항 각 호 외의 부분, 같은 항 제1호 각 목 외의 부분, 같은 항 제6호, 같은 조 제2항 각 호 외의 부분, 같은 항 제4호·제6호·제7호, 같은 조 제3항부터 제5항까지, 제87조의2제1항·제2항, 별표 2 비고의 제1호다목·라목·아목, 같은 표 비고의 제2호라목, 별표 6 제1호다목1)부터 3)까지 외의 부분 본문, 같은 호 라목, 같은 표 비고 및 별표 7 제1호나목1)·2) 외의 부분 본문 중 "국토해양부장관"을 각각 "국토교통부장관"으로 한다.

제11조, 제12조의2제2항, 제18조, 제30조의2제4항 각 호 외의 부분 본문, 제32조제1항 전단, 제34조의2제3항 각 호 외의 부분, 같은 조 제4항 각 호 외의 부분 전단, 제34조의5제3항, 제35조제5항, 제45조제2항, 제66조 및 별표 6 제2호가목3) 및 4) 중 "국토해양부령"을 각각 "국토교통부령"으로 한다.

제34조의2제2항제2호, 같은 조 제3항제1호, 같은 조 제4항 각 호 외의 부분 후단 중 "행정안전부령"을 각각 "안전행정부령"으로 한다.

제68조제1항제1호·제2항제2호 및 제76조제2항 중 "국토해양부"를 각각 "국토교통부"로 한다.

별표 2 비고의 제1호아목 중 "지식경제부장관"을 "산업통상자원부장관"으로 한다.

⑦부터 〈146〉까지 생략

부칙 〈제24616호, 2013. 6. 17.〉

제1조(시행일) 이 영은 2013년 6월 19일부터 시행한다.
제2조(건설기계 대여대금 지급보증서 발급금액의 명시에 관한 적용례) 제64조의3의 개정규정은 이 영 시행 후 건설공사의 도급계약(하도급계약을 포함한다)을 체결하는 경우부터 적용한다.

부칙 〈제25050호, 2013. 12. 30.〉 (행정규제기본법 개정에 따른 규제 재검토기한 설정을 위한 주택법 시행령 등 일부개정령)
이 영은 2014년 1월 1일부터 시행한다. 〈단서 생략〉

부칙 〈제25152호, 2014. 2. 5.〉
이 영은 2014년 2월 7일부터 시행한다.

부칙 〈제25273호, 2014. 3. 24.〉 (건축법 시행령)
제1조(시행일) 이 영은 공포한 날부터 시행한다. 〈단서 생략〉
제2조 및 제3조 생략
제4조(다른 법령의 개정) ① 건설산업기본법 시행령 일부를 다음과 같이 개정한다.
제36조제2항제7호를 다음과 같이 한다.
7. 「건축법 시행령」 별표 1 제4호거목에 따른 다중생활시설
②부터 ⑬까지 생략
제5조 생략

부칙 〈제25358호, 2014. 5. 22.〉 (건설기술 진흥법 시행령)
제1조(시행일) 이 영은 2014년 5월 23일부터 시행한다.
제2조 부터 제12조까지 생략
제13조(다른 법령의 개정) ①부터 ④까지 생략
⑤ 건설산업기본법 시행령 일부를 다음과 같이 개정한다.
제2조제1항 단서 중 "「건설기술관리법」 제3조제1항의 규정에 의하여 수립되는 건설기술진흥기본계획"을 "「건설기술 진흥법」 제3조제1항에 따라 수립되는 건설기술진흥 기본계획"으로 한다.
제19조제1호가목 및 제20조제1호가목 중 "「건설기술관리법」 제18조"를 각각 "「건설기술 진흥법」 제14조"로 한다.
별표 2의 기술능력란 중 "건설기술관리법"을 각각 "「건설기술 진

흥법」"으로, "「건설기술관리법」"을 각각 "「건설기술 진흥법」"으로 하고, 같은 표 비고 제1호가목 중 "건설기술관리법"을 "「건설기술 진흥법」"으로 한다.

별표 5의 건설기술자의 배치기준란 중 "「건설기술관리법」"을 각각 "「건설기술 진흥법」"으로 하고, 같은 표 비고 제1호 중 "「건설기술관리법 시행령」 별표 1"을 "「건설기술 진흥법 시행령」 별표 1"로 한다.

⑥부터 ㊲까지 생략

제13조 생략

부칙 〈제25532호, 2014. 8. 6.〉 (민감정보 및 고유식별정보 처리 근거 마련을 위한 공공기관의 운영에 관한 법률 시행령 등 일부개정령)

이 영은 2014년 8월 7일부터 시행한다.

부칙 〈제25727호, 2014. 11. 14.〉

제1조(시행일) 이 영은 2014년 11월 15일부터 시행한다.

제2조(공공기관의 범위에 관한 적용례) 제34조의5의 개정규정(법 제35조제1항제1호 각 목 외의 부분에 따라 하수급인이 시공한 부분에 해당하는 하도급대금을 하수급인에게 직접 지급하는 경우에 한정한다)은 이 영 시행 이후 최초로 발주자와 수급인이 도급계약을 체결하는 경우부터 적용한다.

제3조(권한의 위임에 관한 경과조치) 제86조제1항 및 제2항의 개정규정에도 불구하고 이 영 시행 전에 법 제101조에 따른 과태료를 부과한 경우에는 종전의 규정에 따른다.

부칙 〈제25751호, 2014. 11. 19.〉 (행정자치부와 그 소속기관 직제)

제1조(시행일) 이 영은 공포한 날부터 시행한다. 다만, 부칙 제5조에 따라 개정되는 대통령령 중 이 영 시행 전에 공포되었으나 시행일이 도래하지 아니한 대통령령을 개정한 부분은 각각 해당 대통령령의 시행일부터 시행한다.

제2조 부터 제4조까지 생략

제5조(다른 법령의 개정) ①부터 〈347〉까지 생략
〈348〉 건설산업기본법 시행령 일부를 다음과 같이 개정한다.
제34조의2제2항제2호, 같은 조 제3항제1호 및 같은 조 제4항 각 호 외의 부분 후단 중 “안전행정부령”을 각각 “행정자치부령”으로 한다.
〈349〉부터 〈418〉까지 생략

부칙 〈제26517호, 2015. 9. 11.〉 (신용정보의 이용 및 보호에 관한 법률 시행령)
제1조(시행일) 이 영은 2015년 9월 12일부터 시행한다. 〈단서 생략〉
제2조 부터 제5조까지 생략
제6조(다른 법령의 개정) ① 건설산업기본법 시행령 일부를 다음과 같이 개정한다.
제58조제1항 중 “「신용정보의 이용 및 보호에 관한 법률」의 규정에 따라 지정되거나 등록한 신용정보집중기관”을 “「신용정보의 이용 및 보호에 관한 법률」에 따라 허가받은 신용정보집중기관”으로 한다.
②부터 ⑤까지 생략

부칙 〈제26844호, 2015. 12. 31.〉 (행정기관 소속 위원회 운영의 공정성 및 책임성 강화를 위한 국민건강보험법 시행령 등 일부개정령)
이 영은 공포한 날부터 시행한다.

부칙 〈제26979호, 2016. 2. 11.〉
제1조(시행일) 이 영은 2016년 2월 12일부터 시행한다. 다만, 제30조의 개정규정은 2016년 8월 12일부터 시행한다.
제2조(건설업 등록기준 미달에 대한 영업정지 등에 관한 적용례) 제79조의2의 개정규정은 이 영 시행 전의 위반행위에 대하여 법 제83조제3호에 따른 영업정지명령 또는 등록취소를 하는 경우에 대해서도 적용한다.
제3조(영업정지기간 등 감경에 관한 경과조치) 이 영 시행 전의 위

반행위에 대해서는 별표 6 제1호다목1)부터 3)까지 외의 부분 및 같은 목 3)의 개정규정에도 불구하고 종전의 규정에 따른다.

부칙 〈제27115호, 2016. 4. 29.〉 (기업구조조정 촉진법 시행령)

제1조(시행일) 이 영은 공포한 날부터 시행한다.

제2조 및 제3조 생략

제4조(다른 법령의 개정) ① 건설산업기본법 시행령 일부를 다음과 같이 개정한다.

제79조의2제3호 다목 중 "「기업구조조정촉진법」"을 "「기업구조조정 촉진법」"으로, "채권금융기관협의회"를 "금융채권자협의회"로, "채권금융기관공동관리절차"를 "금융채권자협의회에 의한 공동관리절차"로 한다.

②부터 ⑯까지 생략

제5조 생략

부칙 〈제27299호, 2016. 6. 30.〉 (행정규제 정비를 위한 개발제한구역의 지정 및 관리에 관한 특별조치법 시행령 등 일부개정령)

제1조(시행일) 이 영은 2016년 7월 1일부터 시행한다. 〈단서 생략〉

제2조 부터 제15조까지 생략

부칙 〈제27440호, 2016. 8. 4.〉

이 영은 공포한 날부터 시행한다. 다만, 제56조제3항제6호, 제64조의2 및 별표 6 제2호가목14)자)의 개정규정은 2017년 2월 4일부터 시행하고, 제12조의2, 제45조제3항부터 제5항까지, 제86조제1항제1호가목, 제87조제1항제1호가목 및 같은 항 제6호의 개정규정은 2018년 2월 4일부터 시행한다.

부칙 〈제27444호, 2016. 8. 11.〉 (주택법 시행령)

제1조(시행일) 이 영은 2016년 8월 12일부터 시행한다.

제2조 부터 제6조까지 생략

제7조(다른 법령의 개정) ①부터 ④까지 생략

⑤ 건설산업기본법 시행령 일부를 다음과 같이 개정한다.

제37조제3호 중 "「주택법」 제9조의 규정에 의하여"를 "「주택법」 제4조에 따라"로, "동법 시행령 제13조제1항의 규정에 의한"을 "같은 법 시행령 제17조제1항에 따른"으로, "동법 제16조의 규정에 의한"을 "같은 법 제15조에 따른"으로 한다.

제83조제1항제3호 중 "「주택법」 제16조제1항의 규정에 의한"을 "「주택법」 제15조제1항에 따른"으로 하고, 같은 항 제5호 중 "「주택법」 제16조"를 "「주택법」 제15조"로 한다.

제88조제3호 단서 중 "주택법 제2조제2호의 규정에 의한"을 "「주택법」 제2조제3호에 따른"으로 한다.

⑥부터 〈75〉까지 생략

제8조 생략

부칙 〈제27751호, 2016. 12. 30.〉 (규제 재검토기한 설정 등을 위한 가맹사업거래의 공정화에 관한 법률 시행령 등 일부개정령)

제1조(시행일) 이 영은 2017년 1월 1일부터 시행한다. 〈단서 생략〉

제2조 부터 제12조까지 생략

부칙 〈제27792호, 2017. 1. 17.〉 (수질 및 수생태계 보전에 관한 법률 시행령)

제1조(시행일) 이 영은 2017년 1월 28일부터 시행한다.

제2조 부터 제6조까지 생략

제7조(다른 법령의 개정) ① 및 ② 생략

③ 건설산업기본법 시행령 일부를 다음과 같이 개정한다.

별표 1 종합공사를 시공하는 업종의 제4호 건설공사의 예시란 중 "폐수종말처리시설"을 "공공폐수처리시설"로 한다.

④부터 ㉙까지 생략

부칙 〈제27960호, 2017. 3. 27.〉 (주민등록번호 등의 처리 제한을 위한 세무사법 시행령 등 일부개정령)

이 영은 2017년 3월 30일부터 시행한다. 〈단서 생략〉

부칙 〈제28211호, 2017. 7. 26.〉 (행정안전부와 그 소속기관 직제)

제1조(시행일) 이 영은 공포한 날부터 시행한다. 다만, 부칙 제8조에 따라 개정되는 대통령령 중 이 영 시행 전에 공포되었으나 시행일이 도래하지 아니한 대통령령을 개정한 부분은 각각 해당 대통령령의 시행일부터 시행한다.

제2조 부터 제7조까지 생략

제8조(다른 법령의 개정) ①부터 〈274〉까지 생략

〈275〉 건설산업기본법 시행령 일부를 다음과 같이 개정한다.

제34조의2제2항제2호 및 같은 조 제3항제1호 중 "행정자치부령"을 각각 "행정안전부령"으로 한다.

〈276〉부터 〈388〉까지 생략

부칙 〈제28325호, 2017. 9. 19.〉

제1조(시행일) 이 영은 2017년 9월 22일부터 시행한다. 다만, 별표 1 및 별표 2의 개정규정은 2018년 1월 1일부터 시행한다.

제2조(미장·방수·조적 공사업자에 대한 경과조치) 이 영 시행 전에 종전의 별표 2에 따라 미장·방수·조적 공사업 등록을 한 자는 별표 2의 개정규정에 따라 습식·방수공사업 등록을 한 것으로 본다.

제3조(행정처분에 관한 경과조치) ① 이 영 시행 전의 위반행위에 대하여 행정처분의 기준을 적용할 때에는 별표 6 제2호가목14)나)의 개정규정에도 불구하고 종전의 규정에 따른다.

② 이 영 시행 이후의 위반행위에 대하여 행정처분의 기준을 적용하는 경우 이 영 시행 전의 위반행위로 종전의 별표 6 제2호가목14)나)에 따라 받은 행정처분은 위반행위의 횟수 산정에 있어서 별표 6 제2호가목14)나)의 개정규정에 따른 위반행위로 받은 행정처분으로 본다.

부칙 〈제28471호, 2017. 12. 12.〉 (규제 재검토기한 설정 등을 위한 가맹사업거래의 공정화에 관한 법률 시행령 등 33개 대통령령 일부개정령)

제1조(시행일) 이 영은 2018년 1월 1일부터 시행한다.

제2조 생략

부칙 〈제29006호, 2018. 6. 26.〉
이 영은 2018년 6월 27일부터 시행한다.

부칙 〈제29086호, 2018. 8. 7.〉
제1조(시행일) 이 영은 공포한 날부터 시행한다.
제2조(행정처분 기준적용에 관한 경과조치) ① 이 영 시행 전의 위반행위에 대하여 행정처분의 기준을 적용할 때에는 별표 6 제2호가목14)차)의 개정규정에도 불구하고 종전의 규정에 따른다.
② 이 영 시행 이후의 위반행위에 대하여 행정처분의 기준을 적용하는 경우 이 영 시행 전의 위반행위로 종전의 별표 6 제2호가목14)차)에 따라 받은 행정처분은 위반행위의 횟수 산정에 있어서 별표 6 제2호가목14)차)의 개정규정에 따른 위반행위로 받은 행정처분으로 본다.

부칙 〈제29163호, 2018. 9. 18.〉 (출입국관리법 시행령)
제1조(시행일) 이 영은 2018년 9월 21일부터 시행한다.
제2조(다른 법령의 개정) ① 생략
② 건설산업기본법 시행령 일부를 다음과 같이 개정한다.
제13조제2항제1호 중 "별표 1"을 "별표 1의2"로 한다.
③부터 ⑰까지 생략
제3조 생략

부칙 〈제29269호, 2018. 10. 30.〉 (주식회사 등의 외부감사에 관한 법률 시행령)
제1조(시행일) 이 영은 2018년 11월 1일부터 시행한다.
제2조 부터 제9조까지 생략
제10조(다른 법령의 개정) ① 생략
② 건설산업기본법 시행령 일부를 다음과 같이 개정한다.
별표 2 비고 제2호나목 후단 중 "「주식회사의 외부감사에 관한 법률」 제13조"를 "「주식회사 등의 외부감사에 관한 법률」 제6조"로 한다.
③부터 〈51〉까지 생략
제11조 생략

부칙 <제29415호, 2018. 12. 24.>

제1조(시행일) 이 영은 공포한 날부터 시행한다.

제2조(금속구조물·창호공사업자에 대한 경과조치) 이 영 시행 전에 종전의 별표 2에 따라 금속구조물·창호공사업 등록을 한 자는 별표 2의 개정규정에 따라 금속구조물·창호·온실공사업 등록을 한 것으로 본다.

부칙 <제29665호, 2019. 3. 26.>

제1조(시행일) 이 영은 공포한 날부터 시행한다.

제2조(건설공사의 직접시공 및 건설기술인의 현장배치에 관한 적용례) 제30조의2 및 제35조제3항의 개정규정은 이 영 시행 이후 건설공사에 대한 입찰공고를 하는 경우(입찰공고를 하지 않는 경우에는 도급계약을 체결하는 경우를 말한다)부터 적용한다.

제3조(하도급계약의 적정성 심사에 관한 적용례) 제34조제1항제2호의 개정규정은 이 영 시행 이후 하도급계약을 체결하는 경우부터 적용한다.

부칙 <제29877호, 2019. 6. 18.>

제1조(시행일) 이 영은 2019년 6월 19일부터 시행한다. 다만, 제26조의3, 제34조의3, 별표 7 제2호사목 및 하목의 개정규정은 2019년 7월 1일부터 시행한다.

제2조(건설업의 등록기준에 관한 적용례) 제13조제1항제1호의2 및 별표 2의 개정규정은 이 영 시행 전에 건설업을 등록하거나 건설업 등록을 신청한 자에 대해서도 적용한다. 다만, 2018년 12월 31일 이전에 건설업의 등록을 한 자의 등록기준 미달 여부를 판단할 때 2018년 12월 31일까지는 제13조제1항제1호의2 및 별표 2의 개정규정에도 불구하고 종전의 규정을 적용한다.

부칙 <제30256호, 2019. 12. 24.> (산업안전보건법 시행령)

제1조(시행일) 이 영은 2020년 1월 16일부터 시행한다. <단서 생략>

제2조 부터 제31조까지 생략

제32조(다른 법령의 개정) ① 생략

② 건설산업기본법 시행령 일부를 다음과 같이 개정한다.

제25조제1항제9호 중 “「산업안전보건법」 제30조”를 “「산업안전보건법」 제72조”로 한다.

별표 3 제2호가목5) 중 “「산업안전보건법」 제29조제3항”을 “「산업안전보건법」 제63조”로, “같은 법 제9조의2”를 “같은 법 제10조”로 하고, 같은 목 6) 중 “「산업안전보건법」 제68조제1호”를 “「산업안전보건법」 제170조제3호”로 한다.

별표 3의2 제2호라목2)의 하도급 참여제한 사유란 중 “「산업안전보건법」 제2조제7호”를 “「산업안전보건법」 제2조제2호”로 하고, 같은 목 4)의 하도급 참여제한 사유란 중 “「산업안전보건법」제10조제1항”을 “「산업안전보건법」 제57조제1항”으로 한다.

③부터 ㊵까지 생략

제33조 생략

부칙 〈제30423호, 2020. 2. 18.〉

제1조(시행일) 이 영은 공포한 날부터 시행한다.

제2조(공공기관의 범위) 법률 제16136호 건설산업기본법 일부개정법률 부칙 제1조제2항제1호·제2호 및 에서 “대통령령으로 정하는 공공기관”이란 각각 다음 각 호의 어느 하나에 해당하는 공공기관을 말한다.

1. 「공공기관의 운영에 관한 법률」 제5조에 따른 공기업 및 준정부기관

2. 「지방공기업법」 제49조 및 제76조에 따른 지방공사 및 지방공단

제3조(일시적인 등록기준 미달에 관한 적용례) 제79조의2제1호의3의 개정규정은 이 영 시행 이후 영업소소재지 변경에 따라 법 제9조의2제2항에 따른 건설업 등록증 또는 건설업 등록수첩의 기재 사항 변경신청을 하는 경우부터 적용한다.

제4조(영업정지 및 과징금의 부과기준에 관한 적용례 등) ① 별표 6 제1호다목의 개정규정은 이 영 시행 이후의 위반행위에 대하여 영업정지처분 또는 과징금 부과처분을 하는 경우부터 적용한다.

② 이 영 시행 전에 법 제22조제7항, 제34조, 제36조제1항, 제37조, 제38조제1항·제2항 또는 제68조의3제1항에 따른 건설사업자로서의 의무를 위반한 사실은 별표 6 제1호다목의 개정규정에 따

른 2년 이내에 같은 위반행위로 적발된 경우에 포함하지 않는다.

③ 별표 6 제2호가목의 개정규정은 이 영 시행 전의 위반행위에 대하여 영업정지처분 또는 과징금 부과처분을 하는 경우에도 적용한다.

제5조(다른 법률의 개정) ① 개발이익 환수에 관한 법률 시행령 일부를 다음과 같이 개정한다.

제11조제3항 각 호 외의 부분 단서 및 제12조제4항제3호 중 “건설업자”를 각각 “건설사업자”로 한다.

② 건설근로자의 고용개선 등에 관한 법률 시행령 일부를 다음과 같이 개정한다.

제5조제1항제1호 중 “건설업자단체”를 “건설사업자단체”로 하고, 제7조제1호가목 및 제10조제1호 중 “건설업자”를 각각 “건설사업자”로 한다.

③ 건축물의 분양에 관한 법률 시행령 일부를 다음과 같이 개정한다.

제5조의 제목 “(연대보증을 할 수 있는 건설업자의 요건 등)”을 “(연대보증을 할 수 있는 건설사업자의 요건 등)”으로 하고, 같은 조 각 호 외의 부분 본문·단서, 제8조제1항제9호, 제9조제1항제6호 및 제12조의2제2호 중 “건설업자”를 각각 “건설사업자”로 한다.

④ 건축법 시행령 일부를 다음과 같이 개정한다.

제17조제5항제1호 중 “건설업자”를 “건설사업자”로 한다.

⑤ 건축사법 시행령 일부를 다음과 같이 개정한다.

별표 1 1등급의 경력구분란 제2호가목 중 “건설업자”를 “건설사업자”로 한다.

⑥ 고용보험 및 산업재해보상보험의 보험료징수 등에 관한 법률 시행령 일부를 다음과 같이 개정한다.

제2조제1항제2호 단서 및 제7조제2항제1호 중 “건설업자”를 각각 “건설사업자”로 한다.

⑦ 국가를 당사자로 하는 계약에 관한 법률 시행령 일부를 다음과 같이 개정한다.

제19조제1항제3호 중 “전문건설업자”를 “전문건설사업자”로 하고, 제72조제3항제2호 단서 중 “외국건설업자”를 “외국건설사업자”로 한다.

⑧ 도시 및 주거환경정비법 시행령 일부를 다음과 같이 개정한다.

제41조제1항제5호, 별표 1 가목 1)부터 4)까지 외의 부분, 같은 목 1)부터 4)까지 및 같은 표 나목 1)부터 4)까지 외의 부분 중 "건설업자"를 각각 "건설사업자"로 한다.

⑨ 부가가치세법 시행령 일부를 다음과 같이 개정한다.

제25조제1호 중 "건설업자"를 "건설사업자"로 한다.

⑩ 부동산개발업의 관리 및 육성에 관한 법률 시행령 일부를 다음과 같이 개정한다.

제13조제3호 중 "건설업자"를 "건설사업자"로 한다.

⑪ 사회복지사업법 시행령 일부를 다음과 같이 개정한다.

제18조의4제3항제2호 중 "건설업자"를 "건설사업자"로 한다.

⑫ 소득세법 시행령 일부를 다음과 같이 개정한다.

제168조제1항제7호 중 "건설업자"를 "건설사업자"로 한다.

⑬ 임금채권보장법 시행령 일부를 다음과 같이 개정한다.

제8조제2항제2호 단서 중 "건설업자"를 각각 "건설사업자"로 한다.

⑭ 조세특례제한법 시행령 일부를 다음과 같이 개정한다.

제98조제1항제2호, 같은 조 제5항제2호, 제99조제2항 본문 및 제99조의3제4항 본문 중 "주택건설업자"를 각각 "주택건설사업자"로 하고, 제106조제7항제46호 중 "건설업자단체"를 "건설사업자단체"로 한다.

⑮ 중소기업진흥에 관한 법률 시행령 일부를 다음과 같이 개정한다.

별표 2의2 제18호 중 "건설업자"를 "건설사업자"로 한다.

⑯ 지하안전관리에 관한 특별법 시행령 일부를 다음과 같이 개정한다.

제8조제2항 중 "건설업자"를 "건설사업자"로 한다.

⑰ 특정 금융거래정보의 보고 및 이용 등에 관한 법률 시행령 일부를 다음과 같이 개정한다.

별표 1 7의 요청자료명란 중 "건설업자"를 "건설사업자"로 한다.

⑱ 항만법 시행령 일부를 다음과 같이 개정한다.

제61조제2항제1호 중 "건설업자"를 "건설사업자"로 한다.

⑲ 해양산업클러스터의 지정 및 육성 등에 관한 특별법 시행령

일부를 다음과 같이 개정한다.
제24조제2항제3호 중 "건설업자"를 "건설사업자"로 한다.
⑳ 해외건설 촉진법 시행령 일부를 다음과 같이 개정한다.
제19조제2항제2호 및 제19조의3제2항제2호 중 "건설업자단체"를 각각 "건설사업자단체"로 한다.

부칙 〈제30509호, 2020. 3. 3.〉 (규제 재검토기한 해제 등을 위한 144개 대통령령의 일부개정에 관한 대통령령)
이 영은 공포한 날부터 시행한다.

부칙 〈제30893호, 2020. 8. 4.〉 (신용정보의 이용 및 보호에 관한 법률 시행령)
제1조(시행일) ① 이 영은 2020년 8월 5일부터 시행한다. 〈단서 생략〉
② 및 ③ 생략
제2조 생략
제3조(다른 법령의 개정) ① 및 ② 생략
③ 건설산업기본법 시행령 일부를 다음과 같이 개정한다.
제58조제1항 중 "「신용정보의 이용 및 보호에 관한 법률」에 따라 허가받은 신용정보집중기관 또는 동법에 의하여 허가받은 신용정보회사"를 "「신용정보의 이용 및 보호에 관한 법률」에 따른 종합신용정보집중기관, 신용정보회사 또는 채권추심회사"로 한다.
④부터 〈65〉까지 생략
제4조 생략

부칙 〈제31006호, 2020. 9. 8.〉
제1조(시행일) 이 영은 2020년 11월 27일부터 시행한다. 다만, 제83조제1항의 개정규정은 공포한 날부터 시행한다.
제2조(건설근로자퇴직공제 가입대상공사에 관한 적용례) 제83조제1항의 개정규정은 부칙 제1조 단서에 따른 시행일 이후 건설공사에 대한 입찰공고를 하는 경우(입찰공고를 하지 않는 경우에는 도급계약을 체결하는 경우를 말한다)부터 적용한다.

부칙 〈제31102호, 2020. 10. 8.〉

제1조(시행일) 이 영은 2020년 10월 8일부터 시행한다. 다만, 다음 각 호의 개정규정은 다음 각 호의 구분에 따른 날부터 시행한다.

1. 제12조의4제2항, 제34조의5, 별표 5 비고 제1호 및 별표 6 제1호마목·사목의 개정규정: 공포한 날

2. 제19조부터 제21조까지, 제31조제3항, 제31조의2, 제32조제1항, 제34조제3항, 제34조의3제2항, 별표 1 비고 제1호의2, 별표 3의2 제2호가목, 별표 5 비고 제6호, 별표 6 제2호가목·나목 및 대통령령 제31006호 건설산업기본법 시행령 일부개정령 별표 7 제2호카목의 개정규정: 다음 각 목의 구분에 따른 날

가. 국가, 지방자치단체, 「공공기관의 운영에 관한 법률」 제5조에 따른 공기업·준정부기관 또는 「지방공기업법」 제49조·제76조에 따른 지방공사·지방공단이 발주하는 공사: 2021년 1월 1일

나. 가목 외의 자가 발주하는 공사: 2022년 1월 1일

3. 별표 3의2 제2호마목 및 바목의 개정규정: 2021년 12월 19일

제2조(전자조달시스템을 이용한 하도급대금의 청구·수령 등에 관한 적용례) 제34조의5제1항의 개정규정은 부칙 제1조제1호에 따른 시행일 이후 건설공사 도급계약을 체결하는 경우부터 적용한다.

제3조(건설공사의 시공자격에 관한 경과조치) 부칙 제1조제2호에 따른 시행일 전에 입찰공고(입찰공고를 하지 않는 경우에는 도급계약의 체결을 말한다)를 한 건설공사의 시공자격에 대해서는 제19조부터 제21조까지의 개정규정에도 불구하고 종전의 규정에 따른다.

제4조(건설공사의 하도급에 관한 경과조치) 부칙 제1조제2호에 따른 시행일 전에 입찰공고(입찰공고를 하지 않는 경우에는 도급계약의 체결을 말한다)를 한 건설공사의 하도급에 대해서는 제31조제3항, 제31조의2 및 별표 1 비고 제1호의2의 개정규정에도 불구하고 종전의 규정에 따른다.

부칙 〈제31222호, 2020. 12. 8.〉 (전자서명법 시행령)

제1조(시행일) 이 영은 2020년 12월 10일부터 시행한다.

제2조(다른 법령의 개정) ① 생략

② 건설산업기본법 시행령 일부를 다음과 같이 개정한다.

제26조의6제1항제2호가목을 다음과 같이 한다.

가. 「전자서명법」 제2조제2호에 따른 전자서명(서명자의 실지명의를 확인할 수 있는 것으로 한정한다)이 있을 것

제34조의7제1항제2호가목을 다음과 같이 한다.

가. 「전자서명법」 제2조제2호에 따른 전자서명(서명자의 실지명의를 확인할 수 있는 것으로 한정한다)이 있을 것

③부터 ㊲까지 생략

제3조 생략

부칙 〈제31328호, 2020. 12. 29.〉

제1조(시행일) 이 영은 2022년 1월 1일부터 시행한다.

제2조(시설물유지관리업의 유효기간) 별표 1 제2호거목 및 별표 2 제2호거목의 개정규정은 2023년 12월 31일까지 효력을 가진다.

제3조(건설공사 도급계약에 관한 적용례) 별표 1 및 별표 2의 개정규정은 이 영 시행 이후 입찰공고(입찰공고를 하지 않는 경우에는 도급계약 체결을 말한다. 이하 이 조에서 같다)하는 건설공사부터 적용한다. 다만, 별표 1 비고 제4호 본문의 개정규정은 국가, 지방자치단체, 「공공기관의 운영에 관한 법률」 제5조에 따른 공기업·준정부기관 또는 「지방공기업법」 제49조 및 제76조에 따른 지방공사 및 지방공단 외의 자가 발주하는 공사에 대해서는 2023년 1월 1일 이후 입찰공고하는 건설공사부터 적용한다.

제4조(전문공사를 시공하는 업종의 영업정지처분에 관한 적용례) 이 영 시행(시설물유지관리업의 경우 부칙 제7조에 따라 전환 등록된 날을 말한다. 이하 이 조에서 같다) 전에 법 제82조, 제82조의2 및 제83조에 따른 영업정지처분을 받은 자는 부칙 제6조부터 제8조까지의 규정에 따라 전환 또는 등록된 별표 1의 개정규정에 따른 전문공사를 시공하는 업종(이하 이 조에서 "통합업종"이라 한다)에 대하여 영업정지처분을 받은 것으로 본다. 다만, 하나의 통합업종 내에 부칙 제6조부터 제8조까지의 규정에 따라 등록된 주력분야가 2개 이상인 건설사업자가 이 영 시행 전에 영업정지처분을 받은 경우(최소 1개의 업종에 대해서는 영업정지처분을 받지 않은 경우만 해당한다)로서 이 영 시행 당시 해당 영업정지가 계속 중인 경우에는 영업정지처분을 받은 업종의 업무내용에 해당하는 건설공사를 제외한 통합업종의 건설공사는 수행할 수 있다.

[본조신설 2021. 12. 28.]
[종전 제4조는 제5조로 이동 〈2021. 12. 28.〉]

제5조(시범사업) 국토교통부장관은 이 영이 원활히 현장에 적용될 수 있도록 이 영 시행 전에 국가, 지방자치단체, 「공공기관의 운영에 관한 법률」에 따른 공기업·준정부기관 또는 「지방공기업법」 제49조 및 제76조에 따른 지방공사 및 지방공단이 발주하는 공사 중 지정한 공사에 한정하여 제7조의2 및 별표 1의 개정규정에 따른 업종개편에 관한 시범사업을 실시할 수 있다.
[제4조에서 이동, 종전 제5조는 제6조로 이동 〈2021. 12. 28.〉]

제6조(비계·구조물해체공사업의 업종전환에 관한 준비행위 및 특례) ① 이 영 시행 전에 비계·구조물해체공사업을 등록한 자는 이 영 시행 전까지 다음 각 호의 구분에 따라 별표 1의 개정규정에 따른 전문공사를 시공하는 업종 중 지반조성·포장공사업으로 전환하여 국토교통부장관(법 제91조, 영 제86조 및 제87조에 따라 법 제9조의 건설업 등록에 관한 권한 및 업무를 위임받거나 위탁받은 자를 포함한다. 이하 "건설업 등록관청"이라 한다)에게 등록 신청하거나 지반조성·포장공사업을 추가로 등록 신청할 수 있다.

1. 지반조성·포장공사업으로 전환하여 등록할 수 있는 경우: 별표 1의 개정규정에 따른 지반조성·포장공사의 업무분야 중 보링·그라우팅·파일공사를 주력분야로 등록하려는 경우
2. 지반조성·포장공사업을 추가로 등록할 수 있는 경우: 2018년부터 2020년까지 파일공사 및 비계공사·구조물해체공사의 실적의 합계가 각각 3억원 이상인 경우

② 제1항에 따라 지반조성·포장공사업으로 전환하여 등록 신청한 경우에는 보링·그라우팅·파일공사를 주력분야로 등록 신청한 것으로 보고, 지반조성·포장공사업을 추가로 등록 신청한 경우에는 보링·그라우팅·파일공사 및 구조물해체·비계공사를 주력분야로 등록 신청한 것으로 본다.

③ 건설업 등록관청은 제1항 및 제2항에 따라 업종을 전환하여 등록 신청하거나 추가로 등록 신청한 건설사업자가 다음의 기준을 갖춘 경우에는 별표 2의 개정규정에 따른 등록기준을 갖춘 것으로 보아 지반조성·포장공사업을 등록한다. 이 경우 지반조성·포장공사업을 등록한 자는 2024년 12월 31일까지 해당 건설업종에 대하

여 별표 2의 개정규정에 따른 등록기준을 갖춰야 한다.

기술능력	시설	자본금
「건설기술 진흥법」에 따른 토목 · 건축 · 광업 분야(화학류관리 분야로 한정한다)의 초급 이상 건설기술인 또는 「국가기술자격법」에 따른 관련 종목의 기술자격취득자 중 2명 이상	사무실	1억5천만원 이상

④ 법 제23조에 따라 공시된 종전의 비계 · 구조물해체공사업의 시공능력 평가액은 제3항에 따라 지반조성 · 포장공사업을 등록한 건설사업자의 시공능력 평가액으로 인정받을 수 있다.

⑤ 이 영 시행 전까지 제1항 및 제2항에 따라 업종을 전환하거나 추가로 등록하지 않은 건설사업자는 별표 1의 개정규정에 따른 구조물해체 · 비계공사업을 등록한 것으로 보며, 구조물해체 · 비계공사를 주력분야로 등록한 것으로 본다.

⑥ 제3항에 따라 지반조성 · 포장공사업을 등록한 건설사업자는 이 영 시행 전에 비계 · 구조물해체공사업의 도급계약을 체결한 건설공사의 경우에는 별표 1, 별표 2의 개정규정 및 제1항부터 제4항까지에 따른 업종전환에도 불구하고 도급계약에 따른 업무를 계속 수행할 수 있다.

[제5조에서 이동, 종전 제6조는 제7조로 이동 〈2021. 12. 28.〉]

제7조(시설물유지관리업의 업종전환에 관한 특례) ① 2020년 9월 16일 전에 시설물유지관리업을 등록했거나 등록 신청한 자로서 종전의 별표 2에 따른 시설물유지관리업의 등록기준을 갖춘 자(이하 "종전 시설물유지관리업자"라 한다)는 2023년 12월 31일까지 별표 1의 개정규정에 따른 종합공사를 시공하는 업종 중 건축공사업 또는 토목공사업으로 전환하거나, 같은 개정규정에 따른 전문공사를 시공하는 업종 중 다음 각 호의 어느 하나에 해당하는 업종(최대 3개까지로 한정한다)으로 전환하여 건설업 등록관청에 등록 신청할 수 있다.

1. 지반조성 · 포장공사업
2. 실내건축공사업
3. 금속창호 · 지붕건축물조립공사업

4. 도장 · 습식 · 방수 · 석공사업
5. 철근 · 콘크리트공사업
6. 상 · 하수도설비공사업

② 종전 시설물유지관리업자가 제1항에 따라 전문공사를 시공하는 업종으로 전환하여 등록하려는 경우에는 전환하려는 업종의 업무분야 중 전부 또는 일부를 주력분야로 등록 신청해야 한다.

③ 건설업 등록관청은 제1항에 따라 업종을 전환하여 등록 신청한 자가 다음의 기준을 갖춘 경우에는 별표 2의 개정규정에 따른 등록기준을 갖춘 것으로 보아 해당 업종을 등록한다. 이 경우 업종을 전환하여 등록한 자(이하 "업종전환 시설물유지관리업자"라 한다)는 전환한 건설업종에 대하여 2026년 12월 31일(법 제23조에 따라 공시된 시공능력 평가액이 해당 업종 사업자 평균액 미만인 경우 등 국토교통부장관이 정하여 고시하는 요건에 해당하는 업종전환 시설물유지관리업자의 경우는 2029년 12월 31일까지로 한다)까지 해당 건설업종에 대하여 별표 2의 개정규정에 따른 등록기준을 갖춰야 한다.

기술능력	시설 · 장비	자본금
「건설기술 진흥법」에 따른 토목 또는 건축 분야의 초급 이상 건설기술인 중 4명 이상	1. 육안검사장비: 돋보기 · 망원경 및 균열폭 측정 현미경 2. 비파괴시험을 위한 다음의 장비 각 1대 이상 가. 반발경도측정기 나. 음파를 이용하는 측정장비: 망치 · 체인 다. 초음파를 이용하는 측정장비 3. 자기감응검사장비: 콘크리트 피복측정장비 1대 이상 4. 전기에 의한 부식검사장비: 콘크리트전기저항측정장치, 전위차측정장치 각 1대 이상 5. 사무실	2억원이상

④ 제1항부터 제3항까지의 규정에 따라 업종을 전환하는 경우 전환 신청절차 · 방법, 건설공사 실적의 평가방법 등은 국토교통부장관이 정하여 고시한다.

⑤ 업종전환 시설물유지관리업자는 별표 1, 별표 2의 개정규정

및 업종전환에도 불구하고 2023년 12월 31일까지 종전의 시설물유지관리업의 건설공사를 도급받을 수 있다.

⑥ 종전 시설물유지관리업자는 2023년 12월 31일 이전에 시설물유지관리업의 도급계약을 체결한 건설공사에 대해서는 별표 1, 별표 2의 개정규정 및 업종전환에도 불구하고 도급계약에 따른 업무를 계속 수행할 수 있다.

[제6조에서 이동, 종전 제7조는 제8조로 이동 〈2021. 12. 28.〉]

제8조(전문공사를 시공하는 업종의 등록에 관한 경과조치) ① 이 영 시행 전에 다음 표의 왼쪽란에 기재된 종전의 규정에 따른 전문공사를 시공하는 업종을 등록한 자는 같은 표의 오른쪽란에 기재된 별표 1의 개정규정에 따른 전문공사를 시공하는 업종을 등록한 것으로 본다.

종전의 전문공사를 시공하는 업종	이 영에 의한 전문공사를 시공하는 업종
토공사업	지반조성 · 포장공사업
포장공사업	
보링 · 그라우팅공사업	
금속구조물 · 창호 · 온실공사업	금속창호 · 지붕건축물조립공사업
지붕판금 · 건축물조립공사업	
도장공사업	도장 · 습식 · 방수 · 석공사업
습식 · 방수공사업	
석공사업	
조경식재공사업	조경식재 · 시설물공사업
조경시설물설치공사업	
강구조물공사업	철강구조물공사업
철강재설치공사업	
수중공사업	수중 · 준설공사업
준설공사업	
승강기설치공사업	승강기 · 삭도공사업
삭도설치공사업	
기계설비공사업	기계가스설비공사업
가스시설시공업(제1종)	

가스시설시공업(제2종)	
가스시설시공업(제3종)	
난방시공업(제1종)	가스난방공사업
난방시공업(제2종)	
난방시공업(제3종)	

② 이 영 시행 전에 종전의 규정에 따라 전문공사를 시공하는 업종(시설물유지관리업 및 비계·구조물해체공사업은 제외한다)을 등록한 자는 종전에 등록한 전문공사를 시공하는 업종의 업무내용에 해당하는 업무분야를 제7조의2의 개정규정에 따른 주력분야로 등록한 것으로 본다.

[제7조에서 이동, 종전 제8조는 제9조로 이동 〈2021. 12. 28.〉]

제9조(다른 법령의 개정) ① 고압가스 안전관리법 시행령 일부를 다음과 같이 개정한다.

별표 1의2 제1호마목1) 중 "제1종 가스시설시공업자"를 "기계가스설비공사업자로서 가스시설공사(제1종)를 주력분야로 등록한 자"로 하고, 같은 목 2) 중 "제2종 가스시설시공업자"를 "가스난방공사업자로서 가스시설공사(제2종)를 주력분야로 등록한 자"로, "제2종 가스시설 시공업자에게"를 "가스난방공사업자로서 가스시설공사(제2종)를 주력분야로 등록한 자에게"로 한다.

② 산림기술 진흥 및 관리에 관한 법률 시행령 일부를 다음과 같이 개정한다.

제13조제1항제1호아목 중 "조경식재공사업"을 "조경식재·시설물공사업"으로 한다.

③ 산림보호법 시행령 일부를 다음과 같이 개정한다.

별표 1의6의 2종 나무병원 등록기준의 인력란 제1호나목 중 "조경식재공사업"을 "조경식재·시설물공사업(조경식재공사를 주력분야로 등록한 경우로 한정한다)"으로 한다.

별표 1의6 비고 제2호나목 중 "조경공사업·조경식재공사업자"를 "조경공사업자, 조경식재·시설물공사업자(조경식재공사업을 주력분야로 등록한 자로 한정한다)"로 한다.

④ 산림자원의 조성 및 관리에 관한 법률 시행령 일부를 다음과 같이 개정한다.

제2조제2항제10호의2 단서 중 “조경식재공사업”을 “조경식재 · 시설물공사업(조경식재공사로 한정한다)”으로 한다.

⑤ 산림조합법 시행령 일부를 다음과 같이 개정한다.

제3조제1항 중 “조경식재공사업”을 “조경식재 · 시설물공사업(조경식재공사로 한정한다. 이하 같다)”으로, 같은 조 제2항 중 “조경식재공사업”을 “조경식재 · 시설물공사업”으로 한다.

별표 1의 제목 “조경식재공사업의 요건 및 범위”를 “조경식재 · 시설물공사업의 요건 및 범위”로 한다.

별표 2 제9호 “조경식재공사업”을 “조경식재 · 시설물공사업”으로 한다.

별지 서식 제목 “조경식재공사업 신고서”를 “조경식재 · 시설물공사업 신고서”로 한다.

⑥ 소방시설공사업법 시행령 일부를 다음과 같이 개정한다.

제4조제1호가목 중 “기계설비공사업자가”를 “기계가스설비공사업자가”로, “기계설비공사업자 또는 상 · 하수도설비공사업자”를 “기계가스설비공사업자 또는 상 · 하수도설비공사업자”로 하고, 같은 조 제2호나목의 “기계설비공사업자”를 “기계가스설비공사업자”로 한다.

별표 2 제1호 표의 비고 라목2) 및 3) 중 “기계설비공사업자”를 각각 “기계가스설비공사업자”로 한다.

⑦ 승강기 안전관리법 시행령 일부를 다음과 같이 개정한다.

제4조 중 “「건설산업기본법 시행령」 별표 1의 전문공사를 시공하는 업종의 제22호에 따른 승강기설치공사업”을 “「건설산업기본법 시행령」 별표 1에 따른 승강기 · 삭도공사업(승강기설치공사를 주력분야로 등록한 경우로 한정한다)”으로 한다.

⑧ 주택법 시행령 일부를 다음과 같이 개정한다.

제44조제2항제1호 중 “미장 · 방수 · 조적공사업”을 “도장 · 습식 · 방수 · 석공사업”으로 하고, 같은 항 제2호 중 “기계설비공사업”을 “기계가스설비공사업”으로 하며, 같은 항 제3호 중 “기계설비공사업 또는 난방시공업(난방설비공사로 한정한다)”을 “기계가스설비공사업 또는 가스난방공사업[가스난방공사업 중 난방공사(제1종 · 제2종 또는 제3종)를 말하며, 난방설비공사로 한정한다]”으로 한다.

⑨ 지하수법 시행령 일부를 다음과 같이 개정한다.

별표 4 제1호 각 목 외의 부분 중 “보링(boring) · 그라우팅

(grouting)공사업의 등록을 한 자”를 “지반조성 · 포장공사업자로서 보링 · 그라우팅 · 파일공사를 주력분야로 등록한 자”로 하고, 같은 표 제2호마목 및 같은 표 제3호다목 중 “보링 · 그라우팅공사업의 등록을 한 자”를 각각 “지반조성 · 포장공사업자로서 보링 · 그라우팅 · 파일공사를 주력분야로 등록한 자”로 한다.

[제8조에서 이동, 종전 제9조는 제10조로 이동 〈2021. 12. 28.〉]

제10조(다른 법령과의 관계) ① 이 영 시행 당시 다른 법령에서 다음 표의 왼쪽란에 기재된 종전의 규정에 따른 전문공사를 시공하는 업종을 등록한 자를 인용하고 있는 경우에는 같은 표의 오른쪽란에 기재된 별표 1의 개정규정에 따른 전문공사를 시공하는 업종을 등록한 자를 인용한 것으로 본다.

종전의 전문공사를 시공하는 업종	이 영에 의한 전문공사를 시공하는 업종
토공사업	지반조성 · 포장공사업
포장공사업	
보링 · 그라우팅공사업	
금속구조물 · 창호 · 온실공사업	금속창호 · 지붕건축물조립공사업
지붕판금 · 건축물조립공사업	
도장공사업	도장 · 습식 · 방수 · 석공사업
습식 · 방수공사업	
석공사업	
조경식재공사업	조경식재 · 시설물공사업
조경시설물설치공사업	
강구조물공사업	철강구조물공사업
철강재설치공사업	
수중공사업	수중 · 준설공사업
준설공사업	
승강기설치공사업	승강기 · 삭도공사업
삭도설치공사업	
난방시공업(제1종)	가스난방공사업
난방시공업(제2종)	
난방시공업(제3종)	

② 이 영 시행 당시 다른 법령에서 「건설산업기본법」 제9조에 따라 가스시설시공업을 등록한 자를 인용하고 있는 경우에는 별표 1의 개정규정에 따른 기계가스설비공사업 중 가스시설공사(제1종) 또는 가스난방공사업 중 가스시설공사(제2종)·가스시설공사(제3종)를 제7조의2의 개정규정에 따른 주력분야로 등록한 자를 인용한 것으로 본다.

③ 부칙 제2조에 따른 시설물유지관리업의 유효기간 만료일 이후 다른 법령에서 「건설산업기본법」 제9조에 따라 등록한 유지관리업자를 인용하고 있는 경우에는 부칙 제7조에 따라 업종을 전환하여 등록한 건설사업자를 인용한 것으로 본다. 〈개정 2021. 12. 28.〉

[제9조에서 이동 〈2021. 12. 28.〉]

부칙 〈제31380호, 2021. 1. 5.〉 (어려운 법령용어 정비를 위한 473개 법령의 일부개정에 관한 대통령령)

이 영은 공포한 날부터 시행한다. 〈단서 생략〉

부칙 〈제31516호, 2021. 3. 2.〉 (규제 재검토기한 설정 해제 등을 위한 46개 법령의 일부개정에 관한 대통령령)

이 영은 공포한 날부터 시행한다.

부칙 〈제31608호, 2021. 4. 6.〉

제1조(시행일) 이 영은 공포한 날부터 시행한다. 다만, 제51조제2항제4호·제5호 및 같은 조 제9항의 개정규정은 2022년 6월 1일부터 시행한다.

제2조(운영위원회 구성에 관한 적용례 등) ① 공제조합은 이 영 시행 이후 1개월 이내에 제51조제2항제1호의 개정규정에 적합하게 위원을 선출해야 한다. 이 경우 부칙 제3조제1항제2호 및 제3호에 따라 임기가 보장되는 위원은 본문에 따라 선출한 것으로 본다.

② 국토교통부장관은 이 영 시행 이후 1개월 이내에 제51조제2항제6호의 개정규정에 적합하게 위원을 위촉해야 한다.

③ 운영위원회는 제1항 및 제2항에 따라 위원 구성을 마치면 지체 없이 제51조제4항의 개정규정에 따라 위원장 및 부위원장을 새로 선출해야 한다.

④ 제51조제2항제1호 및 제6호의 개정규정에도 불구하고 제1항 및 제2항에 따라 위원을 선출·위촉하기 전까지의 운영위원회 위원의 정수는 종전의 규정에 따른다.

제3조(운영위원회 위원의 임기 등에 관한 특례) ① 이 영 시행 당시 종전의 제51조제2항제1호에 따라 선임되어 재임 중인 위원의 임기는 다음 각 호의 구분에 따른 날까지로 한다.

1. 종전의 제51조제3항에 따른 임기 만료일이 이 영 시행일부터 2021년 12월 31일 이전 중에 있는 경우: 부칙 제2조제1항에 따라 위원을 선출하는 날의 전날
2. 종전의 제51조제3항에 따른 임기 만료일이 2022년 1월 1일부터 2022년 12월 31일까지 중에 있는 경우: 2021년 12월 31일
3. 종전의 제51조제3항에 따른 임기 만료일이 2023년 1월 1일부터 2023년 12월 31일까지 중에 있는 경우: 2022년 5월 31일

② 이 영 시행 당시 종전의 제51조제2항제6호에 따라 위촉되어 재임 중인 위원의 임기는 부칙 제2조제2항에 따라 위원을 위촉하는 날의 전날까지로 한다.

③ 제51조제3항의 개정규정 중 연임 제한에 관한 부분은 이 영 시행 당시 재임 중인 위원에 대해서도 적용하되, 이 영 시행 당시 이미 두 차례 이상 연임 중인 위원은 제1항 또는 제2항에 해당하는 날까지 위원의 직을 유지한다.

부칙 〈제31928호, 2021. 8. 3.〉

제1조(시행일) 이 영은 공포한 날부터 시행한다. 다만, 제31조의2제3호, 제79조의2제1호의4나목 및 대통령령 제31328호 건설산업기본법 시행령 일부개정령 별표 1 제2호하목의 개정규정은 2022년 1월 1일부터 시행한다.

제2조(일시적인 등록기준미달에 관한 적용례) 제79조의2제1호의3의 개정규정은 이 영 시행 전에 육아기 근로시간 단축(「남녀고용평등과 일·가정 양립 지원에 관한 법률」 제19조의2에 따른 육아기 근로시간 단축을 말한다)으로 인하여 일시적으로 등록기준에 미달한 경우로서 해당 위반행위에 대하여 법 제83조제3호에 따라 건설업 등록말소 및 영업정지 처분을 받지 않은 경우에 대해서도 적용한다.

제3조(건설공사 하도급 제한의 예외에 관한 경과조치) 제31조의2제

3호의 개정규정에도 불구하고 부칙 제1조 단서에 따른 시행일 전에 종전의 제31조의2제3호에 따라 하도급계약을 체결한 경우 해당 공사가 완료될 때까지는 법 제29조제2항 단서에 따라 하도급한 것으로 본다.

부칙 〈제32014호, 2021. 9. 24.〉 (행정기본법 시행령)

제1조(시행일) 이 영은 공포한 날부터 시행한다. 〈단서 생략〉

제2조(다른 법령의 개정) ① 건설산업기본법 시행령 일부를 다음과 같이 개정한다.

제81조제5항을 삭제한다.

②부터 ㊱까지 생략

부칙 〈제32272호, 2021. 12. 28.〉

제1조(시행일) 이 영은 2022년 1월 1일부터 시행한다. 다만, 제25조제1항제8호의2, 제35조제3항 및 제87조의3제7호의 개정규정은 공포한 날부터 시행하고, 제83조의3의 개정규정은 2022년 1월 28일부터 시행한다.

제2조(공사도급계약의 내용에 관한 적용례) 제25조제1항제8호의2의 개정규정은 부칙 제1조 단서에 따른 시행일 이후 입찰공고(입찰공고를 하지 않는 경우에는 도급계약의 체결을 말한다)하는 건설공사부터 적용한다.

제3조(건설기술인의 현장배치기준에 관한 경과조치) 부칙 제1조 단서에 따른 시행일 전에 입찰공고(입찰공고를 하지 않는 경우에는 도급계약의 체결을 말한다)를 한 건설공사의 건설기술인 현장배치기준에 관하여는 제35조제3항의 개정규정에도 불구하고 종전의 규정에 따른다.

부칙 〈제32447호, 2022. 2. 17.〉 (국민 평생 직업능력 개발법 시행령)

제1조(시행일) 이 영은 2022년 2월 18일부터 시행한다.

제2조(다른 법령의 개정) ①부터 ③까지 생략

④ 건설산업기본법 시행령 일부를 다음과 같이 개정한다.

별표 2 비고 제1호다목 중 "「근로자직업능력 개발법」"을 "「국민

평생 직업능력 개발법」"으로 한다.

⑤부터 〈72〉까지 생략

제3조 생략

부칙 〈제32809호, 2022. 7. 19.〉

제1조(시행일) 이 영은 2022년 8월 4일부터 시행한다. 다만, 제86조제1항제9호 및 제10호의 개정규정은 공포한 날부터 시행한다.

제2조(영업정지 등 처분 권한자 변경에 따른 경과조치) 부칙 제1조 단서에 따른 시행일 전에 「건설기술 진흥법」 제67조제3항에 따른 중대건설현장사고가 발생한 경우에 대한 영업정지 등의 처분 권한에 관하여는 제86조제1항제9호 및 제10호의 개정규정에도 불구하고 종전의 규정에 따른다.

부칙 〈제33112호, 2022. 12. 20.〉 (개인정보 침해요인 개선을 위한 49개 법령의 일부개정에 관한 대통령령)

이 영은 공포한 날부터 시행한다.

부칙 〈제33456호, 2023. 5. 9.〉

제1조(시행일) 이 영은 공포한 날부터 시행한다. 다만, 다음 각 호의 개정규정은 해당 각 호의 구분에 따른 날부터 시행한다.

1. 제13조제1항제2호의 개정규정: 공포 후 3개월이 경과한 날
2. 별표 2 비고 제2호가목 본문의 개정규정: 공포 후 1년이 경과한 날

제2조(건설업 등록기준의 특례에 관한 적용례) 제16조제1항의 개정규정은 이 영 시행 이후 다른 업종의 건설업 등록을 추가로 신청하는 경우부터 적용한다.

제3조(건설업 등록기준에 관한 적용례 등) ① 별표 2 비고 제2호가목 본문의 개정규정은 부칙 제1조제2호에 따른 시행일 전에 건설업을 등록하거나 건설업 등록을 신청한 자에 대해서도 적용한다.

② 부칙 제1조제1호에 따른 시행일 당시 건설업의 등록을 한 자로서 제13조제1항제2호의 개정규정에 따른 사무실 등록기준을 갖추지 못한 자는 2023년 12월 31일까지 같은 개정규정에 따른 사무실 등록기준을 갖추어야 한다.

③ 이 영 시행 전에 건설업을 등록한 자로서 별표 2 제2호파목1)의 개정규정에 따른 기술능력을 갖추지 못한 자는 2024년 6월 30일까지 같은 개정규정에 따른 기술능력을 갖추어야 한다.

제4조(영업정지 및 과징금의 부과기준에 관한 경과조치) 이 영 시행 전의 위반행위에 대하여 영업정지 및 과징금의 부과기준을 적용할 때에는 별표 6 제1호라목의 개정규정에도 불구하고 종전의 규정에 따른다.

제5조(다른 법령의 개정) ① 소방시설공사업법 시행령 일부를 다음과 같이 개정한다.

제4조제1호가목 및 제2호나목 중 "기계가스설비공사업자"를 각각 "기계설비 · 가스공사업자"로 한다.

별표 2 제1호 비고 라목2) 및 3) 중 "기계가스설비공사업자"를 각각 "기계설비 · 가스공사업자"로 한다.

② 주택법 시행령 일부를 다음과 같이 개정한다.

제44조제2항제2호 중 "기계가스설비공사업"을 "기계설비 · 가스공사업"으로 하고, 같은 항 제3호 중 "기계가스설비공사업"을 "기계설비 · 가스공사업"으로, "가스난방공사업"을 각각 "가스 · 난방공사업"으로 한다.

별표 / 서식

[별표 1] 건설업의 업종, 업종별 업무분야 및 업무내용(제7조 관련)

[별표 1의2] 교육기관의 지정요건(제12조의5제3항 관련)

[별표 2] 건설업의 등록기준(제13조 관련)

[별표 3] 벌점의 부과기준(제28조 관련)

[별표 3의2] 하도급 참여제한 기준(제33조제2항 관련)

[별표 4] 건설공사의 종류별 하자담보책임기간(제30조관련)

[별표 5] 공사예정금액의 규모별 건설기술인 배치기준(제35조제2항 관련)

[별표 6] 영업정지 및 과징금의 부과기준(제80조제1항 관련)

[별표 7] 과태료의 부과기준(제89조 관련)

**개정 예정 법률 밑줄 별도 표시.

건설산업기본법 시행규칙

[시행 2023. 5. 3.] [국토교통부령 제1207호, 2023. 5. 3., 일부개정]

제1조(목적) 이 규칙은「건설산업기본법」및 동법 시행령에서 위임된 사항과 그 시행에 관하여 필요한 사항을 규정함을 목적으로 한다. 〈개정 2005. 1. 15.〉

제1조의2 삭제 〈2007. 12. 31.〉

제2조(건설업등록신청서 및 첨부서류) ① 「건설산업기본법」(이하 "법"이라 한다) 제9조제2항에 따라 건설업의 등록을 하려는 자는 별지 제1호서식에 따른 건설업등록신청서를 특별시장·광역시장·특별자치시장·도지사·특별자치도지사(이하 "시·도지사"라 한다) 또는 「건설산업기본법 시행령」(이하 "영"이라 한다) 제87조제1항제1호가목에 따른 업무를 위탁받은 기관(이하 "등록업무수탁기관"이라 한다)에게 제출(전자문서에 의한 제출을 포함한다)하여야 한다. 〈개정 2007. 12. 31., 2012. 12. 5.〉

② 제1항에 따른 신청 시 신청인 또는 신청서를 접수받은 기관은 다음 각 호의 구분에 따라 해당 서류를 첨부하거나 확인해야 한다. 다만, 제2호 및 제3호의 서류는 영 별표 2에 따른 건설업의 등록기준상 자본금을 보유해야 하는 업종에 한정하며, 제4호의 서류는 영 별표 2에 따른 건설업의 등록기준상 시설·장비·사무실을 보유해야 하는 업종에 한정한다. 〈개정 2011. 4. 11., 2011. 11. 3., 2012. 12. 5., 2017. 9. 20., 2020. 10. 7., 2021. 8. 27.〉

1. 신청서를 접수받은 기관은 「전자정부법」 제36조제1항 또는 제2항에 따른 행정정보의 공동이용을 통하여 신청인이 법인인 경우에는 법인 등기사항증명서를, 신청인이 개인인 경우에는 주민등록표 초본을, 신청인이 「재외국민등록법」 제3조에 따른 재외국민인 경우

에는 여권을 확인해야 한다. 다만, 신청인이 법인 등기사항증명서, 주민등록표 초본, 여권의 확인에 동의하지 않는 경우에는 법인 등기사항증명서, 주민등록표 초본, 재외국민등록증 사본 또는 여권 사본을 첨부하도록 해야 한다.

2. 신청인이 법인인 경우에는 재무상태표·손익계산서를, 개인인 경우에는 영업용자산액명세서와 그 증명서류를 첨부해야 한다.

3. 신청인은 영 제13조제1항제1호의2에 따른 보증가능금액확인서를 첨부해야 한다. 다만, 보증가능금액확인서 발급기관이 시·도지사 또는 등록업무수탁기관에 그 발급내용을 통보한 경우에는 보증가능금액확인서를 첨부한 것으로 본다.

4. 다음 각 목에 따라 영 별표 2의 시설·장비·사무실에 관한 서류를 첨부하거나 확인해야 한다.

가. 다음의 구분에 따라 영 별표 2에 규정된 사무실을 갖추었음을 증명하는 서류를 첨부하거나 확인해야 한다.

1) 자기소유인 경우: 신청서를 접수받은 기관은 「전자정부법」 제36조제1항 또는 제2항에 따른 행정정보의 공동이용을 통하여 건물 등기사항증명서를 확인해야 한다.

2) 전세권이 설정되어 있는 경우: 신청서를 접수받은 기관은 「전자정부법」 제36조제1항 또는 제2항에 따른 행정정보의 공동이용을 통하여 전세권이 설정되어 있음이 표기된 건물 등기사항증명서를 확인해야 한다.

3) 임대차인 경우: 신청인은 임대차계약서 사본을 첨부해야 하고 신청서를 접수받은 기관은 「전자정부법」 제36조제1항 또는 제2항에 따른 행정정보의 공동이용을 통하여 건물 등기사항증명서를 확인해야 한다.

나. 신청인은 영 별표 2에 규정된 건설공사용 시설의 현황을 기재한 서류를 첨부해야 하고, 신청서를 접수받은 기관은 「전자정부법」 제36조제1항 또는 제2항에 따른 행정정보의 공동이용을 통하여 해당 시설인 건물 또는 토지의 등기사항증명서 및 공장등록대장 등본을 확인해야 한다. 다만, 신청인이 공장등록대장 등본의 확인에 동의하지 않는 경우에는 해당 서류를 첨부하도록 해야 한다.

다. 신청인은 영 별표 2에 규정된 건설공사용 장비의 현황(영업용에 제공되는 기계 및 기구의 명칭·종류·성능 및 수량을 말한다)

을 기재한 서류를 첨부해야 하며, 해당 장비가 「건설기계관리법」 또는 그 밖의 다른 법령의 적용을 받는 장비인 경우에는 신청서를 접수받은 기관은 「전자정부법」 제36조제1항 또는 제2항에 따른 행정정보의 공동이용을 통하여 건설기계등록원부등본을 확인해야 한다. 다만, 신청인이 건설기계등록원부등본의 확인에 동의하지 않는 경우에는 해당 서류를 첨부하도록 해야 한다.

5. 신청인은 기술인력 보유현황에 관한 서류를 첨부해야 하고, 신청서를 접수받은 기관은 「전자정부법」 제36조제1항 또는 제2항에 따른 행정정보의 공동이용을 통하여 기술인력 보유현황에 대한 고용·산업재해보상보험가입증명원을 확인해야 한다. 다만, 신청인이 고용·산업재해보상보험가입증명원의 확인에 동의하지 않는 경우에는 해당 서류를 첨부하도록 해야 한다.

6. 외국인 또는 외국법인이 건설업의 등록을 신청하는 경우에는 다음 각 목에 따라 해당 서류를 첨부하거나 확인해야 한다.

가. 신청인(법인인 경우에는 대표자를 말한다)은 법 제13조제1항 각 호의 어느 하나에 따른 사유와 같거나 비슷한 사유에 해당하지 않음을 확인할 수 있는 다음 각 목의 구분에 따른 서류

1) 「외국공문서에 대한 인증의 요구를 폐지하는 협약」을 체결한 국가의 경우: 해당 국가의 정부 그 밖에 권한 있는 기관이 발행한 서류이거나 공증인이 공증한 해당 외국인의 진술서로서 해당 국가의 아포스티유(Apostille) 확인서 발급 권한이 있는 기관이 그 확인서를 발급한 서류

2) 「외국공문서에 대한 인증의 요구를 폐지하는 협약」을 체결하지 않은 국가의 경우: 해당 국가의 정부 그 밖에 권한 있는 기관이 발행한 서류이거나 공증인이 공증한 해당 외국인의 진술서로서 해당 국가에 주재하는 우리나라 영사가 확인한 서류

나. 신청서를 접수받은 기관은 「전자정부법」 제36조제1항 또는 제2항에 따른 행정정보의 공동이용을 통하여 영 제13조제2항제1호 및 제3호의 요건을 갖추었음을 증명하는 「출입국관리법」 제33조에 따른 외국인등록증 및 영업소의 등기사항증명서를 확인해야 한다. 다만, 신청인이 외국인등록증의 확인에 동의하지 않는 경우에는 해당 서류의 사본을 첨부하도록 해야 한다.

③제2항 각 호의 구분에 따라 첨부하는 서류는 유효기간을 넘기

지 아니한 것으로서 제출일전 1개월 이내에 발행된 것이어야 한다. 〈개정 2011. 4. 11.〉

④ 삭제 〈2011. 4. 11.〉

[제목개정 1999. 9. 1.]

제3조 삭제 〈2016. 2. 12.〉

제4조(건설업등록신청서의 심사) ①시ㆍ도지사 또는 등록업무수탁기관은 건설업등록신청서를 심사한 후 신청인이 법 제13조제1항의 규정에 의한 결격사유에 해당한다고 인정되는 경우에는 제6조의 규정에 의한 실제확인을 하지 아니한다. 〈개정 1999. 1. 25., 1999. 9. 1., 2007. 12. 31.〉

② 등록업무수탁기관이 등록신청서를 심사한 경우에는 그 결과를 별지 제1호의2서식에 따른 건설업등록신청서 심사결과 통보서에 따라 지체 없이 시ㆍ도지사에게 통보하여야 한다. 〈개정 2007. 12. 31.〉

③ 시ㆍ도지사는 제2항에 따라 통보받은 심사 결과에 따라 등록신청을 수리한다. 다만, 심사에 보완이 필요하거나 다시 심사할 필요가 있다고 인정하는 경우에는 심사의 보완 또는 재심사를 요구할 수 있으며, 심사의 보완 또는 재심사를 요구받은 등록업무수탁기관은 시ㆍ도지사의 요구에 응하여야 한다. 〈신설 2007. 12. 31.〉

④ 시ㆍ도지사는 건설업등록신청서의 심사 결과 등록을 하지 아니하는 경우에는 그 사유를 신청인에게 통보하여야 한다. 〈신설 2007. 12. 31.〉

[제목개정 1999. 9. 1.]

제5조(첨부서류의 보완) 시ㆍ도지사 또는 등록업무수탁기관은 건설업등록신청서의 첨부서류가 다음 각 호의 어느 하나에 해당하는 때에는 기간을 정하여 이를 보완하게 하여야 한다. 〈개정 1999. 1. 25., 1999. 9. 1., 2007. 12. 31.〉

1. 첨부되어야 할 서류가 첨부되지 아니한 때

2. 첨부서류에 기재되어야 할 내용이 기재되어 있지 아니하거나 명확하지 아니한 때

3. 첨부서류가 제2조제3항의 규정에 의한 기간전에 발행되었거나 그 유효기간을 넘긴 것인 때

제6조(실제확인) 시ㆍ도지사 또는 등록업무수탁기관은 영 제9조에

따른 건설업등록신청서를 심사함에 있어서 필요한 때에는 다음 각 호의 상황에 관하여 실제확인을 할 수 있다. 〈개정 1999. 1. 25., 1999. 9. 1., 2001. 8. 28., 2007. 12. 31.〉

1. 기술인력의 보유상황

2. 시설ㆍ장비의 보유상황

3. 자본금의 보유상황

제6조의2(주력분야 등록말소신청) 영 제7조의2제3항에 따라 일부 주력분야의 등록을 말소하려는 건설사업자는 별지 제1호의3서식의 주력분야 등록말소 신청서에 건설업등록증 및 등록수첩을 첨부하여 국토교통부장관에게 말소신청을 해야 한다.

[본조신설 2021. 12. 31.]

제7조(건설업등록 등의 정보관리) 시ㆍ도지사는 영 제10조 각 호의 어느 하나에 해당하는 업무를 수행한 경우에는 별지 제2호서식에 따른 건설업등록 등 정보관리대장을 작성하여 법 제24조제3항에 따라 건설산업정보의 체계적 관리를 위하여 구축ㆍ운영되는 건설산업 정보종합관리체계의 정보통신망(이하 "건설산업종합정보망"이라 한다)에 입력하여야 한다.

[전문개정 2007. 12. 31.]

제8조(건설업등록의 공고) ①영 제11조의 규정에 의한 건설업등록의 공고를 함에 있어서는 건설산업종합정보망에 게재하여야 한다. 〈개정 1999. 9. 1., 2003. 8. 26., 2007. 12. 31.〉

②영 제11조에 따른 건설업등록의 공고에는 다음 각호의 사항이 포함되어야 한다. 〈개정 1999. 9. 1., 2021. 8. 31.〉

1. 등록연월일

2. 등록번호, 업종 및 영 제7조의2에 따른 주력분야(이하 "주력분야"라 한다)

3. 주된 영업소의 소재지

4. 상호ㆍ명칭 및 성명(법인인 경우에는 대표자의 성명을 말한다)

[제목개정 1999. 9. 1.]

제9조(건설업등록증의 발급 등) ①법 제9조의2제1항에 따라 건설업의 등록을 한 자에게 발급(전자문서에 의한 발급을 포함한다)하는 건설업등록증 및 건설업등록수첩(전자카드를 포함한다)은 각각 별지 제3호서식 및 별지 제4호서식에 의한다. 〈개정 2007. 12. 31.,

2011. 11. 3.〉

② 법 제9조의2제2항에 따라 건설업등록증 또는 건설업등록수첩의 기재사항의 변경을 신청하려는 자는 별지 제5호서식에 따른 기재사항변경신청서(전자문서로 된 신청서를 포함한다)를 시·도지사 또는 영 제87조제1항제1호나목에 따른 업무를 위탁받은 기관에 제출하여야 한다. 〈개정 2007. 12. 31.〉

③ 제2항에 따른 신청 시 신청인 또는 신청서를 접수받은 기관은 다음 각 호의 구분에 따라 해당 서류를 첨부하거나 확인하여야 한다. 〈개정 2011. 4. 11.〉

1. 상호·명칭을 변경하는 경우: 신청서를 접수받은 기관은 「전자정부법」 제36조제1항에 따른 행정정보의 공동이용을 통하여 신청인이 법인인 경우에는 법인 등기사항증명서를, 신청인이 개인인 경우에는 사업자등록증을 확인하여야 한다. 다만, 신청인이 사업자등록증의 확인에 동의하지 아니하는 경우에는 해당 서류의 사본을 첨부하도록 하여야 한다.

2. 성명 또는 대표자를 변경하는 경우: 다음 각 목에 따른다.

가. 법인의 대표자를 변경하는 경우에는 신청서를 접수받은 기관은 「전자정부법」 제36조제1항에 따른 행정정보의 공동이용을 통하여 법인 등기사항증명서를 확인하여야 한다.

나. 성명을 변경하는 경우에는 신청인은 이를 증명하는 서류를 첨부하여야 한다.

다. 외국인인 경우에는 신청서를 접수받은 기관은 「전자정부법」 제36조제1항에 따른 행정정보의 공동이용을 통하여 「출입국관리법」 제33조에 따른 외국인등록증을 확인하여야 한다. 다만, 신청인이 외국인등록증의 확인에 동의하지 아니하는 경우에는 해당 서류의 사본을 첨부하도록 하여야 한다.

3. 영업소의 소재지를 변경하는 경우: 다음 각 목에 따른다.

가. 신청서를 접수받은 기관은 「전자정부법」 제36조제1항에 따른 행정정보의 공동이용을 통하여 신청인이 법인인 경우에는 법인 등기사항증명서를, 신청인이 개인인 경우에는 사업자등록증을 확인하여야 한다. 다만, 신청인이 사업자등록증의 확인에 동의하지 아니하는 경우에는 해당 서류의 사본을 첨부하도록 하여야 한다.

나. 신청인은 제2조제2항제4호가목에 따라 영 별표 2에 따른

사무실을 갖추었음을 증명하는 서류를 첨부하여야 하고, 신청서를 접수받은 기관은 「전자정부법」 제36조제1항에 따른 행정정보의 공동이용을 통하여 제2조제2항제4호가목에 따라 해당 서류를 확인하여야 한다.

4. 법인등록번호 또는 주민등록번호를 변경하는 경우: 신청인은 법인등록번호 또는 주민등록번호의 변경을 증명하는 서류를 첨부하여야 한다.

5. 국적 또는 소속국가명을 변경하는 경우: 신청인은 국적 또는 소속국가명의 변경을 증명하는 서류를 첨부하여야 한다.

④ 삭제 〈2007. 12. 31.〉

⑤ 삭제 〈2011. 4. 11.〉

⑥ 법 제9조의2제3항에 따라 건설업 등록증이나 건설업 등록수첩을 재발급받으려는 자는 별지 제6호서식의 건설업 등록증(등록수첩) 재발급신청서(전자문서로 된 신청서를 포함한다)를 시 · 도지사에게 제출하여야 한다. 〈개정 2011. 11. 3.〉

⑦ 삭제 〈2007. 12. 31.〉

⑧ 삭제 〈2007. 12. 31.〉

[전문개정 1999. 9. 1.]

[제목개정 2011. 11. 3.]

제10조(건설업등록대장) 영 제12조제1항의 규정에 의한 건설업등록대장은 별지 제8호서식에 의한다.

[전문개정 1999. 9. 1.]

제10조의2 삭제 〈2016. 8. 4.〉

제10조의3(교육기관 지정서) 영 제12조의5제3항에 따른 건설업 교육기관 지정서는 별지 제9호의2서식과 같다.

[본조신설 2016. 2. 12.]

제10조의4(건설업 교육기관) ① 영 제12조의5제4항에 따라 지정받은 건설업 교육기관(이하 "교육기관"이라 한다)은 매년 11월 30일까지 다음 연도의 건설업 교육에 관한 계획을 국토교통부장관에게 제출하여야 한다.

② 영 제12조의5제5항에 따른 교육수료증은 별지 제9호의3서식과 같다.

③ 국토교통부장관 또는 교육기관은 건설사업자를 대상으로 교육

을 실시한 경우에는 그 교육 결과를 별지 제9호의4서식에 적고, 해당 자료가 입력된 전자기록매체 1부를 첨부하거나 건설산업종합정보망을 이용하여 해당 교육과정이 끝난 후 14일 이내에 시·도지사와 등록업무수탁기관의 장에게 통보해야 한다. 〈개정 2016. 8. 4., 2020. 3. 2.〉

④ 시·도지사는 제3항에 따라 통보받은 내용을 건설산업종합정보망에 입력해야 하며, 시·도지사 및 등록업무수탁기관의 장은 건설사업자가 건설업등록증 및 건설업등록수첩에 교육수료증을 첨부하여 제출하는 경우에는 건설업등록증 및 건설업등록수첩에 건설업 교육 이수사항을 기록·확인해야 한다. 〈개정 2020. 3. 2.〉

⑤ 교육기관은 건설사업자로부터 받은 교육비 명세를 교육을 실시한 다음 연도의 1월 31일까지 국토교통부장관에게 제출해야 한다. 〈개정 2020. 3. 2.〉

⑥ 국토교통부장관은 교육신청 방법, 교육기관의 지정 기준, 강사의 자격 등 건설업 교육의 운영에 관한 세부사항을 정하여 고시할 수 있다. 〈신설 2016. 8. 4.〉

[본조신설 2016. 2. 12.]

제11조 삭제 〈2003. 8. 26.〉

제12조(산림조합등에 대한 건설업등록증 등의 교부) 「산림조합법」 제11조제4항에 따라 신고를 한 자에 대하여 영 제17조에 따라 건설업등록증 및 건설업등록수첩을 발급하는 경우에는 제5조, 제6조, 제9조 및 제10조를 준용한다.

[전문개정 2016. 2. 12.]

제13조(건설업등록내용등의 게시) 건설사업자는 영 제18조에 따라 주된 영업소에 제9조제1항에 따른 건설업등록증을 내걸어야 하고, 주된 영업소가 아닌 영업소에는 그 사본을 내걸어야 한다. 〈개정 1999. 9. 1., 2020. 3. 2.〉

[제목개정 1999. 9. 1.]

제13조의2 삭제 〈2020. 10. 7.〉

[시행일] 제13조의2의 개정규정은 다음 각 목의 구분에 따른 날

가. 국가, 지방자치단체 또는 대통령령 제30423호 건설산업기본법 시행령 일부개정령 부칙 제2조에 따른 공공기관이 발주하는 공사: 2021년 1월 1일

나. 가목 외의 자가 발주하는 공사: 2022년 1월 1일

제13조의3(종합공사를 시공하는 업종을 등록한 건설사업자가 도급받을 수 있는 전문공사의 범위) 법 제16조제1항제4호에 따라 종합공사를 시공하는 업종(이하 이 조에서 "종합건설업종"이라 한다)을 등록한 건설사업자가 도급받을 수 있는 전문공사는 다음 각 호의 어느 하나에 해당하는 공사를 말한다.

1. 영 별표 1에 따른 종합건설업종의 업종별 업무내용에 포함되는 공작물이나 시설물 등의 일부에 관한 건설공사

2. 영 별표 1에 따른 종합건설업종의 업종별 업무내용을 고려할 때 전문성이 인정되는 건설공사

[본조신설 2020. 10. 7.]

[시행일] 제13조의3의 개정규정은 다음 각 목의 구분에 따른 날

가. 국가, 지방자치단체 또는 대통령령 제30423호 건설산업기본법 시행령 일부개정령 부칙 제2조에 따른 공공기관이 발주하는 공사: 2021년 1월 1일

나. 가목 외의 자가 발주하는 공사: 2022년 1월 1일

[시행일 : 2024. 1. 1.] 제13조의3의 개정규정(공사예정금액이 2억원 미만인 전문공사를 원도급 받는 경우에 한정한다)

제13조의4(시공자격 판단을 위한 등록기준 확인 절차 등) ① 법 제16조제1항제1호, 제3호 및 제4호에 따라 종합공사 또는 전문공사를 도급받으려는 건설사업자는 다음 각 호의 구분에 따라 해당 공사를 시공할 수 있는 건설업의 등록기준을 갖추었음을 증명하는 서류를 첨부하여 도급계약 체결 전(입찰계약의 경우에는 입찰참가 등록마감일까지를 말한다)에 발주자에게 제출하고, 서류를 제출받은 발주자는 해당 건설업의 등록기준 충족 여부를 확인해야 한다. 이 경우 입찰계약의 경우에는 낙찰자 선정을 위한 평가서류 제출 마감일까지 확인해야 한다.

1. 법 제16조제1항제1호 및 제3호의 경우: 영 제13조 및 영 별표 2의 건설업 등록기준에 따라 해당 종합공사를 시공하는 업종의 기술능력과 자본금을 갖추었음을 증명하는 다음 각 목의 서류

가. 기술능력: 기술인력 보유현황에 관한 서류 및 고용·산업재해보상보험가입증명원

나. 자본금: 다음의 어느 하나에 해당하는 서류

1) 법인인 경우: 최근 결산일 기준 재무제표 또는 재무관리상태진단보고서(법 제49조제2항 각 호 외의 부분에 따른 공인회계사, 세무사 또는 전문경영진단기관이 진단한 보고서만 해당한다. 이하 이 조에서 같다)

2) 개인인 경우: 영업용 자산액 명세서와 그 증명서류 또는 재무관리상태진단보고서

2. 법 제16조제1항제4호의 경우: 영 제13조 및 영 별표 2의 건설업 등록기준에 따라 해당 전문공사를 시공하는 업종의 기술능력 및 시설·장비를 갖추었음을 증명하는 다음 각 목의 서류

가. 기술능력: 기술인력 보유현황에 관한 서류 및 고용·산업재해보상보험가입증명원

나. 시설·장비: 다음의 어느 하나에 해당하는 서류

1) 자기소유인 경우: 등록증 또는 등기증명서

2) 임대차(임대인 소유의 시설·장비를 직접 임대차하는 경우로 한정한다. 이하 이 호에서 같다)의 경우: 임대차계약서 및 임대인의 자기소유임을 증명하는 서류 사본

② 국토교통부장관은 법 제16조제1항에 따른 건설공사의 시공자격 판단을 위한 세부기준을 정하여 고시해야 한다.

[본조신설 2020. 10. 7.]

[시행일] 제13조의4의 개정규정은 다음 각 목의 구분에 따른 날

가. 국가, 지방자치단체 또는 대통령령 제30423호 건설산업기본법 시행령 일부개정령 부칙 제2조에 따른 공공기관이 발주하는 공사: 2021년 1월 1일

나. 가목 외의 자가 발주하는 공사: 2022년 1월 1일

[시행일 : 2024. 1. 1.] 제13조의4제1항제1호의 개정규정(법 제16조제1항제3호의 경우에 한정한다)

[시행일 : 2024. 1. 1.] 제13조의4제1항제2호의 개정규정(공사예정금액이 2억원 미만인 전문공사를 원도급 받는 경우에 한정한다)

제14조 삭제 〈2014. 11. 14.〉

제15조 삭제 〈1999. 9. 1.〉

제16조 삭제 〈1999. 9. 1.〉

제17조 삭제 〈1999. 9. 1.〉

제18조(건설업양도의 신고 등) ①법 제17조제1항제1호의 규정에 의

하여 건설업양도신고를 하고자 하는 경우에는 양도인과 양수인이 공동으로 별지 제14호서식의 건설업양도신고서를 작성하여 시ㆍ도지사 또는 영 제87조제1항제1호다목에 따른 업무를 위탁받은 기관에게 제출(전자문서에 의한 제출을 포함한다)하여야 한다. 〈개정 2007. 12. 13., 2007. 12. 31.〉

②제1항의 규정에 의한 건설업양도신고서에는 다음 각호의 서류를 첨부하여야 한다. 〈개정 2000. 7. 10., 2010. 6. 29., 2011. 4. 11.〉

1. 양도계약서 사본
2. 양수인에 관한 서류로서 제2조제2항에 따라 첨부하여야 하는 서류(해당 건설업의 등록에 관한 서류만을 말한다)
3. 법 제18조의 규정에 의한 건설업양도의 공고문과 이해관계인의 의견조정내용을 기재한 서류
4. 양도인이 공제조합의 조합원이었거나 조합원인 경우에는 당해 공제조합의 의견서
5. 건설공사 발주자의 동의가 있음을 입증하는 서류(시공중인 건설공사가 있는 경우에 한한다)
6. 「국가를 당사자로 하는 계약에 관한 법률」 또는 「지방자치단체를 당사자로 하는 계약에 관한 법률」에 따라 양도자가 부정당업자로서 입찰참가자격 제한의 처분을 받고 처분기간 중에 있는 경우 이를 양수자가 확인한 서류

③ 삭제 〈2011. 4. 11.〉

④법 제18조에 따라 건설업양도의 공고를 할 때에는 다음 각 호의 사항을 양도인의 주된 영업소의 소재지를 관할하는 특별시ㆍ광역시ㆍ특별자치시ㆍ도 또는 특별자치도의 구역에서 발행되는 일간신문에 게재하거나 법 제50조제1항에 따라 설립된 건설사업자단체(이하 "협회"라 한다)의 인터넷 홈페이지에 공시해야 한다. 〈개정 2003. 8. 26., 2007. 12. 31., 2008. 12. 31., 2012. 12. 5., 2020. 3. 2.〉

1. 양도하고자 하는 건설업의 종류
2. 양도예정연월일
3. 양도에 대한 이해관계인의 의견제출의 기한 및 장소
4. 양도인 및 양수인의 주된 영업소의 소재지, 상호와 성명(법인인 경우에는 대표자의 성명을 말한다)

⑤시ㆍ도지사 또는 영 제87조제1항제1호다목에 따른 업무를 위탁받은 기관은 법 제17조제1항제1호에 따라 건설업양도의 신고가 있는 때에는 양수인에 대하여 영 제13조에 따른 건설업의 등록기준에 적합한지를 확인할 수 있다. 이 경우 건설업양도가 다음 각 호의 어느 하나에 해당하는 때에는 양도인 또는 양수인에게 양도내용의 보완 등 적절한 조치를 할 것을 요구할 수 있다. 〈개정 2002. 9. 18., 2007. 12. 31.〉

1. 이해관계인의 의견이 조정되지 아니한 때
2. 양수인이 등록기준에 적합하지 아니하다고 인정되는 때
3. 법 제18조 내지 제20조의 규정에 위배된다고 인정되는 때

⑥시ㆍ도지사는 건설업의 양도가 양도인의 건설업에 관한 자산과 권리ㆍ의무의 전부를 포괄적으로 양도하는 경우로서 다음 각 호의 어느 하나에 해당하는 경우에는 양도인의 건설업영위기간을 합산할 수 있다. 〈개정 2002. 9. 18., 2020. 3. 2.〉

1. 개인이 영위하던 건설업을 법인사업으로 전환하기 위하여 건설업을 양도하는 경우
2. 건설사업자인 법인을 합명회사 또는 합자회사에서 유한회사 또는 주식회사로 전환하기 위하여 건설업을 양도하는 경우
3. 건설사업자인 회사가 분할로 인하여 설립되거나 분할합병한 회사에 그가 영위하는 건설업의 전부를 양도하는 경우
4. 삭제 〈2002. 9. 18.〉
5. 삭제 〈2002. 9. 18.〉

⑦시ㆍ도지사는 법 제17조제1항제1호의 규정에 의하여 제출된 건설업양도신고를 수리한 경우에는 다음 각 호의 사항을 건설산업종합정보망에 이를 공고하여야 한다. 〈개정 2003. 8. 26., 2007. 12. 31.〉

1. 양도신고수리의 연월일
2. 양도되는 건설업의 업종
3. 양도인 및 양수인의 주된 영업소의 소재지, 상호와 성명(법인인 경우에는 대표자의 성명을 말한다)

[전문개정 1999. 9. 1.]

제19조(법인합병의 신고 등) ①법 제17조제1항제2호의 규정에 의하여 법인합병의 신고를 하고자 하는 경우에는 합병전의 각 법인의

대표자와 합병후에 존속하거나 신설되는 법인의 대표자가 공동으로 별지 제15호서식의 법인합병신고서를 작성하여 시·도지사 또는 영 제87조제1항제1호다목에 따른 업무를 위탁받은 기관에게 제출(전자문서에 의한 제출을 포함한다)하여야 한다. 〈개정 2007. 12. 13., 2007. 12. 31.〉

②제1항의 규정에 의한 법인합병신고서에는 다음 각호의 서류를 첨부하여야 한다. 〈개정 2011. 4. 11.〉

1. 합병계약서 사본
2. 합병공고문
3. 합병에 관한 사항을 의결한 총회 또는 창립총회의 결의서 사본
4. 합병 후 존속하거나 신설되는 법인에 관한 서류로서 제2조제2항 각 호에 따라 첨부하여야 하는 서류(해당 건설업의 등록에 관한 서류만을 말한다)

③ 법인합병신고에 관하여는 제18조제5항제2호를 준용한다. 〈개정 2011. 4. 11.〉

④시·도지사는 법 제17조제1항제2호의 규정에 의하여 제출된 법인합병신고서를 수리한 경우에는 다음 각 호의 사항을 건설산업종합정보망에 이를 공고하여야 한다. 〈개정 2003. 8. 26., 2007. 12. 31.〉

1. 법인합병신고수리의 연월일
2. 이전되는 건설업의 업종
3. 합병전 법인과 합병후 존속하거나 신설되는 법인의 주된 영업소의 소재지, 상호와 대표자의 성명

[전문개정 1999. 9. 1.]

제20조(건설업상속의 신고 등) ①상속인은 법 제17조제4항에 따라 건설업의 상속신고를 하고자 하는 경우에는 별지 제16호서식의 건설업상속신고서를 작성하여 상속개시일부터 60일 이내에 이를 시·도지사 또는 영 제87조제1항제1호다목에 따른 업무를 위탁받은 기관에 제출(전자문서에 의한 제출을 포함한다)하여야 한다. 〈개정 2007. 12. 31., 2010. 6. 29.〉

②제1항의 규정에 의한 건설업상속신고서에는 다음 각호의 서류를 첨부하여야 한다. 〈개정 2011. 4. 11.〉

1. 상속인임을 증명하는 서류

2. 상속인에 관한 서류로서 제2조제2항에 따라 첨부하여야 하는 서류(해당 건설업의 등록에 관한 서류만을 말한다)

③ 건설업상속신고에 관하여는 제18조제5항제2호를 준용한다. 〈개정 2011. 4. 11.〉

④시ㆍ도지사는 법 제17조제4항에 따라 제출된 건설업상속신고서를 적법하게 수리한 경우에는 다음 각 호의 사항을 건설산업종합정보망에 이를 공고하여야 한다. 〈개정 2003. 8. 26., 2007. 12. 31., 2010. 6. 29.〉

1. 상속신고수리의 연월일

2. 상속되는 건설업의 업종

3. 피상속인과 상속인의 주소, 주된 영업소의 소재지, 상호와 성명

[전문개정 1999. 9. 1.]

제20조의2(건설업폐업신고서 및 첨부서류) ①법 제20조의2제1항의 규정에 의한 건설업폐업신고서는 별지 제16호의2서식에 의한다.

②제1항의 규정에 의한 건설업폐업신고서에는 건설업등록증 및 등록수첩을 첨부하여야 한다.

[본조신설 2005. 6. 30.]

제20조의3(건설업등록말소의 공고) ①법 제20조의2제2항의 규정에 의한 건설업 등록말소의 공고는 건설산업종합정보망 및 시ㆍ도의 인터넷 홈페이지에 게재하는 방법에 의한다. 〈개정 2007. 12. 31.〉

②법 제20조의2제2항의 규정에 의한 건설업 등록말소의 공고에는 다음 각 호의 사항이 포함되어야 한다.

1. 등록말소연월일

2. 등록말소되는 건설업의 업종

3. 주된 영업소의 소재지

4. 상호 및 성명(법인인 경우에는 대표자의 성명을 말한다)

5. 폐업 사유

[본조신설 2005. 6. 30.]

제20조의4 삭제 〈2007. 12. 31.〉

제21조(건설공사대장 등) 건설사업자는 법 제22조제4항에 따라 건설공사에 관한 기재사항을 별지 제17호서식에 따른 건설공사대장

및 별지 제17호의2서식에 따른 하도급건설공사대장에 기재해야 한다. 〈개정 2010. 6. 29., 2014. 11. 14., 2020. 3. 2.〉

[전문개정 2007. 12. 31.]

제21조의2(공사대금지급의 보증 등) ① 법 제22조의2제1항 본문에 따라 발주자가 수급인에게 공사대금의 지급을 보증하거나 담보를 제공해야 하는 금액은 다음 각 호의 구분에 따른 금액으로 한다.

1. 공사기간이 4개월 이내인 경우: 도급금액에서 선급금을 제외한 금액

2. 공사기간이 4개월을 초과하는 경우로서 기성부분에 대한 대가를 지급하지 않기로 약정하거나 그 대가의 지급주기가 2개월 이내인 경우: 다음의 계산식에 따라 산출된 금액

$$\text{보증금액} = \frac{\text{도급금액} - \text{계약상 선급금}}{\text{공사기간(월)}} \times 4$$

3. 공사기간이 4개월을 초과하는 경우로서 기성부분에 대한 대가의 지급주기가 2개월을 초과하는 경우: 다음의 계산식에 따라 산출된 금액

$$\text{보증금액} = \frac{\text{도급금액} - \text{계약상 선급금}}{\text{공사기간(월)}} \times \text{기성부분에 대한 대가의 지급주기(월수)} \times 2$$

② 발주자는 제1항에 따른 공사대금의 지급보증이나 담보제공을 수급인이 발주자에게 계약의 이행을 보증한 날부터 30일 이내에 해야 한다.

[본조신설 2020. 9. 8.]

제22조(건설공사실적 등의 제출) ①법 제23조제3항에 따라 시공능력의 평가를 받으려는 건설사업자는 매년 2월 15일(제2항제3호의 서류의 경우에는 법인은 4월 15일, 개인은 5월 31일, 「소득세법」 제70조의2제1항에 따른 성실신고확인대상사업자는 6월 30일)까지 별지 제18호서식의 건설공사기성실적신고서(전자문서로 된 신고서를 포함한다)를 영 제87조제1항제2호에 따른 업무를 위탁받은 기관에 제출해야 한다. 〈개정 2005. 6. 30., 2007. 12. 31., 2012. 12. 5., 2020. 3. 2., 2023. 5. 3.〉

②제1항에 따른 건설공사기성실적신고서에는 다음 각 호의 서류(전자문서를 포함한다)를 첨부해야 한다. 다만, 「전자정부법」 제36조제2항에 따른 행정정보의 공동이용을 통하여 첨부서류에 대한 정보를 확인할 수 있는 경우에는 그 확인으로 첨부서류를 갈음할 수 있다. 〈개정 2000. 7. 10., 2002. 9. 18., 2005. 1. 15., 2005. 6. 30., 2007. 10. 15., 2007. 12. 31., 2008. 3. 14., 2008. 6. 5., 2008. 12. 31., 2011. 11. 3., 2013. 3. 23., 2016. 2. 12., 2020. 3. 2., 2020. 10. 7., 2021. 8. 27., 2021. 8. 31.〉

1. 건설공사기성실적을 증명하는 다음 각 목의 서류

가. 국가·지방자치단체 또는 국가·지방자치단체가 출자 또는 출연한 법인으로부터 도급받은 건설공사의 경우에는 당해 공사를 발주한 기관이 발행한 별지 제19호서식의 건설공사기성실적증명서(「전자서명법」 제2조제2호에 따른 전자서명을 하여 발행한 경우를 포함한다. 이하 이 호에서 같다). 다만, 국가·지방자치단체 또는 국가·지방자치단체가 출자 또는 출연한 법인이 별지 제20호서식에 따라 영 제87조제1항제2호에 따른 업무를 위탁받은 기관에 건설공사실적을 미리 통보(「전자서명법」 제2조제2호에 따른 전자서명을 한 통보를 포함한다)한 경우는 제외한다.

나. 가목외의 법인 또는 개인으로부터 도급받은 건설공사와 하도급공사의 경우에는 다음의 (1)과 (2)의 서류. 다만, 도급받은 건설공사 또는 하도급공사의 금액이 5백만원 이하인 경우에는 (2)의 서류만 해당한다.

(1) 건설공사의 발주자 또는 수급인이 발행한 별지 제19호서식의 건설공사기성실적증명서. 다만, 건설공사기성실적증명서를 제출할 수 없는 경우에는 당해 건설공사의 도급계약서(하도급인 경우에는 하도급계약서) 사본

(2) 관할세무서에 제출한 세금계산서합계표. 다만, 세금계산서합계표를 제출할 수 없는 경우에는 당해 건설공사의 인·허가기관이 발급한 건축허가서·착공신고증명서 또는 사용승인서

다. 자기건설공사의 경우에는 당해 건설공사에 대하여 관계법령에 의하여 인·허가를 한 기관이 확인한 별지 제19호서식의 건설공사기성실적증명서 또는 협회가 발행한 별지 제19호서식의 건설공사기성실적증명서

라.「해외건설촉진법」에 의한 해외건설공사의 경우에는「해외건설촉진법」제23조의 규정에 의하여 설립된 해외건설협회가 국토교통부장관이 정하여 고시하는 바에 따라 확인한 별지 제19호서식의 건설공사기성실적증명서

마. 주한국세연합군 기타 외국군의 기관으로부터 도급받은 건설공사의 경우에는 거래하는 외국환은행이 발행한 외화입금증명서 및 도급계약서 사본

바. 제2조제2항제6호에 따른 외국인 또는 외국법인인 건설사업자가 외국에서 시공한 공사로서 공공기관이 발주한 공사의 경우에는 발주기관이 발행한 건설공사기성실적증명서, 공공기관외의 자가 발주하거나 자기공사의 경우에는 당해 공사의 감리자가 발행하고 해당국가의 상공회의소 또는 해당국가에 주재하는 대한민국공관이 확인한 건설공사기성실적증명서

2. 건설공사 직접시공실적을 증명하는 서류: 발주자가 발행한 별지 제29호서식의 건설공사 직접시공분 기성실적 증명서(「전자서명법」 제2조제2호에 따른 전자서명을 하여 발행한 경우를 포함한다). 다만, 국가, 지방자치단체 또는 영 제30조의2제6항에 따른 공공기관이 발주하는 공사의 경우에는 법 제28조의2제4항 본문에 따라 직접 시공 준수 여부를 확인하고 이를 국토교통부장관에게 보고 또는 통보한 경우는 제외한다.

3. 재무상태를 증명하는 다음 각 목의 어느 하나에 해당하는 서류. 다만, 「주식회사의 외부감사에 관한 법률」 제2조의 외부감사 대상 법인인 경우에는 같은 법 제3조에 따른 감사인의 회계감사를 받은 재무제표를 제출해야 한다.

가. 「법인세법」 및 「소득세법」에 따라 관할세무서장에게 제출한 조세에 관한 신고서류(「세무사법」 제6조에 따라 등록한 세무사 또는 같은 법 제20조의2에 따라 세무대리업무등록부에 등록한 공인회계사가 같은 법 제2조제7호에 따라 확인한 것으로서 재무상태표 및 손익계산서가 포함된 것을 말한다)

나. 삭제 〈2011. 11. 3.〉

다. 「공인회계사법」 제7조에 따라 등록한 공인회계사 또는 같은 법 제24조에 따라 등록한 회계법인의 회계감사를 받은 재무제표

4. 별지 제21호서식에 따른 건설기술인력보유현황표

5. 별지 제22호서식의 건설공사용 시설·장비의 보유현황표(건설업 등록기준상 시설·장비를 보유해야 하는 업종에 한한다)

[전문개정 1999. 9. 1.]

제23조(시공능력의 평가방법) ① 법 제23조제1항에 따른 건설사업자의 시공능력은 영 별표 1에 따른 업종별 및 주력분야별로 평가한다. 다만, 발주자가 적정한 건설사업자를 선정할 수 있도록 하기 위하여 필요한 경우에는 다음 각 호의 구분에 따라 평가할 수 있다. 〈개정 2011. 11. 3., 2013. 3. 23., 2014. 12. 31., 2020. 3. 2., 2020. 10. 7., 2021. 8. 31.〉

1. 종합공사를 시공하는 업종(토목건축공사업에 한정한다)을 등록한 건설사업자의 시공능력: 토목분야와 건축분야를 구분하여 해당 분야에 대한 평가

2. 전문공사를 시공하는 업종을 등록한 건설사업자의 시공능력: 별표 3 제2호에 따른 전문공사 공사실적의 주요 공사 종류별 평가

②제1항에 따른 시공능력은 최근 3년간 공사실적(산업·환경설비공사업의 경우는 산업·환경설비의 제조실적을 포함한다)의 연차별 가중평균액, 자본금, 재무구조, 건설기술인보유현황 및 기술개발투자실적, 건설공사의 안전·환경 및 품질관리 수준, 협력업자와의 협력관계, 건설근로자퇴직공제가입실적, 법 제86조의4에 따른 상습체불 건설사업자의 체불 이력 및 건설기술인 교육이수 실적 등에 따라 종합공사를 시공하는 업종을 등록한 건설사업자는 별표 1에 따라, 전문공사를 시공하는 업종을 등록한 건설사업자는 별표 2에 따라 각각 평가한다. 〈개정 2002. 9. 18., 2005. 1. 15., 2007. 12. 31., 2014. 12. 31., 2019. 3. 26., 2020. 3. 2., 2020. 10. 7.〉

③법 제17조제1항제1호의 규정에 의하여 건설업양도신고를 한 경우 양수인의 시공능력은 제1항 및 제2항의 규정에 의하여 새로이 평가한다. 다만, 건설업의 양도가 제18조제6항 각호의 1에 해당하는 경우에는 그러하지 아니하다. 〈개정 2003. 8. 26.〉

④법 제17조제4항에 따른 상속인, 제18조제6항 각 호의 어느 하나에 따른 양수인 또는 합병 후 존속하거나 신설된 법인의 시공능력은 피상속인, 양도인 또는 종전 법인의 시공능력과 동일한 것으로 본다. 다만, 해당 건설사업자의 신청이 있거나 시공능력이 현저히 변동되었다고 인정되는 경우에는 제1항 및 제2항에 따른 평가방법

에 따라 새로 평가할 수 있다. 〈개정 2003. 8. 26., 2010. 6. 29., 2020. 3. 2.〉

⑤제4항 단서의 규정에 의하여 시공능력을 새로이 평가하는 경우 피상속인, 양도인 또는 종전법인의 공사실적은 상속인, 양수인 또는 합병후 존속하거나 신설된 법인의 공사실적에 합산한다.

⑥ 법 제23조제1항에 따른 시공능력의 평가를 신청하지 못한 건설사업자로서 다음 각 호의 어느 하나에 해당한 자가 시공능력의 평가를 신청한 경우 해당 건설사업자의 시공능력은 제1항 및 제2항에 따라 평가할 수 있다. 〈신설 2014. 12. 31., 2020. 3. 2.〉

1. 법 제9조에 따라 새로 건설업을 등록한 자

2. 「채무자 회생 및 파산에 관한 법률」 제574조 또는 제575조에 따라 복권된 자

3. 법 제82조의2제3항 및 제83조에 따른 건설업 등록말소 처분이 취소되거나 법원의 판결 등으로 집행정지 결정이 된 자

⑦ 법 제23조제1항에 따른 공시 이후 시공능력의 평가를 받은 건설사업자가 다음 각 호의 어느 하나에 해당하게 된 경우 해당 건설사업자의 시공능력은 제1항 및 제2항에 따라 재평가할 수 있다. 이 경우 경영평가액은 0에서 공사실적평가액의 100분의 20에 해당하는 금액을 뺀 금액으로 한다. 〈신설 2014. 12. 31., 2016. 6. 13., 2020. 3. 2.〉

1. 부도가 발생한 경우

2. 「채무자 회생 및 파산에 관한 법률」에 따른 회생절차개시의 결정이 있는 경우

3. 「기업구조조정 촉진법」에 따른 공동관리절차가 개시되는 경우

⑧ 법 제23조제1항에 따라 국토교통부장관에게 시공능력의 평가를 신청한 건설사업자가 해당 연도 1월 1일부터 시공능력의 공시일 전까지 제7항 각 호의 어느 하나에 해당하는 경우 해당 건설사업자의 경영평가액은 0에서 공사실적평가액의 100분의 20에 해당하는 금액을 뺀 금액으로 한다. 〈신설 2014. 12. 31., 2016. 6. 13., 2020. 3. 2.〉

⑨ 제7항 또는 제8항에 따라 시공능력을 재평가받은 건설사업자가 다음 각 호의 어느 하나에 해당하게 된 경우에는 제1항 및 제2항에 따라 해당 건설사업자의 시공능력을 재평가할 수 있다. 〈신설

2016. 6. 13., 2020. 3. 2.〉

1. 「채무자 회생 및 파산에 관한 법률」 제283조에 따라 법원으로부터 회생절차종결의 결정을 받은 경우

2. 「기업구조조정 촉진법」 제20조에 따라 공동관리절차가 종료된 경우

⑩건설사업자가 다음 각 호의 어느 하나에 해당하는 방법으로 건설공사를 수행한 경우에는 해당 부분의 건설공사실적에 해당하는 금액(제4호의2, 제6호의2부터 제6호의4까지, 제7호 및 제8호의 경우에는 그 건설공사실적의 2분의 1에 해당하는 금액으로 한다)을 해당 건설사업자의 실적에 합산한다. 〈개정 2002. 9. 18., 2007. 12. 31., 2011. 11. 3., 2014. 12. 31., 2016. 6. 13., 2020. 3. 2., 2020. 10. 7.〉

1. 종합공사를 도급받은 수급인(종합공사를 시공하는 업종을 등록한 건설사업자로 한정한다)이 해당 건설공사를 시공할 수 있는 자격을 보유한 건설사업자에게 하도급한 경우

2. 법 제16조제1항 단서 및 각 호에 따라 해당 건설공사를 시공할 수 있는 자격을 보유한 건설사업자가 해당 건설공사를 시공할 수 있는 업종으로 시공한 경우(제4호 및 제4호의2에 해당하는 경우는 제외한다)

3. 삭제 〈2007. 12. 31.〉

4. 건설공사를 공동으로 도급받은 경우 법 제16조제1항제2호에 따라 종합공사를 시공하는 업종을 등록한 건설사업자가 주계약자로서 다른 전문공사를 시공할 수 있는 자격을 보유한 건설사업자가 분담하여 시공하는 공사를 계획·관리 및 조정한 경우

4의2. 건설공사를 공동으로 도급받은 경우 법 제16조제1항제2호에 따라 전문공사를 시공하는 업종을 등록한 건설사업자가 주계약자로서 다른 전문공사를 시공할 수 있는 자격을 보유한 건설사업자가 분담하여 시공하는 공사를 계획·관리 및 조정한 경우

5. 법 제26조제1항에 따라 해당 건설업에 속한 건설공사에 관한 건설사업관리업무를 위탁받아 수행한 경우

6. 삭제 〈2011. 11. 3.〉

6의2. 법 제29조제2항 단서에 따라 전문공사를 도급받은 수급인이 해당 전문공사를 시공할 수 있는 자격을 보유한 건설사업자에게

하도급한 경우

6의3. 법 제29조제3항제1호 및 제2호에 따라 하수급인이 전문공사를 시공하는 업종을 등록한 건설사업자에게 다시 하도급한 경우

6의4. 법 제29조제5항 단서에 따라 전문공사를 시공하는 업종을 등록한 건설사업자가 종합공사를 도급받아 해당 건설공사를 시공할 수 있는 자격을 보유한 건설사업자에게 하도급한 경우

7. 건설공사를 공동으로 도급받은 경우의 종합공사를 시공할 수 있는 자격을 보유한 건설사업자가 주계약자로서 다른 종합공사를 시공할 수 있는 자격을 보유한 건설사업자가 분담하여 시공하는 공사를 계획·관리 및 조정한 경우

8. 국가, 지방자치단체 및 영 제26조의3에 따른 공공기관이 발주한 공사로서 수급인이 해당 발주자가 구입한 자재를 공급받아 설치한 경우

⑪ 제4항 단서 및 제6항에 따른 시공능력의 평가 및 공시에 관한 절차와 제출서류 등에 관하여 필요한 사항은 국토교통부장관이 정하여 고시할 수 있다. 〈신설 2014. 12. 31., 2016. 6. 13.〉

[전문개정 1999. 9. 1.]

제24조(시공능력의 공시항목 및 공시시기 등) ①국토교통부장관은 법 제23조에 따라 시공능력을 평가한 경우에는 나음의 항목을 공시해야 한다. 〈신설 2003. 8. 26., 2005. 1. 15., 2013. 3. 23., 2019. 3. 26., 2020. 10. 7., 2021. 8. 31.〉

1. 상호 및 성명(법인인 경우에는 대표자의 성명)

2. 주된 영업소의 소재지 및 전화번호

3. 건설업등록번호

4. 시공능력평가액과 그 산정항목이 되는 공사실적평가액·경영평가액·기술능력평가액 및 신인도평가액

5. 건설업종별·주력분야별·주요 공사 종류별 건설공사실적 및 건설업종별 직접시공실적

6. 보유기술인수

②법 제23조제1항에 따른 시공능력의 공시는 매년 7월 31일까지로 하고, 일간신문 또는 영 제87조제1항제2호에 따른 업무를 위탁받은 기관의 정보통신망 등에 공시하는 방법에 의한다. 〈개정 1999. 1. 25., 2002. 9. 18., 2007. 12. 31., 2020. 10. 7.〉

③영 제87조제1항제2호에 따른 업무를 위탁받은 기관은 시공능력에 관한 서류를 비치하여 일반인이 열람할 수 있도록 해야 하며, 해당 건설사업자의 건설업등록수첩에 시공능력을 기재해야 한다. 〈개정 1999. 9. 1., 2007. 12. 31., 2020. 3. 2.〉

[제목개정 2003. 8. 26.]

제25조(주력분야 및 주요 공사 종류별 공사실적의 기재) ①영 제87조제1항제2호에 따른 업무를 위탁받은 기관은 공사의 적정한 시공과 건설사업자의 전문화를 유도하고 발주자가 수급인을 선정하는 경우에 참고할 수 있도록 하기 위하여 국토교통부장관이 정하는 바에 따라 주력분야 및 주요 공사 종류별 공사실적을 건설업등록수첩에 기재할 수 있다. 〈신설 1999. 9. 1., 2007. 12. 31., 2008. 3. 14., 2013. 3. 23., 2017. 9. 20., 2020. 3. 2., 2021. 8. 31.〉

② 제1항에 따라 건설업등록수첩에 기재할 수 있는 공사실적의 주력분야 및 주요 공사 종류는 별표 3과 같다. 〈개정 2017. 9. 20., 2021. 8. 31.〉

③제1항 및 제2항에 따른 주력분야 및 주요 공사 종류별 공사실적은 최근 3년간의 공사실적을 매 년도별로 구분하여 기재한다. 〈개정 1999. 9. 1., 2021. 8. 31.〉

[제목개정 2021. 8. 31.]

제25조의2(건설사업관리능력평가·공시신청서 등의 제출) ①법 제23조의2제2항의 규정에 의하여 건설사업관리능력의 평가 및 공시를 받고자 하는 건설사업관리자는 매년 2월 15일(제2항제4호 및 제5호의 서류는 4월 15일)까지 별지 제22호의2서식의 건설사업관리능력평가·공시신청서를 영 제87조제1항제3호에 따른 업무를 위탁받은 기관에 제출하여야 한다. 〈개정 2007. 12. 31.〉

②제1항에 따른 신청서에는 다음 각 호의 서류를 첨부해야 한다. 〈개정 2005. 1. 15., 2005. 6. 30., 2010. 6. 29., 2011. 4. 11., 2021. 8. 27.〉

1. 사업자등록증 사본(신청인이 개인인 경우에 한정한다)

2. 별지 제22호의3서식의 건설사업관리실적현황표

3. 건설사업관리업무위탁계약서 등 건설사업관리실적이 있음을 증명하는 서류

4. 별지 제22호의4서식의 건설사업관리자 재무정보현황표

5. 재무상태를 증명하는 다음 각 목의 어느 하나에 해당하는 서류

가. 「법인세법」 및 「소득세법」에 따라 관할 세무서장에게 제출한 조세에 관한 신고서류(「세무사법」 제6조에 따라 등록한 세무사 또는 같은 법 제20조의2에 따라 세무대리업무등록부에 등록한 공인회계사가 같은 법 제2조제7호에 따라 확인한 것으로서 재무상태표 및 손익계산서가 포함된 것을 말한다)

나. 「주식회사의 외부감사에 관한 법률」 제3조의 규정에 의한 감사인의 회계감사를 받은 재무제표

다. 「공인회계사법」 제7조의 규정에 의하여 등록한 공인회계사 또는 동법 제24조의 규정에 의하여 등록한 회계법인의 회계감사를 받은 재무제표

6. 별지 제22호의5서식의 건설사업관리관련 인력보유현황표 및 그 증명서류

7. 평가·공시를 신청하는 자가 수행하고자 하는 건설사업관리업무내용이 관계법령에 따라 등록·신고 등을 하여야 하는 업무인 경우에는 그 등록증 사본 등의 증명서류

8.「신용정보의 이용 및 보호에 관한 법률」 제2조제5호에 따른 신용정보회사(신용평가업무를 주된 사업으로 하는 자에 한하며, 이하 "신용정보회사"라 한다)가 실시한 신용평가를 받은 경우에는 그 신용평가서 사본

③국토교통부장관은 제1항 및 제2항의 규정에 의한 신청시 및 첨부서류를 디스켓·디스크 또는 정보통신망을 이용하여 제출하게 할 수 있다. 〈개정 2008. 3. 14., 2013. 3. 23.〉

[본조신설 2002. 9. 18.]

제25조의3(건설사업관리관련 인력) 법 제23조의2제2항에서 "건설사업관리관련 인력"이라 함은 다음 각호의 1에 해당되는 자를 말한다. 〈개정 2005. 1. 15., 2014. 5. 22., 2016. 8. 31., 2019. 2. 25.〉

1. 「건설기술 진흥법 시행령」별표 1의 규정에 의한 고급기술인 및 특급기술인

2. 「건축사법」에 의한 건축사

3. 「변호사법」에 의한 변호사

4. 「공인회계사법」에 의한 공인회계사

5. 「감정평가 및 감정평가사에 관한 법률」에 의한 감정평가사

6. 「국가기술자격법」에 의한 기능장(「건설기술 진흥법 시행령」별표 1의 규정에 의한 건설기술관련 직무분야에 해당되는 경우에 한한다)

[본조신설 2002. 9. 18.]

제25조의4(건설사업관리능력의 공시항목 및 공시시기 등) ①국토교통부장관은 법 제23조의2의 규정에 의하여 건설사업관리능력을 평가한 경우에는 다음의 항목을 공시하여야 한다. 〈개정 2005. 1. 15., 2008. 3. 14., 2010. 6. 29., 2012. 12. 5., 2013. 3. 23., 2014. 5. 22., 2021. 9. 17.〉

1. 상호 및 성명(법인인 경우에는 대표자의 성명)

2. 주된 영업소의 소재지 및 연락처

3. 삭제 〈2003. 8. 26.〉

4. 건설사업관리실적

5. 건설공사실적 · 엔지니어링사업실적 · 감리용역실적 및 건축설계실적

6. 건설사업관리관련 인력보유현황

7. 법 제9조의 규정에 의한 건설업등록,「건설기술 진흥법」에 따른 건설엔지니어링업 등록, 「건축사법」에 의한 건축사사무소개설신고 및「엔지니어링산업 진흥법」에 따른 엔지니어링사업자 신고 등의 건설사업관리업무의 수행과 관련이 있는 등록 · 신고 등을 한 경우에는 그 등록 · 신고현황

8. 자본금 및 매출액순이익률 등 재무상태현황

9. 신용정보회사가 실시한 신용평가를 받은 경우에는 그 신용평가내용

②제1항의 규정에 의한 건설사업관리능력의 공시는 매년 8월 31일까지로 하고, 국토교통부장관이 지정하여 고시하는 정보통신망에 공시하는 방법에 의한다. 〈개정 2008. 3. 14., 2013. 3. 23.〉

[본조신설 2002. 9. 18.]

제25조의5(직접시공계획통보서) ①영 제30조의2제4항의 규정에 의한 건설공사의 직접시공계획의 통보(건설산업종합정보망을 이용한 통보를 포함한다)는 별지 제22호의6서식에 의한다. 〈개정 2007. 12. 31.〉

②제1항에 따른 직접시공계획의 통보는 다음 각 호의 서류를 첨

부해야 한다. 〈개정 2021. 8. 27.〉

1. 직접 시공 및 하도급할 공사량·공사단가 및 공사금액이 분명하게 적힌 공사내역서

2. 예정공정표

[본조신설 2005. 6. 30.]

제25조의6(직접 시공 준수 여부 확인의 방법 등) ① 법 제28조의2제4항에 따른 공사의 발주자는 건설사업자의 직접 시공 준수 여부를 제25조의5제1항에 따라 통보된 직접시공계획을 기준으로 노무비 지급, 자재납품, 장비사용 내역, 사회보험 및 소득세 납부 내역 등 직접시공을 증빙할 수 있는 서류를 통하여 확인해야 한다. 〈개정 2020. 3. 2.〉

② 공사의 발주자는 제1항에 따른 직접 시공 준수 여부를 해당 공사의 준공일까지 확인하여야 한다.

③ 공사의 발주자는 제1항에 따른 직접 시공 준수 여부를 확인한 후 건설산업종합정보망을 통하여 그 내용을 국토교통부장관에게 보고해야 하며, 위반사실이 확인된 경우에는 그 사실을 해당 건설사업자의 등록관청에도 통보해야 한다. 〈개정 2020. 3. 2.〉

④ 제1항부터 제3항까지에서 규정한 사항 외에 직접 시공 준수 여부 확인과 관련하여 필요한 세부사항은 국토교통부장관이 정하여 고시한다.

[본조신설 2017. 9. 20.]

[종전 제25조의6은 제25조의7로 이동 〈2017. 9. 20.〉]

제25조의7(다시 하도급할 수 있는 경우) 법 제29조제3항제2호가목에서 "국토교통부령으로 정하는 요건에 해당할 것"이란 하도급받은 전체 공사금액 중 100분의 20 이내에 해당하는 금액의 공사를 다시 하도급하는 경우로서 다음 각 호의 요건을 모두 충족하는 경우를 말한다. 〈개정 2008. 3. 14., 2008. 6. 5., 2011. 11. 3., 2013. 3. 23., 2014. 5. 22., 2020. 3. 2., 2020. 10. 7.〉

1. 다음 각 목의 어느 하나에 해당하여 발주자로부터 공사의 품질이나 시공상 능률을 높이기 위하여 필요하다는 서면승낙을 받을 것

가. 종합공사를 시공하는 업종을 등록한 건설사업자로부터 하도급받은 전문공사를 시공하는 업종을 등록한 건설사업자가 「건설기술

진흥법」 제14조에 따른 신기술이 적용되는 공사를 그 기술을 개발한 전문공사를 시공하는 업종을 등록한 건설사업자에게 다시 하도급하는 경우

나. 종합공사를 시공하는 업종을 등록한 건설사업자로부터 하도급받은 전문공사를 시공하는 업종을 등록한 건설사업자가 「특허법」 제87조에 따라 특허권이 설정된 공법을 적용하는 공사를 그 특허를 출원한 전문공사를 시공하는 업종을 등록한 건설사업자에게 다시 하도급하는 경우

다. 삭제 〈2021. 8. 31.〉

라. 종합공사를 시공하는 업종을 등록한 건설사업자로부터 하도급받은 전문공사를 시공하는 업종을 등록한 건설사업자가 하도급 받은 공사 중 점보드릴(암석에 구멍을 뚫는 기계), 쉴드기(터널 굴착에 사용되는 전용 기계) 등 그 조작을 위하여 상근 전문인력을 보유해야 하는 건설기계를 이용하여 시공해야 하는 공사를 그 건설기계 및 조작을 위한 상근 전문인력을 보유하고 있는 건설사업자에게 다시 하도급하는 경우

마. 종합공사를 시공하는 업종을 등록한 건설사업자로부터 하도급받은 전문공사를 시공하는 업종을 등록한 건설사업자가 하도급받은 공사 중 프리플렉스 합성보 등 「특허법」 제87조에 따른 특허권 또는 「실용신안법」 제21조에 따른 실용신안권이 설정된 자재(자재제작과정에 권리가 설정된 경우를 포함한다)를 설치하는 공사를 그 자재의 제작·설치에 관하여 전문성이 있고 제작·설치에 관한 상근 전문인력을 보유하고 있는 건설사업자에게 다시 하도급하는 경우

바. 종합공사를 시공하는 업종을 등록한 건설사업자로부터 2개 업종 이상의 전문공사로 구성된 종합공사의 일부를 분리하여 하도급할 경우 그 공사의 계획·관리·조정이 곤란하거나 공사비용이 현저히 증가하는 공사의 전부를 하도급받은 전문공사를 시공하는 업종을 등록한 건설사업자가 하도급받은 공사 중 일부에 대하여 그 공사에 관하여 전문성이 있다고 발주자 및 수급인이 인정하는 건설사업자에게 다시 하도급하는 경우

사. 종합공사를 시공하는 업종을 등록한 건설사업자로부터 하도급받은 전문공사를 시공하는 업종을 등록한 건설사업자가 그 하도급받은 공사 중 주된 공사에 부수하는 종된 공사로서 전문적인 시공

기술, 공법, 기능인력, 특수자재의 설치 또는 재료의 특수성이 요구되는 공사를 그 공사에 관하여 전문성이 있다고 발주자 및 수급인이 인정하는 건설사업자에게 다시 하도급하는 경우

2. 다시 하도급 하는 공사의 대금지급 등과 관련된 분쟁으로 공사의 품질 및 시공상 능률이 떨어지지 않도록 다음 각 목의 요건을 모두 충족할 것

가. 하수급인으로부터 다시 하도급 받는 건설사업자(이하 이 호에서 "재하수급인"이라 한다)에게 하수급인이 공사대금의 지급을 보증하는 보증서를 교부하거나 그 대금을 수급인이 직접 지급한다는 뜻과 그 지급의 방법·절차에 관하여 수급인, 하수급인 및 재하수급인이 서면으로 합의할 것

나. 하수급인과 재하수급인은 재하수급인이 다시 하도급 받는 공사와 관련하여 법 제32조제4항에 따른 건설기계대여대금 또는 건설공사용 부품 대금을 지급하지 못하거나 그 공사에 참여한 근로자의 임금을 지급하지 못한 경우에는 하수급인이 연대하여 지급할 책임을 진다는 내용으로 합의서를 작성하고, 하수급인은 그 합의서를 그 공사와 관련된 건설기계대여대금 채권자, 건설공사용 부품대금 채권자 및 근로자들에게 제시할 것

[본조신설 2007. 12. 31.]

[제25조의6에서 이동 〈2017. 9. 20.〉]

제26조(하도급계약 등의 통보서) ① 영 제32조제1항에 따른 하도급계약과 재하도급계약의 통보(건설산업종합정보망을 이용한 통보를 포함한다. 이하 이 조에서 같다)는 각각 별지 제23호서식과 별지 제23호의3서식에 따르고, 재하도급 승낙의 통보는 별지 제23호의2서식에 따른다. 〈개정 2011. 11. 3.〉

②제1항에 따라 하도급계약의 통보를 하는 경우에는 다음 각 호의 서류를 첨부해야 한다. 〈개정 1999. 9. 1., 2003. 8. 26., 2007. 12. 31., 2019. 3. 26., 2020. 10. 7., 2021. 8. 27.〉

1. 하도급계약서(변경계약서를 포함하고, 특수조건이 있는 경우 특수조건을 포함한다) 사본

2. 공사량(규모)·공사단가 및 공사금액 등이 분명하게 적힌 공사내역서

3. 예정공정표

4. 하도급대금지급보증서 교부의무가 면제되는 경우에는 그 증명서류

5. 현장설명서(현장설명을 실시한 경우만 해당한다)

6. 공동도급인 경우 공동수급체 구성원 간에 체결한 협정서 사본. 다만, 별지 제17호서식의 건설공사대장에 해당 협정서의 내용을 첨부한 경우는 제외한다.

③ 제1항에 따라 재하도급승낙의 통보를 하는 경우에는 다음 각 호의 서류를 첨부해야 한다. 〈신설 2007. 12. 31., 2020. 10. 7.〉

1. 재하도급계약서(변경계약서를 포함한다) 사본

2. 제25조의7제2호가목에 따른 보증서 사본 또는 합의서 사본

3. 제25조의7제2호나목에 따른 합의서 사본

[제목개정 1999. 9. 1.]

제27조(하도급 참여제한의 게재 등) ① 영 제33조제3항에 따른 하도급 참여제한의 게재는 별지 제24호의3서식의 하도급 참여제한 확인서를 건설산업종합정보망에 게재하는 방법으로 한다.

② 법 제29조의3제1항에 따른 공공건설공사의 발주자는 건설산업종합정보망을 이용하여 하수급인 중에 하도급 참여제한 중인 자가 있는지 여부를 확인해야 한다.

[본조신설 2019. 6. 19.]

제27조의2 삭제 〈2011. 11. 3.〉

제27조의3(하도급계획의 제출) 영 제34조의2제3항에 따른 하도급계획서는 별지 제24호의4서식과 같다. 〈개정 2020. 3. 2.〉

[전문개정 2016. 8. 4.]

제27조의4(건설공사용 부품 제작납품업자 및 가설기자재 대여업자) ① 법 제32조제4항 전단에 따른 제작납품업자(이하 "제작납품업자"라 한다)는 건설공사에 소요되는 부품을 건설사업자가 제시한 설계도, 시방서 등에 따라 주문받아 가공 또는 조립하여 납품하는 자를 말한다. 〈개정 2020. 3. 2., 2020. 10. 7., 2021. 12. 31.〉

② 법 제32조제4항 전단에 따른 가설기자재 대여업자(이하 "가설기자재 대여업자"라 한다)는 다음 각 호의 어느 하나에 해당하는 가설기자재(건설공사를 하기 위하여 일시적으로 설치·사용하는 기자재를 말한다. 이하 같다)를 대여(가설기자재와 함께 해당 가설기자재를 구성하는 부품 및 재료를 대여하는 경우를 포함한다)하는 자를

말한다. 〈신설 2020. 10. 7., 2021. 8. 27., 2021. 12. 31.〉

1. 비계(飛階) : 강관 비계, 조립형 비계, 이동식 비계, 작업발판 및 조립식 안전난간

2. 동바리 : 파이프 서포트, 잭 서포트, 조립형 동바리 및 일반구조용 각형강관

3. 거푸집 : 강재틀 합판 거푸집

[본조신설 2007. 12. 31.]

[세목개정 2020. 10. 7.]

제27조의5(하도급 입찰정보의 공개 방법) 법 제31조의3제2항 각 호 외의 부분 본문에서 "국토교통부령으로 정하는 방법"이란 하도급 받으려는 건설사업자에게 직접 서면으로 교부하거나 인터넷 홈페이지, 전자입찰시스템, 내용증명우편, 전자우편, 팩스를 통해 알리는 방법을 말한다. 〈개정 2020. 3. 2.〉

[본조신설 2019. 6. 19.]

제28조(하도급대금지급보증서 교부 등) ①법 제34조제2항의 규정에 의하여 수급인이 하수급인에게 교부하여야 하는 하도급대금지급보증서의 보증금액은 다음 각호의 구분에 해당하는 금액으로 한다. 〈개정 2016. 2. 12., 2019. 6. 19.〉

1. 공사기간이 4월 이하인 경우 : 하도급금액에서 선급금을 제외한 금액

2. 공사기간이 4월을 초과하는 경우로서 기성부분에 대한 대가의 지급주기가 2월 이내인 경우 : 다음의 계산식에 의하여 산출한 금액

$$\text{보증금액} = \frac{\text{하도급금액} - \text{계약상 선급금}}{\text{공사기간(월)}} \times 4$$

3. 공사기간이 4월을 초과하는 경우로서 기성부분에 대한 대가의 지급주기가 2월을 초과하는 경우 : 다음의 계산식에 의하여 산출한 금액

$$\text{보증금액} = \frac{\text{하도급금액} - \text{계약상 선급금}}{\text{공사기간(월)}} \times \text{기성부분에 대한 대가의 지급주기(월수)} \times 2$$

② 제1항에 따른 하도급대금지급보증서의 교부는 하도급계약을

체결한 날부터 30일 이내에 해야 한다. 〈신설 2020. 3. 2.〉

③법 제34조제2항 단서에서 “국토교통부령으로 정하는 경우”란 다음 각 호의 어느 하나에 해당되는 경우를 말한다. 〈개정 1999. 1. 25., 1999. 9. 1., 2002. 9. 18., 2005. 1. 15., 2005. 6. 30., 2008. 3. 14., 2010. 6. 29., 2011. 11. 3., 2012. 12. 5., 2013. 3. 23., 2020. 3. 2.〉

1. 삭제 〈2012. 12. 5.〉
2. 삭제 〈2014. 2. 6.〉
3. 삭제 〈2002. 9. 18.〉
4. 1건의 하도급공사의 하도급금액이 1천만원 이하인 경우
5. 발주자가 하도급대금을 하수급인에게 직접 지급한다는 뜻과 그 지급의 방법 · 절차에 관하여 발주자 · 수급인 및 하수급인이 합의한 경우

④ 법 제54조에 따른 공제조합 또는 다른 법령에 따라 보증업무를 담당할 수 있는 기관이 하도급대금의 지급을 보증하는 보증계약의 보증서를 발급(변경발급을 포함한다)하거나 보증계약을 해지한 경우에는 법 제34조제5항에 따라 건설산업종합정보망을 이용하여 발주자 및 하수급인에게 다음 각 호의 항목을 통보하여야 한다. 다만, 영 제26조제1항에 따라 건설산업종합정보망을 이용하여 건설공사대장의 기재사항을 통보하여야 하는 대상 공사가 아닌 경우에는 발주자 및 하수급인에게 문서로 즉시 통보하여야 한다. 〈개정 2010. 6. 29., 2014. 11. 14., 2020. 3. 2.〉

1. 발급연월일
2. 하도급 계약건명 및 하도급계약금액
3. 보증금액 및 보증기간
4. 보증채권자, 발급자의 성명(법인인 경우 상호 및 대표자 성명)
5. 발주자의 상호 및 성명(국가 · 지방자치단체 또는 영 제34조의5에 따른 공공기관인 경우에는 해당 기관의 명칭)
6. 보증계약을 해지한 경우 해지일자 및 해지사유

⑤제1항의 규정에 의한 하도급대금지급보증 및 하도급계약이행보증의 보증기관은 법 제54조의 규정에 의하여 설립된 건설관련 공제조합 또는 다른 법령에 의하여 보증업무를 담당할 수 있는 기관이어야 한다. 〈개정 2007. 12. 31., 2020. 3. 2.〉

⑥ 법 제34조제9항 전단에서 "소규모공사 등 국토교통부령으로 정하는 공사"란 다음 각 호의 어느 하나에 해당되는 공사를 말한다. 〈신설 2019. 6. 19., 2020. 3. 2., 2020. 10. 7., 2021. 12. 31.〉

1. 1건 공사의 도급금액이 3천만원 미만인 공사
2. 공사기간이 30일 이내인 공사

⑦ 법 제34조제9항 전단에 따라 「전자조달의 이용 및 촉진에 관한 법률」 제9조의2제1항에 따른 전자조달시스템등(이하 이 조에서 "전자조달시스템등"이라 한다)을 이용하여 공사대금[선급금, 기성금, 준공금 및 선지급금(발주자 또는 수급인이 기성금 또는 준공금을 수급인 또는 하수급인에게 지급하기 전에 수급인 또는 하수급인이 자재·장비대금, 하도급대금 등으로 먼저 지급하는 금액을 말한다)을 모두 포함한다. 이하 이 조에서 같다]을 청구·지급할 때에는 다음 각 호의 구분에 따른 방법 및 절차를 따라야 한다. 〈신설 2021. 12. 31.〉

1. 수급인 또는 하수급인이 공사대금을 청구하는 경우
   가. 전자조달시스템등을 이용하여 전자적 형태로 공사대금 청구서를 작성할 것
   나. 수급인 또는 하수급인, 건설근로자, 건설기계대여업자, 가설기자재 대여업자 및 제작납품업자의 몫을 구분하여 공사대금 지급대상자별로 청구할 것
   다. 나목에 따라 청구한 공사대금을 지급받을 수 있는 약정계좌(전자조달시스템등을 통해서만 출금 및 이체가 가능한 계좌를 말한다. 이하 같다)를 공사대금 지급대상자별로 전자조달시스템등에 등록할 것. 다만, 전자조달시스템등이 공사대금을 지급받을 수 있는 계좌를 자동으로 생성하는 기능을 갖춘 경우는 제외한다.
2. 발주자 또는 수급인이 공사대금을 지급하는 경우
   가. 제1호가목 및 나목에 따라 적절하게 청구되었는지 확인할 것
   나. 약정계좌(제1호다목 단서에 해당하는 경우에는 전자조달시스템등이 자동으로 생성한 계좌)에 직접 입금(법 제35조에 따라 발주자가 하수급인에게 하도급대금을 직접 지급하기로 합의한 경우에는 하수급인의 약정계좌에 직접 입금)할 것

⑧ 제7항에서 규정한 사항 외에 전자조달시스템등을 통한 공사대금의 청구·지급, 기준 및 절차 등에 필요한 세부사항은 국토교통부

장관이 정하여 고시한다. 〈신설 2021. 12. 31.〉

[제목개정 2019. 6. 19.]

제29조(하도급대금의 직접지급) ① 법 제35조제1항제1호나목에서 "국토교통부령으로 정하는 비율"이란 100분의 82를 말한다. 〈개정 2011. 11. 3., 2013. 3. 23.〉

②법 제35조제1항제1호 및 제2호에 따라 하도급대금을 직접 지급하는 경우의 지급방법 및 지급절차는 다음 각 호와 같다. 〈개정 1999. 1. 25., 1999. 9. 1., 2007. 12. 31., 2011. 11. 3., 2020. 10. 7., 2021. 8. 27.〉

1. 법 제35조제1항제1호가목에 해당되어 직접지급하는 경우에는 다음 각목의 방법 및 절차에 의할 것

가. 하수급인은 수급인이 법 제34조제1항의 규정에 의한 하도급대금의 지급을 지체한 때에는 발주자에게 관련서류를 첨부하여 하도급대금의 직접지급을 요청할 것

나. 발주자는 하수급인으로부터 하도급대금의 직접지급을 요청받은 때에는 그 사실을 즉시 수급인에게 통보하고, 하도급대금을 하수급인에게 지급할 것을 권고할 것

다. 발주자는 수급인이 나목의 권고를 받은 날부터 5일 이내에 하도급대금을 하수급인에게 지급하지 않은 경우 다음 공사대금부터 하수급인에게 직접 지급할 것. 이 경우 하수급인이 지급받지 못한 하도급대금을 포함하여 지급하고, 수급인에게는 공사대금에서 이를 공제한 금액을 지급한다.

2. 법 제35조제1항제1호나목에 해당되어 직접 지급하는 경우에는 다음 각 목의 방법 및 절차에 따를 것

가. 발주자는 법 제29조제6항 각 호 외의 부분 본문에 따라 하도급 등의 통보를 받았거나 같은 조 제2항제1호, 제3항제1호 및 제5항 단서에 따라 서면승낙을 한 공사로서 법 제35조제1항제1호나목에 해당하는 공사에 대하여는 수급인이 공사대금청구 시 하수급인이 시공한 부분을 분명하게 적어 청구하도록 하되, 하도급대금의 수령인을 해당 하수급인으로 지정하도록 할 것

나. 발주자는 하도급대금을 하수급인에게 지급하고, 그 사실을 수급인에게 통보할 것

3. 법 제35조제1항제2호에 해당되어 직접지급하는 경우에는 다음

각목의 방법 및 절차에 의할 것

가. 발주자는 수급인이 파산 등으로 인하여 하도급대금을 지급할 수 없는 사유가 발생한 것을 확인한 때에는 기성부분과 하수급인이 시공한 부분의 금액을 확정한 후 하수급인에게 하도급대금의 직접지급을 청구할 수 있다는 뜻과 지급할 금액을 통보할 것

나. 하수급인은 가목의 통보를 받은 날부터 15일 이내에 하도급대금의 직접지급을 청구할 것

다. 발주자는 나목의 규정에 의한 청구를 한 하수급인에게 하도급대금을 직접지급하고, 그 사실을 수급인에게 통보할 것

라. 발주자는 하도급대금지급의 우선순위를 정함에 있어서 하도급대금을 직접지급받을 하수급인이 다수인 경우에는 하도급공사의 준공 또는 기성순위를 기준으로 하고, 그 시점이 같은 때에는 나목의 규정에 의한 하도급대금의 직접지급청구서의 접수일을 기준으로 할 것

4. 삭제 〈2020. 10. 7.〉

③ 법 제35조제2항제1호에 따라 발주자가 하도급대금을 직접 하수급인에게 지급하기로 합의한 경우에는 별지 제24호의5서식에 따라 하도급대금 직접지급 합의서를 작성해야 한다. 〈신설 2020. 3. 2.〉

④ 법 제35조제2항제3호 또는 제4호에 따라 하도급대금을 직접지급하는 경우에는 「하도급거래 공정화에 관한 법률 시행령」 제9조를 준용한다. 이 경우 "수급사업자"는 "하수급인"으로, "원사업자"는 "수급인"으로 본다. 〈신설 2007. 12. 31., 2011. 11. 3., 2020. 3. 2.〉

⑤ 법 제35조제2항제6호에서 "국토교통부령으로 정하는 비율"이란 100분의 70을 말한다. 〈신설 2014. 11. 14., 2020. 3. 2.〉

⑥발주자는 수급인으로부터 법 제35조제4항에 따른 하도급대금의 직접지급의 중지요청을 받은 경우로서 하수급인에게 책임있는 사유로 인하여 수급인이 피해를 입을 우려가 있다고 인정하는 경우에는 하도급대금의 직접지급을 중지할 수 있으며, 중지하고자 하는 경우에는 하수급인에게 그 사실을 통보하여야 한다. 〈개정 1999. 9. 1., 2007. 12. 31., 2014. 11. 14., 2020. 3. 2.〉

⑦제2항부터 제6항까지의 규정에 따른 하도급대금의 직접지급과

관련하여 이의가 있는 자는 법 제69조에 따른 건설분쟁조정위원회에 조정을 신청할 수 있다. 〈개정 2007. 12. 31., 2014. 11. 14., 2020. 3. 2.〉

[시행일] 제29조제2항의 개정규정은 다음 각 목의 구분에 따른 날

가. 국가, 지방자치단체 또는 대통령령 제30423호 건설산업기본법 시행령 일부개정령 부칙 제2조에 따른 공공기관이 발주하는 공사: 2021년 1월 1일

나. 가목 외의 자가 발주하는 공사: 2022년 1월 1일

제30조(공사금액 조정에 관한 통보) ① 영 제34조의6제3항에 따른 통보의 내용에는 공사금액 조정시기, 조정사유 및 조정률·금액 등을 포함하여야 한다. 〈개정 2014. 11. 14.〉

② 발주자는 제1항의 사항을 문서(전자문서를 포함한다)로 통보하여야 하며, 하수급인으로부터 설계변경 등에 따른 해당 공사금액 조정내용에 대하여 열람을 요청받은 경우 특별한 사유가 없는 한 이에 응하여야 한다.

[본조신설 2010. 6. 29.]

제30조의2(건설기술인 배치의 예외) 법 제40조제1항 단서에서 "국토교통부령으로 정하는 요건"이란 다음 각 호의 어느 하나에 해당하는 경우를 말한다. 〈개정 2013. 3. 23.〉

1. 민원 또는 계절적 요인 등으로 해당 공정의 공사가 일정 기간 중단된 경우

2. 예산의 부족, 용지의 미보상 등 발주자(하도급의 경우에는 수급인을 포함한다. 이하 이 조에서 같다)의 책임 있는 사유 또는 천재지변 등 불가항력으로 공사가 일정기간 중단된 경우

3. 발주자가 공사의 중단을 요청하는 경우

[본조신설 2011. 11. 3.]

[제목개정 2019. 3. 26.]

제31조(건설기술인의 현장배치확인) ①건설사업자는 건설기술인을 공사현장에 배치한 때에는 영 제35조제5항에 따라 배치일부터 7일 이내에 해당 건설기술인이 별지 제25호서식의 현장배치확인표에 발주자의 확인을 받도록 해야 한다. 〈개정 2019. 3. 26., 2020. 3. 2.〉

②공사현장에 배치된 건설기술인은 제1항의 현장배치확인표를 휴대하고 건설공사와 관련하여 관계인으로부터 제시요구가 있는 때에는 이를 제시해야 한다. 〈개정 2019. 3. 26.〉

[제목개정 2019. 3. 26.]

제32조(건설공사표지 등) ①법 제42조제1항의 규정에 의하여 건설공사현장에 게시하여야 하는 표지는 별표 4와 같다. 〈개정 2017. 9. 20.〉

②법 제42조제2항에서 "국토교통부령으로 정하는 건설공사"란 영 별표 1에 따른 종합공사를 시공하는 건설업종에서 할 수 있는 건설공사를 말한다. 〈개정 2007. 12. 31., 2008. 3. 14., 2011. 11. 3., 2013. 3. 23.〉

③법 제42조제2항에 따른 표지판은 석재 또는 금속 등을 사용한 영구적인 시설물로 설치해야 하며, 다음 각 호의 사항을 표기해야 한다. 〈개정 2019. 3. 26.〉

1. 공사명
2. 공사기간
3. 발주자의 성명(국가ㆍ지방자치단체 또는 정부투자기관의 경우에는 당해 기관의 명칭)
4. 설계자의 성명(법인의 경우에는 상호 및 대표자 성명)
5. 감리자의 성명(감리전문회사의 경우에는 상호 및 대표자 성명)
6. 시공자의 상호 및 대표자의 성명
7. 현장에 배치된 건설기술자의 성명ㆍ기술자격종목 및 등급

[본조신설 2002. 9. 18.]

제32조의2(건설근로자 고용평가 방법 등) ① 법 제48조의2제1항에 따른 건설사업자의 건설근로자 고용 실태, 복지증진 노력 등에 대한 사항을 평가(이하 "건설근로자 고용평가"라 한다) 받고자 하는 건설사업자는 매년 4월 15일까지 다음 각 호의 서류(전자문서를 포함한다)를 국토교통부장관에게 제출해야 한다.

1. 별지 제25호의2서식의 건설근로자 고용평가 신청서
2. 고용보험 피보험자격 취득자 내역

② 국토교통부장관은 법 제48조의2제1항에 따라 건설근로자 고용평가를 하는 경우에 별표 6의 방법에 따른다.

[본조신설 2019. 6. 19.]

제33조(전문경영진단기관) 법 제49조제2항에서 "국토교통부령으로 정하는 요건"이란 다음 각 호의 요건을 말한다. 〈개정 2002. 9. 18., 2003. 8. 26., 2005. 1. 15., 2008. 3. 14., 2008. 12. 31., 2011. 11. 3., 2013. 3. 23., 2020. 3. 2., 2023. 5. 3.〉

1. 당해 법인의 설립목적이나 사업의 범위에 기업경영연구 또는 기업진단이 포함되어 있을 것

2. 삭제 〈2003. 8. 26.〉

3.「공인회계사법」에 따라 등록한 공인회계사 또는「경영지도사 및 기술지도사에 관한 법률」 제8조에 따라 등록한 재무관리경영지도사(「주식회사 등의 외부감사에 관한 법률 」에 따른 외부감사대상이 되는 건설사업자를 제외한 건설사업자의 재무관리상태를 진단하는 경우로 한정한다) 2인 이상을 상시 고용하고 있을 것

제34조(증표의 서식) 법 제49조제5항에 따른 증표는 별지 제26호서식에 의한다. 〈개정 2011. 11. 3.〉

제34조의2 삭제 〈2016. 8. 4.〉

제34조의3 삭제 〈2016. 8. 4.〉

제34조의4(건설기계 대여대금 지급보증서 발급면제 등) ① 법 제68조의3제1항 단서의 "국토교통부령으로 정하는 소규모공사 등 정당한 사유가 있는 경우"란 다음 각 호의 어느 하나에 해당하는 경우를 말한다. 〈신설 2019. 6. 19.〉

1. 도급금액이 1억원 미만이고 착공일부터 준공예정일까지 공사기간이 5개월 이내인 경우

2. 하도급 금액이 5천만원 미만이고 착공일부터 준공예정일까지 공사기간이 3개월 이내인 경우

3. 당해 건설공사의 도급금액 산출내역서(하도급금액 산출내역서를 포함한다)에 기재된 건설기계 대여대금의 합계금액이 400만원 미만인 경우

② 법 제68조의3제2항에서 "국토교통부령으로 정하는 경우"란 다음 각 호의 어느 하나에 해당되는 경우를 말한다. 〈개정 2019. 6. 19., 2020. 3. 2.〉

1. 발주자가 건설기계 대여대금을 건설기계 대여업자에게 직접 지급한다는 뜻과 그 지급의 방법·절차에 관하여 발주자·건설사업자 및 건설기계 대여업자가 합의한 경우

2. 법 제68조의3제1항 단서에 따라 건설기계 대여계약별 대금지급 보증의 대상인 경우로서 1건의 건설기계 대여계약 금액(같은 건설기계 대여업자와 2건 이상의 계약으로 분할하여 계약하는 경우에는 각각의 계약금액을 합산한 금액을 말한다)이 200만원 이하인 경우

③ 법 제54조에 따라 설립된 건설관련 공제조합 또는 다른 법령에 따라 보증업무를 담당할 수 있는 기관이 법 제68조의3제1항에 따른 건설기계 대여대금 지급보증서를 발급(변경발급을 포함한다)하거나 보증계약을 해지한 경우에는 건설산업종합정보망을 이용하여 발주자, 수급인(하수급인과 건설기계 대여업자간 계약에 따른 보증에 한정한다), 건설기계 대여업자 등에게 다음 각 호의 사항을 통보해야 한다. 다만, 영 제26조제1항 및 제2항에 따라 건설산업종합정보망을 이용하여 건설공사대장의 기재사항을 통보해야 하는 대상 공사가 아닌 경우에는 문서로 통보하거나 해당 내용을 보증하는 보증기관의 홈페이지에 게시해야 한다. 〈개정 2014. 11. 14., 2019. 6. 19.〉

1. 발급연월일

2. 도급·하도급 계약명(개별 건설기계 대여계약인 경우에는 계약건명을 말한다) 및 건설기계 대여 계약금액

3. 보증금액 및 보증기간

4. 보증채권자, 발급자의 성명(법인인 경우 상호 및 대표자 성명)

5. 발주자의 상호 및 성명(국가·지방자치단체 또는 영 제34조의5에 따른 공공기관의 경우에는 해당 기관의 명칭)

6. 보증계약을 해지한 경우 해지일자 및 해지사유

④ 법 제68조의3제5항에 따른 건설기계 대여대금 지급보증의 보증금액은 다음 각 호의 구분에 따른 금액으로 한다. 〈개정 2019. 6. 19., 2020. 9. 8., 2021. 12. 31.〉

1. 법 제68조의3제1항 본문에 따라 현장별 보증서를 발급하는 경우

가. 공사기간이 4개월 이하인 경우: 공사계약금액에 국토교통부장관이 고시한 업종별 건설기계 투입비율("업종별건설기계투입비율"이라 한다. 이하 나목에서 같다)을 곱한 금액에서 건설기계 대여계약상 선급금을 제외한 금액

나. 공사기간이 4개월을 초과하는 경우: 다음 계산식에 따라 산출한 금액

$$\text{보증금액} = \frac{\text{공사계약금액} \times \text{업종별건설기계투입비율} - \text{건설기계 대여계약상 선급금}}{\text{공사기간(월)}} \times 4$$

2. 법 제68조의3제1항 단서에 따라 건설기계 대여계약별 보증서를 발급하는 경우

가. 계약기간이 4개월 이하인 경우: 건설기계 대여금액에서 건설기계 대여계약상 선급금을 제외한 금액

나. 계약기간이 4개월을 초과하는 경우: 다음 계산식에 따라 산출한 금액

$$\text{보증금액} = \frac{\text{건설기계 대여금액} - \text{건설기계 대여계약상 선급금}}{\text{계약기간(월)}} \times 4$$

⑤ 건설기계 대여업자는 법 제68조의3제1항 본문에서 정한 계약서를 계약체결일부터 15일 이내에 현장별 보증서를 발급한 보증기관에 제출해야 하며, 이를 제출받은 보증기관은 건설기계 대여업자에게 보증채권자로 확정되었음을 통보해야 한다. 〈신설 2019. 6. 19.〉

⑥ 수급인 또는 하수급인이 현장별 건설기계 대여대금 지급보증서를 발급받은 때에는 건설기계 대여대금 지급보증서의 발급 사실 및 보증 내용 등을 별지 제26호의3서식에 따라 공사 현장에 게시해야 한다. 〈신설 2019. 6. 19.〉

[본조신설 2013. 6. 17.]

제34조의5(타워크레인 대여계약의 통보) ① 법 제68조의4제1항에 따른 타워크레인 대여계약의 통보(건설산업종합정보망을 이용한 통보를 포함한다. 이하 이 조에서 같다)는 타워크레인 대여계약을 체결한 날부터 30일 이내에 해야 한다.

② 제1항에 따른 타워크레인 대여계약의 통보는 별지 제26호의4서식에 따른다.

③ 제2항에 따라 타워크레인 대여계약의 통보를 하는 경우에는 다음 각 호의 서류를 첨부해야 한다.

1. 건설기계임대차 계약서(변경계약서를 포함한다) 사본

2. 법 제68조의3제2항에 따라 건설기계 대여대금 지급보증서 교부의무가 면제되는 경우에는 그 증빙서류

[본조신설 2019. 6. 19.]

제35조(분쟁조정신청서 등) ①영 제66조의 규정에 의한 건설분쟁조정신청서는 별지 제27호서식에 의한다.

②제1항의 건설분쟁조정신청서에는 다음 각호의 서류를 첨부하여야 한다.

1. 당사자간의 교섭경위서(분쟁발생시부터 신청시까지의 당사자간 일정별 교섭내용과 그 입증자료를 말한다)

2. 기타 분쟁조정신청사건의 심사 · 조정에 참고가 될 수 있는 객관적인 자료

제35조의2(위원의 자격) 법 제70조제2항제3호에서 "국토교통부령으로 정하는 요건에 해당하는 사람"이란 다음 각 호의 어느 하나에 해당하는 사람을 말한다. 〈개정 2008. 3. 14., 2011. 11. 3., 2013. 3. 23.〉

1. 국가 또는 지방자치단체에서 건설산업 관련 업무에 10년 이상 종사한 사람

2. 건설업 또는 건설용역업에서 임원 이상의 직에 있거나 있었던 사람으로서 건설산업 관련 업무에 10년 이상 종사한 사람

3. 협회, 공제조합, 그 밖의 건설관련 단체에서 임원 이상의 직에 있거나 있었던 사람으로서 건설산업 관련 업무에 10년 이상 종사한 사람

[본조신설 2007. 12. 31.]

제36조(하자산정기준) 법 제82조제1항제1호에서 "국토교통부령으로 정하는 규모 이상의 하자"란 하자발생액이 당해 공사금액의 1천분의 5 이상인 하자를 말한다. 다만, 1회의 하자발생액이 이에 미달하는 때에는 각각의 하자발생액의 누계액이 당해 공사금액의 1천분의 5 이상에 해당할 때에 이를 1회로 본다. 〈개정 2008. 3. 14., 2011. 11. 3., 2013. 3. 23.〉

제36조의2(시정명령 등의 보고) 시 · 도지사는 법 제81조부터 제83조까지에 따라 시정명령 · 영업정지 · 과징금 부과 또는 등록말소를 한 경우에는 다음 각 호의 사항을 건설산업종합정보망을 이용하여

국토교통부장관에게 보고하여야 한다. 〈개정 2008. 3. 14., 2013. 3. 23.〉

1. 시정명령·영업정지·과징금부과 또는 등록말소의 처분사유 및 처분내용

2. 영업정지의 기간 또는 과징금의 금액을 가중 또는 감경한 경우 그 사유

[전문개정 2007. 12. 31.]

제36조의3(건설업 등록말소 등의 공고) ①법 제85조의3의 규정에 의한 건설업 등록말소 등의 공고는 건설산업종합정보망 및 시·도의 인터넷 홈페이지에 게재하는 방법에 의한다. 〈개정 2007. 12. 31.〉

②법 제85조의3의 규정에 의한 건설업 등록말소 등의 공고에는 다음 각 호의 사항이 포함되어야 한다.

1. 건설업등록말소 등의 연월일

2. 등록말소 등이 되는 건설업의 업종

3. 주된 영업소의 소재지

4. 상호 및 성명(법인인 경우에는 대표자의 성명을 말한다)

5. 건설업 등록말소 등의 사유

[본조신설 2005. 6. 30.]

제36조의4(건설행정의 지도·감독 등) 법 제86조의3에 따라 국토교통부장관은 연 1회 이상 건설행정의 건실한 운영을 지도·감독하기 위하여 다음 각 호의 내용이 포함된 지도·점검계획을 수립하여야 한다. 〈개정 2008. 3. 14., 2013. 3. 23.〉

1. 건설업 등록 등 건설행정 민원 처리실태

2. 건설산업종합정보망 운영실태

3. 행정처분의 적정성 등에 관한 사항

4. 국토교통부장관 및 발주자로부터 통보된 위법사항의 확인 및 처분 등의 이행사항

5. 그 밖에 건설행정의 건실한 운영을 위하여 필요하다고 인정한 사항

[본조신설 2007. 12. 31.]

제37조(하수급인 관리에 대한 과실 범위) 법 제99조제6호에서 "하수급인의 현장배치기술자의 소속을 확인하지 않는 등 국토교통부령으로 정하는 과실"이란 수급인이 다음 각 호의 어느 하나에 해당되

는 행위를 한 경우를 말한다.

1. 하수급인의 현장배치기술자에 대한 소속을 확인하지 않은 경우

2. 하수급인에게 법 제29조제3항에 따라 하수급인은 하도급받은 건설공사를 다른 사람에게 다시 하도급할 수 없음을 사전에 설명하지 않은 경우

[본조신설 2019. 6. 19.]

第38조(등록 등의 수수료) ①법 제92조제1호, 제2호 및 제6호의 규정에 의한 건설업등록 등의 수수료는 별표 5와 같다. 〈개정 2011. 11. 3.〉

②법 제92조제3호, 제4호 및 제5호에 따른 수수료는 영 제87조에 따라 위탁을 받은 기관이 시공능력의 평가·공시, 건설사업관리능력의 평가·공시 및 건설산업정보의 종합관리를 위하여 드는 비용을 고려하여 산정한 금액을 국토교통부장관의 승인을 얻어 정하며, 수수료를 정하였을 때에는 그 내용과 산정 내역을 해당 기관의 인터넷 홈페이지를 통하여 공개하여야 한다. 〈개정 2002. 9. 18., 2003. 8. 26., 2008. 3. 14., 2011. 4. 7., 2011. 11. 3., 2013. 3. 23.〉

③ 영 제87조에 따라 위탁을 받은 기관은 수수료 결정과 관련하여 이해관계인의 의견을 수렴할 수 있도록 제2항에 따른 국토교통부장관의 승인을 신청하기 전에 해당 기관의 인터넷 홈페이지에 20일간 그 내용을 게시하여야 한다. 다만, 긴급하다고 인정되는 경우에는 해당 기관의 인터넷 홈페이지에 그 사유를 소명하고 10일간 게시할 수 있다. 〈신설 2011. 4. 7., 2013. 3. 23.〉

④ 제1항에 따른 수수료는 수입인지, 수입증지 또는 정보통신망을 이용한 전자화폐·전자결제 등의 방법으로 납부할 수 있다. 〈개정 2011. 4. 7.〉

[전문개정 1999. 9. 1.]

第38조의2(규제의 재검토) 국토교통부장관은 다음 각 호의 사항에 대하여 다음 각 호의 기준일을 기준으로 3년마다(매 3년이 되는 해의 기준일과 같은 날 전까지를 말한다) 그 타당성을 검토하여 개선 등의 조치를 해야 한다. 〈개정 2014. 11. 14., 2020. 3. 2.〉

1. 제2조에 따른 건설업등록신청서 및 첨부서류: 2015년 1월 1일

2. 제3조에 따른 외국인 등의 건설업등록신청서의 기재사항:

2015년 1월 1일

3. 제6조에 따른 등록기준의 실제확인: 2015년 1월 1일

4. 제21조에 따른 건설공사대장 및 하도급건설공사대장의 기재내용: 2015년 1월 1일

5. 제22조에 따른 건설공사실적 등의 제출: 2015년 1월 1일

6. 제23조제2항, 별표 1 및 별표 2에 따른 종합공사를 시공하는 업종을 등록한 건설사업자, 전문공사를 시공하는 업종을 등록한 건설사업자의 시공능력평가방법: 2014년 1월 1일

7. 제25조의3에 따른 건설사업관리 관련 인력: 2015년 1월 1일

8. 제28조제1항에 따른 하도급대금지급보증서의 보증금액: 2015년 1월 1일

[본조신설 2013. 12. 30.]

제39조(과태료의 징수절차) 영 제89조의 규정에 의한 과태료의 징수절차에 관하여는 「국고금관리법 시행규칙」을 준용하되, 그 납입고지서에는 이의방법 및 이의기간 등을 함께 기재하여야 한다. 다만, 영 제86조의 규정에 의하여 시ㆍ도지사에게 권한이 위임된 경우에는 당해 시ㆍ도의 조례로 정한다. 〈개정 2005. 1. 15.〉

[전문개정 1999. 9. 1.]

부칙 〈제113호, 1997. 8. 2.〉

제1조 (시행일) 이 규칙은 공포한 날부터 시행한다.

제2조 (다른 법령의 폐지) 건설업체진단규칙은 이를 폐지한다.

제3조 (임원 등의 범위에 관한 규정의 적용례) 임원 등의 범위에 관한 제11조의 규정은 이 규칙 시행후 최초로 건설업의 면허를 신청하는 분부터 적용한다.

제4조 (건설업영위기간의 합산에 관한 규정의 적용례) 건설업양도인의 건설업영위기간과 양수인의 건설업영위기간의 합산에 관한 제18조제3항의 규정은 이 규칙 시행후 최초로 접수하는 건설업양도인가신청분부터 적용한다.

제5조 (의무하도급의 비율 등에 관한 규정의 적용례) 의무하도급의 비율에 관한 제27조 및 하도급대금의 직접지급에 관한 제29조제1항의 규정은 이 규칙 시행후 최초로 도급계약을 체결하는 건설공사부터 각각 적용한다.

제6조 (하도급대금지급보증서의 교부에 관한 규정의 적용례) 하도급대금지급보증서의 교부에 관한 제28조의 규정은 이 규칙 시행후 최초로 하도급하는 건설공사부터 적용한다.
제7조 (기존 가스시설시공업자 등에 대한등록증 등의 교부) 이 규칙 시행당시 다음 각호의 1에 해당하는 등록을 하거나 면허를 받은 자는 제15조제2항의 규정에 의한 전문건설업등록증 및 전문건설업등록수첩의 교부를 신청할 수 있다.

1. 도시가스사업법 제12조의2제1항의 규정에 의한 시공자의 등록
2. 액화석유가스의안전및사업관리법 제15조의2의 규정에 의한 시공자의 등록
3. 에너지이용합리화법 제51조의 규정에 의한 특정열사용기자재 시공업의 등록
4. 시설물의안전관리에관한특별법 제19조제1항의 규정에 의한 시설물유지관리업의 등록
5. 건축법 제56조제2항의 규정에 의한 온돌시공업의 등록
6. 승강기설치공사업의 면허

제8조 (시공능력평가방법에 관한 경과조치) 이 규칙 시행후 1998년 6월 30일까지 건설업면허를 받거나 전문건설업등록을 한 자에 대하여 시공능력을 평가하는 경우에는 별표 1 및 별표 2의 규정에 불구하고 종전의 도급한도액평가방법에 의하여 시공능력을 평가할 수 있다.
제9조 (다른 법령과의 관계) 이 규칙 시행당시 다른 법령에서 종전의 건설업법시행규칙 또는 건설업체진단규칙이나 그 규정을 인용하고 있는 경우 이 규칙에 그에 해당하는 규정이 있는 때에는 종전의 건설업법시행규칙 또는 건설업체진단규칙이나 그 규정에 갈음하여 이 규칙 또는 이 규칙의 해당규정을 인용한 것으로 본다.

부칙 〈제164호, 1999. 1. 25.〉

이 규칙은 공포한 날부터 시행한다.

부칙 〈제208호, 1999. 9. 1.〉

①(시행일) 이 규칙은 공포한 날부터 시행한다.

②(기존의 건설업자에 대한 등록증 등의 교부) 이 규칙 시행당시 종전의 규정에 의하여 일반건설업 또는 전문건설업의 면허를 받은

자는 제9조의 개정규정에 의하여 건설업등록증 및 건설업등록수첩의 교부를 신청할 수 있다.

부칙 〈제247호, 2000. 7. 10.〉

①(시행일) 이 규칙은 공포한 날부터 시행한다. 다만, 별표 1 및 별표 2의 개정규정은 2000년 8월 1일부터 시행한다.

②(시공능력의 평가에 관한 경과조치) 이 규칙 시행후 2001년 7월 31일까지 다음 각호의 1에 해당하는 경우에는 별표 1 및 별표 2의 개정규정에 불구하고 2001년 7월31일까지는 종전의 규정에 의한다.

1. 법 제9조의 규정에 의하여 건설업의 등록을 한 자의 시공능력을 평가하는 경우

2. 제23조제3항 본문의 규정에 의하여 양수인의 시공능력을 새로이 평가하는 경우

3. 건설업자의 신청이 있거나 시공능력이 현저히 변동되었다고 인정되어 제23조제4항 단서의 규정에 의하여 시공능력을 새로이 평가하는 경우

부칙 〈제295호, 2001. 8. 28.〉

이 규칙은 공포한 날부터 시행한다.

부칙 〈제332호, 2002. 9. 18.〉

①(시행일) 이 규칙은 공포한 날부터 시행한다.

②(건설업영위기간합산 등에 관한 적용례) 제18조제6항의 개정규정은 이 규칙 시행후 건설업양도의 공고를 하는 분부터 적용한다.

③(전문경영진단기관의 요건에 관한 적용례) 제33조제3호의 개정규정은 이 규칙 시행후 최초로 재무관리상태를 진단하게 하는 분부터 적용한다.

④(시공능력평가에 관한 경과조치) 별표 1 및 별표 2의 개정규정에 불구하고 2002년도 일반건설업 및 전문건설업의 시공능력평가는 종전의 규정에 의한다.

부칙 〈제371호, 2003. 8. 26.〉

①(시행일) 이 규칙은 공포한 날부터 시행한다. 다만, 제8조제1항·제10조의2제4항·제18조제7항·제19조제4항 및 제20조제4항의 개정규정은 2003년 9월 1일부터 시행한다.
②(기존 경력임원 의무고용에 대한 경과조치) 이 규칙 시행당시 일반건설업의 등록을 한 자에 대하여는 제2조제2항제7호 및 제11조의 개정규정에 불구하고 2003년 12월 31일까지는 종전의 규정에 의한다.

부칙 〈제411호, 2004. 11. 29.〉 (전자적민원처리를위한개발제한구역의지정및관리에관한특별조치법시행규칙등중개정령)
이 규칙은 공포한 날부터 시행한다.

부칙 〈제422호, 2005. 1. 15.〉
이 규칙은 공포한 날부터 시행한다.

부칙 〈제444호, 2005. 6. 30.〉
이 규칙은 2005년 7월 1일부터 시행한다. 다만, 제25조의5의 개정규정은 2006년 1월 1일부터, 제27조의 개정규정은 2008년 1월 1일부터 시행한다.

부칙 〈제530호, 2006. 8. 7.〉 (행정정보의 공동이용 및 문서감축을 위한 개발이익환수에관한법률시행규칙 등 일부개정령)
이 규칙은 공포한 날부터 시행한다.

부칙 〈제551호, 2007. 3. 19.〉 (주민등록번호 보호 및 행정서류용 사진규격 통일을 위한 개발이익환수에 관한 법률 시행규칙 등 일부개정령)
이 규칙은 공포한 날부터 시행한다.

부칙 〈제584호, 2007. 10. 15.〉 (행정정보의 공동이용 및 문서감축을 위한 건설기계관리법 시행규칙 등 일부개정령)
이 규칙은 공포한 날부터 시행한다.

부칙 〈제594호, 2007. 12. 13.〉 (전자정부 구현을 위한 개발이익환수에 관한 법률 시행규칙등 일부개정령)

이 규칙은 공포한 날부터 시행한다.

부칙 〈제598호, 2007. 12. 31.〉

제1조 (시행일) 이 규칙은 2008년 1월 1일부터 시행한다.

제2조 (다시 하도급할 수 있는 경우에 관한 적용례) 제25조의6의 개정규정은 이 규칙 시행 후 최초로 하수급인이 수급인로부터 하도급받은 건설공사부터 적용한다.

제3조 (시공능력 평가 및 공시의 특례) ① 종전의 규정에 따른 일반건설업자가 전문공사를 시공하는 건설업종의 등록을 한 경우에는 기존 업종에서의 건설공사실적 중 새로 등록한 업종의 업무내용에 해당하는 공사를 직접 시공한 부분에 대하여 새로 등록한 업종의 건설공사실적으로 전환을 신청할 수 있다.

② 제1항에 따라 실적전환을 인정받으려는 건설업자는 별지 제28호서식에 따른 건설공사 기성실적 전환신청서에 다음 각 호의 서류를 첨부하여 영 제87조제1항제2호에 따른 업무를 위탁받은 기관에 제출하여야 한다.

1. 실적전환을 인정받으려는 건설공사의 발주자 또는 수급인(건설공사를 하도급 받은 경우에 한정한다)이 별지 제29호서식에 따라 발행한 건설공사 직접시공분 기성실적증명서와 노임대장, 건설기계 임대차계약서 등 직접시공을 증명하는 서류

2. 제1호에 따른 건설공사의 도급계약서 및 공사내역서

③ 종전의 규정에 따른 전문건설업자가 종합공사를 시공하는 건설업종의 등록을 한 경우에는 기존 업종에서의 건설공사실적 중 법 제16조제3항제3호에 따른 복합공사의 기성실적에 대하여 60억원의 범위에서 다음 각 호의 어느 하나에 해당하는 기준에 따라 새로 등록한 업종의 건설공사실적으로 전환을 신청할 수 있다. 이 경우 다음 각 호에 해당하는 기준 중 둘 이상의 기준에 따라 건설공사실적의 전환을 신청할 수 없다.

1. 영 별표 1에 따른 토목공사업 또는 토목건축공사업을 새로 등록하는 경우 : 영 별표 1에 따른 토목공사업의 업무내용에 해당하는 공사의 일부를 하도급받아 시공한 공사 중 영 별표 1에 따른 토공

사업의 업무내용에 해당하는 공사와 철근·콘크리트공사업의 업무내용에 해당하는 공사가 복합된 공사 또는 그 복합된 공사와 다른 전문공사를 시공하는 업종의 업무내용에 해당하는 공사가 복합된 공사로서 도급 금액이 2억원 이상인 공사의 기성실적을 토목공사업 또는 토목건축공사업의 건설공사 실적으로 전환

2. 영 별표 1에 따른 건축공사업 또는 토목건축공사업을 새로 등록하는 경우 : 영 별표 1에 따른 건축공사업의 업무내용에 해당하는 공사의 일부를 하도급받아 시공한 공사 중 영 별표 1에 따른 토공사업의 업무내용에 해당하는 공사와 철근·콘크리트공사업의 업무내용에 해당하는 공사가 복합된 공사 또는 그 복합된 공사와 다른 전문공사를 시공하는 업종의 업무내용에 해당하는 공사가 복합된 공사로서 도급 금액이 2억원 이상인 공사의 기성실적을 건축공사업 또는 토목건축공사업의 건설공사 실적으로 전환

3. 영 별표 1의 조경공사업을 새로 등록하는 경우: 영 별표 1에 따른 조경공사업의 업무내용에 해당하는 공사의 일부를 하도급받아 시공한 공사 중 영 별표 1에 따른 조경식재공사업의 업무내용에 해당하는 공사와 조경시설물설치공사업의 업무내용에 해당하는 공사가 복합된 공사 또는 그 복합된 공사와 다른 전문공사를 시공하는 업종의 업무내용에 해당하는 공사가 복합된 공사로서 도급 금액이 2억원 이상인 공사의 기성실적을 조경공사업의 건설공사 실적으로 전환

④ 제3항에 따라 실적전환을 인정받으려는 건설업자는 별지 제30호서식에 따른 건설공사 기성실적 전환신청서에 다음 각 호의 서류를 첨부하여 영 제87조제1항제2호에 따른 업무를 위탁받은 기관에 제출하여야 한다.

1. 실적전환을 인정받으려는 건설공사의 수급인이 발행한 별지 제31호서식에 따른 복합공사 기성실적증명서. 다만, 영 제87조제1항제2호에 따라 전문공사를 시공하는 업종의 시공능력평가 및 건설공사 실적등의 신고의 처리 및 신고 내용의 확인업무를 위탁받은 기관이 제22조에 따라 종전의 규정에 따른 전문건설업자로부터 제출받아 보관하고 있던 2005년 및 2006년 건설공사 기성실적증명서를 확인한 결과 계약연월일, 공사명, 현장소재지, 수급인 등이 서로 같아 제3항 각 호의 어느 하나에 해당하는 복합공사를 수행한 것으로

인정하여 그 공사명, 공사금액 및 건설업자명 등을 기재한 복합공사 대장을 작성하고, 영 제87조제1항제2호에 따라 종합공사를 시공하는 업종의 시공능력평가 및 건설공사 실적등의 신고의 처리 및 신고 내용의 확인업무를 위탁받은 기관이 그 대장을 확인한 경우에는 복합공사 기성실적증명서의 제출을 갈음할 수 있다.

2. 제1호에 따른 건설공사의 도급계약서(복합공사로 계약된 하도급 계약서를 말한다) 및 공사내역서(하도급 공사내역서를 말한다)

⑤ 제1항 및 제3항에 따른 실적전환은 2005년부터 2007년까지의 건설공사 기성실적 중 법 제23조에 따라 적법하게 신고한 실적에 대하여만 인정하며, 제3항에 따른 실적전환 신청은 2005년부터 2007년까지 매년 계속하여 전환신청이 가능한 공사실적이 있는 업체에 한정하여 허용한다.

⑥ 제1항부터 제4항까지에도 불구하고 종전의 규정에 따른 일반건설업자가 다음 각 호의 어느 하나에 해당하여 전문공사를 시공하는 업종을 등록한 건설업자가 되거나 종전의 규정에 따른 전문건설업자가 다음 각 호의 어느 하나에 해당하여 종합공사를 시공하는 업종을 등록한 건설업자가 된 경우에는 건설공사실적의 전환을 신청할 수 없다.

1. 종합공사를 시공하는 업종을 등록한 건설업자인 법인과 전문공사를 시공하는 업종을 등록한 건설업자인 법인의 합병

2. 건설업의 상속

⑦ 제23조제5항에 따라 공사실적을 합산하는 경우에는 다음 각 호의 어느 하나에 해당하는 자가 제1항 및 제3항에 따라 전환받은 공사실적이 있는 경우 그 공사실적은 합산에서 제외한다.

1. 건설업자인 법인이 다른 법인과 합병하는 경우 : 합병 후 존속하거나 신설된 법인과 종전법인

2. 건설업을 상속하는 경우 : 피상속인과 상속인

3. 건설업을 양도하는 경우 : 양도인과 양수인

제4조 (건설업자의 실적합산에 관한 경과조치) 이 규칙 시행 전에 도급계약을 체결한 건설공사에 대하여는 제23조제6항의 개정규정에도 불구하고 종전의 규정에 따른다.

부칙 〈제4호, 2008. 3. 14.〉 (정부조직법의 개정에 따른 감

정평가에 관한 규칙 등 일부 개정령)
이 규칙은 공포한 날부터 시행한다.

부칙 〈제16호, 2008. 6. 5.〉
제1조(시행일) 이 규칙은 공포한 날부터 시행한다.
제2조(다시 하도급할 수 있는 경우에 관한 적용례) 제25조의6제1호 사목의 개정규정은 이 규칙 시행 후 최초로 하수급인이 수급인으로부터 하도급받는 건설공사부터 적용한다.

부칙 〈제85호, 2008. 12. 31.〉
이 규칙은 공포 후 3개월이 경과한 날부터 시행한다. 다만, 제22조제2항 및 제33조제3호의 개정규정은 공포한 날부터 시행한다.

부칙 〈제89호, 2008. 12. 31.〉 (국토해양부와 그 소속기관 직제 시행규칙)
제1조 (시행일) 이 규칙은 2009년 1월 1일부터 시행한다.
제2조(다른 법령의 개정) ① 건설산업기본법 시행규칙 일부를 다음과 같이 개정한다.
별지 제22호의2서식 뒤쪽 중 "건설교통부"를 "국토해양부"로 한다.
② 부터 ㉒ 까지 생략

부칙 〈제221호, 2010. 2. 16.〉
제1조(시행일) 이 규칙은 공포한 날부터 시행한다.
제2조(적용례) 별표 1 및 별표 2의 개정규정은 이 규칙 시행 후 최초로 시공능력을 평가하여 공시하는 분부터 적용한다.

부칙 〈제255호, 2010. 6. 29.〉
이 규칙은 2010년 6월 30일부터 시행한다.

부칙 〈제349호, 2011. 4. 7.〉 (경제활성화 및 친서민 국민불편해소 등을 위한 건설기술관리법 시행규칙 등 일부개정령)
이 규칙은 공포한 날부터 시행한다.

부칙 〈제350호, 2011. 4. 11.〉 (행정정보의 공동이용 및 문서감축을 위한 개발이익 환수에 관한 법률 시행규칙 등 일부개정령)
이 규칙은 공포한 날부터 시행한다.

부칙 〈제397호, 2011. 11. 3.〉
제1조(시행일) 이 규칙은 2011년 11월 25일부터 시행한다. 다만, 제14조, 제23조제6항, 제25조의6, 제29조제2항제2호가목 · 제4호가목, 제34조의2 및 제34조의3의 개정규정은 2012년 5월 25일부터 시행하고, 제2조의 개정규정은 공포한 날부터 시행한다.
제2조(소규모 공사의 범위에 관한 적용례) 제13조의2의 개정규정은 이 규칙 시행 후 최초로 건설공사에 대한 입찰공고를 하는 경우(입찰공고를 하지 아니한 경우에는 최초로 도급계약을 체결하는 경우를 말한다)부터 적용한다.
제3조(하도급계약 등의 통보서 및 하도급대금지급보증서 교부 등에 관한 적용례) 제26조제1항 및 제28조의 개정규정은 이 규칙 시행 후 최초로 도급계약 또는 하도급계약(재하도급계약을 포함한다)을 체결하는 경우부터 적용한다.
제4조(소규모 공사에 대한 경과조치) 제13조의2 개정규정 중 '법 제16조제1항제2호'는 2012년 5월 24일까지 '법 제16조제3항제4호'로 본다.

부칙 〈제548호, 2012. 12. 5.〉
제1조(시행일) 이 규칙은 공포한 날부터 시행한다.
제2조(건설업등록신청서 및 첨부서류에 관한 적용례) 제2항제6호가목의 개정규정은 이 규칙 시행 후 건설업 등록신청을 하는 경우 부터 적용한다.
제3조(하도급대금지급보증서 교부에 관한 경과조치) 이 규칙 시행 전에 하도급계약을 체결한 경우에는 제28조제2항제1호 및 제4호의 개정규정에도 불구하고 종전의 규정에 따른다.

부칙 〈제1호, 2013. 3. 23.〉 (국토교통부와 그 소속기관 직제 시행규칙)
제1조(시행일) 이 규칙은 공포한 날부터 시행한다. 〈단서 생략〉

제2조 부터 제5조까지 생략

제6조(다른 법령의 개정) ①부터 ⑥까지 생략

⑦ 건설산업기본법 시행규칙 일부를 다음과 같이 개정한다.

제13조의2, 제25조의6 각 호 외의 부분, 제28조제2항 각 호 외의 부분, 제29조제1항, 제30조의2 각 호 외의 부분, 제32조제2항, 제33조 각 호 외의 부분, 제34조의3제1항 각 호 외의 부분, 제35조의2 각 호 외의 부분 및 제36조 본문 중 "국토해양부령"을 각각 "국토교통부령"으로 한다.

제22조제2항제1호라목, 제23조제1항제2호, 제24조제1항 각 호 외의 부분, 제25조제1항, 제25조의2제3항, 제25조의4제1항 각 호 외의 부분, 같은 조 제2항, 제36조의2 각 호 외의 부분, 제36조의4 각 호 외의 부분, 같은 조 제4호, 제38조제2항, 같은 조 제3항 본문, 별표 1 제1호라목(2) (가)부터 (다)까지 외의 부분, 같은 목 (4)·(7)·(8), 별표 2 제1호라목(6)·(7), 별지 제17호서식 제5쪽 〈항목별 설명〉의 제3호②, 같은 호 ③, 별지 제24호서식의 ※ 유의사항란 ①, 별지 제24호의2서식의 ※ 유의사항란 ①·②, 별지 제27호서식, 별지 제28호서식 및 별지 제30호서식 중 "국토해양부장관"을 각각 "국토교통부장관"으로 한다.

별지 제18호서식 발주자별(8) 부호코드란의 (정부기관)을 다음과 같이 한다.

41: 기획재정부
42: 미래창조과학부
43: 교육부
44: 국방부
45: 안전행정부
46: 문화체육관광부
47: 농림축산식품부
48: 산업통상자원부
49: 보건복지부
50: 환경부
51: 고용노동부
52: 국토교통부
53: 해양수산부

별지 제22호의2서식의 앞쪽 중 “국토해양부장관”을 “국토교통부장관”으로 하고, 같은 서식 뒤쪽의 처리기관(담당부서)란 중 “국토해양부”를 “국토교통부”로 한다.

별지 제22호의3서식 뒤쪽의 ⑪발주자 분류의 정부기관란을 다음과 같이 한다.

○기획재정부
○미래창조과학부
○교육부
○국방부
○안전행정부
○문화체육관광부
○농림축산식품부
○산업통상자원부
○보건복지부
○환경부
○고용노동부
○국토교통부
○해양수산부
○그 밖의 공공기관

⑧부터 〈126〉까지 생략

부칙 〈제10호, 2013. 6. 17.〉

이 규칙은 2013년 6월 19일부터 시행한다.

부칙 〈제54호, 2013. 12. 30.〉 (행정규제기본법 개정에 따른 규제 재검토기한 설정을 위한 개발이익환수에 관한 법률 시행규칙 등 일부개정령)

이 규칙은 2014년 1월 1일부터 시행한다.

부칙 〈제66호, 2014. 2. 6.〉

제1조(시행일) 이 규칙은 공포 후 6개월이 경과한 날부터 시행한다. 다만, 별지 제27호서식의 개정규정은 2014년 2월 7일부터 시행한다.

제2조(하도급대금 지급보증서 교부에 관한 경과조치) 이 규칙 시행 전에 하도급계약을 체결한 경우에는 제28조제2항제2호의 개정규정에도 불구하고 종전의 규정에 따른다.

부칙 〈제94호, 2014. 5. 22.〉 (건설기술 진흥법 시행규칙)

제1조(시행일) 이 규칙은 2014년 5월 23일부터 시행한다.

제2조 부터 제6조까지 생략

제7조(다른 법령의 개정) ① 건설산업기본법 시행규칙 일부를 다음과 같이 개정한다.

제25조의3제1호 및 제6호 중 "「건설기술관리법 시행령」"을 각각 "「건설기술 진흥법 시행령」"으로 한다.

제25조의4제1항제7호 중 "「건설기술관리법」에 의한 감리전문회사 등록"을 "「건설기술 진흥법」에 따른 건설기술용역업 등록"으로 한다.

제25조의6제1호가목 중 "「건설기술관리법」 제18조"를 "「건설기술 진흥법」 제14조"로 한다.

별표 1 제1호다목(1)(나) 중 "「건설기술관리법」"을 "「건설기술 진흥법」"으로 하고, 같은 호 라목(1) 전단 중 "「건설기술관리법」 제18조의 규정에 의하여 신기술의 지정을 받은 자, 동법 제36조의 규정에 의한 우수건설업자로 지정된 자"를 "「건설기술 진흥법」 제14조에 따라 신기술의 지정을 받은 자, 같은 법 제51조에 따라 우수건설업자로 지정된 자"로 하며, 같은 목(4) 중 "「건설기술관리법」 제21조의4의 규정에 의한 부실벌점"을 "「건설기술 진흥법」 제53조에 따른 벌점"으로 한다.

별표 2 제1호다목(1)(나) 중 "「건설기술관리법」"을 "「건설기술 진흥법」"으로 하고, 같은 호 라목(1) 전단 중 "「건설기술관리법」 제18조의 규정에 의하여 신기술의 지정을 받은 자, 동법 제36조의 규정에 의한 우수건설업자로 지정된 자"를 "「건설기술 진흥법」 제14조에 따라 신기술의 지정을 받은 자, 같은 법 제51조에 따라 우수건설업자로 지정된 자"로 한다.

②부터 ⑨까지 생략

부칙 〈제120호, 2014. 8. 7.〉 (개인정보 보호를 위한 건설산업기본법 시행규칙 등 일부개정령)

제1조(시행일) 이 규칙은 공포한 날부터 시행한다.
제2조(서식에 관한 경과조치) 이 규칙 시행 당시 종전의 규정에 따라 사용 중인 서식은 계속 사용하되, 이 규칙에 따라 주민등록번호가 삭제되거나 생년월일로 개정된 부분은 삭제하거나 수정하여 사용한다.

부칙 〈제140호, 2014. 11. 14.〉
이 규칙은 2014년 11월 15일부터 시행한다.

부칙 〈제141호, 2014. 11. 19.〉 (정부조직법 개정에 따른 부처명칭 변경 등을 위한 건설산업기본법 시행규칙 등 일부개정령)
이 규칙은 공포한 날부터 시행한다.

부칙 〈제168호, 2014. 12. 31.〉
제1조(시행일) 이 규칙은 2015년 8월 1일부터 시행한다. 다만, 제13조의2 및 제23조제1항 · 제6항 · 제9항의 개정규정은 공포한 날부터 시행하고, 제23조제7항 및 제25조제2항의 개정규정은 2016년 8월 1일부터 시행한다.
제2조(시공능력의 평가에 관한 경과조치) 이 규칙 시행 이후 2016년 7월 31일까지 다음 각 호의 어느 하나에 해당하는 경우에는 제23조제2항, 별표 1 및 별표 2의 개정규정에도 불구하고 2016년 7월 31일까지는 종전의 규정에 따른다.
1. 제23조제3항 본문에 따라 양수인의 시공능력을 새로 평가하는 경우
2. 제23조제4항 단서에 따라 건설업자의 신청이 있거나 시공능력이 현저히 변동되었다고 인정되어 시공능력을 새로 평가하는 경우
3. 제23조제6항에 따라 건설업자의 시공능력을 평가하는 경우

부칙 〈제245호, 2015. 11. 2.〉
제1조(시행일) 이 규칙은 공포한 날부터 시행한다.
제2조(소규모 공사의 범위에 관한 적용례) 제13조의2의 개정규정은 이 규칙 시행 후 최초로 건설공사에 대한 입찰공고를 하는 경우(입찰공고를 하지 아니한 경우에는 최초로 도급계약을 체결하는 경우를

말한다)부터 적용한다.

부칙 〈제289호, 2016. 2. 12.〉
이 규칙은 2016년 2월 12일부터 시행한다.

부칙 〈제317호, 2016. 6. 13.〉
이 규칙은 공포한 날부터 시행한다. 다만, 제23조제7항 및 제9항(제23조제7항의 개정규정과 관련된 부분으로 한정한다)의 개정규정은 2016년 8월 1일부터 시행한다.

부칙 〈제351호, 2016. 8. 4.〉
제1조(시행일) 이 규칙은 공포한 날부터 시행한다. 다만, 제34조의2, 제34조의3의 개정규정, 별지 제17호서식 및 별지 제17호의2서식의 개정서식은 2017년 2월 4일부터 시행하고, 제10조의2의 개정규정, 별지 제2호서식부터 별지 제4호서식까지의 개정서식은 2018년 2월 4일부터 시행한다.
제2조(하도급계획서 제출에 관한 적용례) 별지 제24호서식의 개정서식은 이 규칙 시행 이후 건설공사를 도급받으려는 경우부터 적용한다.

부칙 〈제357호, 2016. 8. 31.〉 (감정평가 및 감정평가사에 관한 법률 시행규칙)
제1소(시행일) 이 규칙은 2016년 9월 1일부터 시행한다.
제2조(다른 법령의 개정) ① 생략
② 건설산업기본법 시행규칙 일부를 다음과 같이 개정한다.
제25조의3제5호 중 "「부동산가격공시 및 감정평가에 관한 법률」"을 "「감정평가 및 감정평가사에 관한 법률」"로 한다.
③부터 ⑪까지 생략
제3조 생략

부칙 〈제443호, 2017. 7. 26.〉 (정부조직법 개정에 따른 부처명칭 변경 등을 위한 건설산업기본법 시행규칙 등 일부개정령)
이 규칙은 공포한 날부터 시행한다.

부칙 〈제447호, 2017. 9. 20.〉

이 규칙은 2017년 9월 22일부터 시행한다. 다만, 제25조, 제32조제1항, 별표 3 및 별표 4의 개정규정, 별지 제17호서식·별지 제17호의2서식 및 별지 제18호서식부터 별지 제20호서식까지의 개정서식은 2018년 1월 1일부터 시행하고, 국토교통부령 제351호 건설산업기본법 시행규칙 일부개정령 별지 제2호서식, 별지 제8호서식의 개정서식은 2018년 2월 4일부터 시행한다.

부칙 〈제596호, 2019. 2. 25.〉 (건설기술 진흥법 시행규칙)

제1조(시행일) 이 규칙은 공포한 날부터 시행한다.

제2조(다른 법령의 개정) ① 건설산업기본법 시행규칙 일부를 다음과 같이 개정한다.

제25조의3제1호 중 "고급기술자 및 특급기술자"를 "고급기술인 및 특급기술인"으로 한다.

②부터 ⑥까지 생략

부칙 〈제614호, 2019. 3. 26.〉

제1조(시행일) 이 규칙은 공포한 날부터 시행한다. 다만, 별표 1 및 별표 2의 개정규정은 2019년 8월 1일부터 시행한다.

제2조(시공능력의 평가에 관한 경과조치) 이 규칙 시행 이후 2020년 7월 31일까지 다음 각 호의 어느 하나에 해당하는 경우에는 별표 1 및 별표 2의 개정규정에도 불구하고 2020년 7월 31일까지는 종전의 규정에 따른다.

1. 제23조제3항 본문에 따라 양수인의 시공능력을 새로 평가하는 경우
2. 제23조제4항 단서에 따라 건설업자의 신청이 있거나 시공능력이 현저히 변동되었다고 인정되어 시공능력을 새로 평가하는 경우
3. 제23조제6항에 따라 건설업자의 시공능력을 평가하는 경우

부칙 〈제627호, 2019. 6. 19.〉

제1조(시행일) 이 규칙은 2019년 6월 19일부터 시행한다. 다만, 제27조의5 및 별지 제22호의6서식의 개정규정은 2019년 7월 1일부터 시행하며, 제32조의2, 별표 1, 별표 2, 별표 6 및 별지 제25호

의2서식의 개정규정은 2019년 12월 19일부터 시행한다.
제2조(건설기계 대여대금 지급보증에 관한 적용례) 제34조의4의 개정규정은 이 규칙 시행 후 최초로 도급계약 또는 하도급계약(하도급 받은 건설공사를 다른 사람에게 다시 하도급하는 계약을 포함한다)을 체결하는 경우부터 적용한다.
제3조(시공능력의 평가에 관한 적용례) 별표 1 및 별표 2의 개정규정은 2020년 8월 1일 이후 건설사업자의 시공능력을 평가하는 경우부터 적용한다.

부칙 〈제704호, 2020. 3. 2.〉
제1조(시행일) 이 규칙은 공포한 날부터 시행한다. 다만, 제23조제10항제8호, 별표 1 및 별표 2의 개정규정은 2020년 8월 1일부터 시행한다.
제2조(시공능력의 평가에 관한 적용례) 제23조제10항제8호, 별표 1 제1호라목(15) 및 별표 2 제1호라목(13)의 개정규정은 2020년 1월 1일부터 도급계약을 체결하는 공사부터 적용한다.
제3조(시공능력의 평가에 관한 경과조치) 부칙 제1조 단서에 따른 시행일부터 2021년 7월 31일까지 다음 각 호의 어느 하나에 해당하는 경우에는 제23조제10항제8호, 별표 1 및 별표 2의 개정규정에도 불구하고 2021년 7월 31일까지는 종전의 규정에 따른다.
1. 제23조제3항 본문에 따라 양수인의 시공능력을 새로 평가하는 경우
2. 제23조제4항 단서에 따라 건설사업자의 신청이 있거나 시공능력이 현저히 변동되었다고 인정되어 시공능력을 새로 평가하는 경우
3. 제23조제6항에 따라 건설사업자의 시공능력을 평가하는 경우
제4조(다른 법령의 개정) ① 개발이익 환수에 관한 법률 시행규칙 일부를 다음과 같이 개정한다.
제6조제2호 전단 중 "건설업자"를 "건설사업자"로 한다.
② 건축물대장의 기재 및 관리 등에 관한 규칙 일부를 다음과 같이 개정한다.
제9조제1항제7호 중 "일반건설업자"를 각각 "일반건설사업자"로 한다.
별지 제10호서식 제1쪽 신청인(건축주)의 구분란 중 "건설업자"를

"건설사업자"로 한다.

③ 건축물의 설비기준 등에 관한 규칙 일부를 다음과 같이 개정한다.

별지 제2호서식의 작성방법 제1호 중 "건설업자"를 "건설사업자"로 한다.

④ 건축법 시행규칙 일부를 다음과 같이 한다.

별지 제17호서식 제1쪽 신청인(건축주)의 구분란 중 "건설업자"를 "건설사업자"로 하고, 별지 제22호의3서식 뒤쪽의 유의사항 제1호 및 제2호 본문·단서 중 "건설업자"를 각각 "건설사업자"로 한다.

⑤ 공공주택 특별법 시행규칙 일부를 다음과 같이 한다.

제4조제1항제2호 중 "건설업자"를 "건설사업자"로 한다.

⑥ 국토교통부와 그 소속기관 직제 시행규칙 일부를 다음과 같이 한다.

제9조제3항제21호 중 "건설업자"를 "건설사업자"로 하고, 같은 조 제9항제4호 중 "우수건설업자"를 "우수건설사업자"로 한다.

⑦ 국토의 계획 및 이용에 관한 법률 시행규칙 일부를 다음과 같이 한다.

별표 1 제2호 중 "건설업자"를 "건설사업자"로 한다.

⑧ 민간임대주택에 관한 특별법 시행규칙 일부를 다음과 같이 한다.

제14조의8제2항 전단 및 후단 중 "건설업자"를 각각 "건설사업자"로 한다.

⑨ 부동산개발업의 관리 및 육성에 관한 법률 시행규칙 일부를 다음과 같이 개정한다.

제11조제2항제4호 중 "건설업자"를 "건설사업자"로 한다.

⑩ 주택공급에 관한 규칙 일부를 다음과 같이 개정한다.

별표 4 제1호마목2) 중 "건설업자"를 "건설사업자"로 한다.

⑪ 주택도시기금법 시행규칙 일부를 다음과 같이 개정한다.

별표 3 제1호라목2) 중 "건설업자"를 "건설사업자"로 한다.

부칙 〈제754호, 2020. 9. 8.〉

제1조(시행일) 이 영은 2020년 11월 27일부터 시행한다. 다만, 제34조의4제4항의 개정규정은 공포한 날부터 시행한다.

제2조(건설기계 대여대금 지급보증에 관한 경과조치) 부칙 제1조 단서에 따른 시행일 전에 도급계약 또는 하도급계약(하도급을 받은 건설공사를 다른 자에게 다시 하도급하는 경우를 포함한다)을 체결한 경우에는 제34조의4제4항의 개정규정에도 불구하고 종전의 규정에 따른다.

부칙 〈제765호, 2020. 10. 7.〉

제1조(시행일) 이 규칙은 2020년 10월 8일부터 시행한다. 다만, 다음 각 호의 개정규정은 각 호의 구분에 따른 날부터 시행한다.

1. 제2조제2항제5호, 제22조제2항제2호, 제24조제1항제5호, 제26조제2항제6호, 별지 제17호서식, 별지 제17호의2서식, 별지 제23호서식 및 별지 제23호의3서식의 개정규정: 공포한 날
2. 제13조의2, 제13조의3, 제13조의4, 제23조제10항, 제25조의7제1호바목, 제29조제2항의 개정규정: 다음 각 목의 구분에 따른 날
   가. 국가, 지방자치단체 또는 대통령령 제30423호 건설산업기본법 시행령 일부개정령 부칙 제2조에 따른 공공기관이 발주하는 공사: 2021년 1월 1일
   나. 가목 외의 자가 발주하는 공사: 2022년 1월 1일
3. 제2호에도 불구하고 제13조의3 및 제13조의4제1항제2호의 개정규정(공사예정금액이 2억원 미만인 전문공사를 원도급 받는 경우에 한정한다)은 2024년 1월 1일부터 시행한다.
4. 제2호에도 불구하고 제13조의4제1항제1호의 개정규정(법 제16조제1항제3호의 경우에 한정한다)은 2024년 1월 1일부터 시행한다.
5. 제28조제6항제1호의 개정규정: 2021년 1월 1일

제2조(건설공사 시공자격에 관한 적용례) 제13조의2, 제13조의3 및 제13조의4의 개정규정은 부칙 제1조제2호부터 제4호까지의 규정에 따른 시행일 이후 건설공사에 대한 입찰공고(입찰공고를 하지 않는 경우에는 도급계약의 체결을 말한다)를 하는 경우부터 적용한다.

제3조(직접시공실적 제출 및 시공능력 공시에 관한 적용례) 제22조제2항제2호 및 제24조제1항제5호의 개정규정은 부칙 제1조제1호에 따른 시행일 이후 제출하는 건설공사실적 및 해당 공사실적에 대한 시공능력 공시부터 적용한다.

제4조(공동도급의 경우 공동수급협정서 통보에 관한 적용례) 제26조제2항제6호, 별지 제17호서식, 별지 제17호의2서식, 별지 제23호서식 및 별지 제23호의3서식의 개정규정은 부칙 제1조제1호에 따른 시행일 이후 건설공사에 대한 입찰공고(입찰공고를 하지 않는 경우에는 도급계약의 체결을 말한다)를 하는 경우부터 적용한다.

제5조(전자조달시스템을 이용하지 않을 수 있는 소규모공사에 관한 적용례) 제28조제6항제1호의 개정규정은 부칙 제1조제5호에 따른 시행일 이후 건설공사에 대한 입찰공고(입찰공고를 하지 않은 경우에는 도급계약의 체결을 말한다)를 하는 경우부터 적용한다.

제6조(건설공사실적 인정에 관한 특례) ① 부칙 제1조제2호부터 제4호까지의 규정에 따른 시행일 전에 제23조 및 제24조에 따라 공시한 건설공사실적에 대해서는 다음 각 호의 구분에 따라 다른 종합공사 또는 전문공사실적으로 인정받을 수 있다.

1. 종합공사를 시공하는 업종을 등록한 건설사업자가 전문공사를 도급받으려는 경우: 종합공사 실적 중 3분의 2를 전문공사 실적으로 인정

2. 전문공사를 시공하는 업종을 등록한 건설사업자가 전문공사로 구성된 종합공사를 도급받으려는 경우: 전문공사 실적 전부를 종합공사 실적으로 인정

② 제1항에 따라 실적 인정을 받기 위한 세부적인 절차, 인정받은 실적의 관리 및 건설공사실적을 업종별로 구분하는 기준에 대해서는 국토교통부장관이 정하여 고시한다.

부칙 〈제882호, 2021. 8. 27.〉 (어려운 법령용어 정비를 위한 80개 국토교통부령 일부개정령)

이 규칙은 공포한 날부터 시행한다. 〈단서 생략〉

부칙 〈제883호, 2021. 8. 31.〉

이 규칙은 2022년 1월 1일부터 시행한다. 다만, 제22조제2항 및 별지 제9호서식의 개정규정은 공포한 날부터 시행한다.

부칙 〈제887호, 2021. 9. 17.〉 (건설기술 진흥법 시행규칙)

제1조(시행일) 이 규칙은 공포한 날부터 시행한다.

제2조(다른 법령의 개정) ① 건설산업기본법 시행규칙 일부를 다음과 같이 개정한다.

제25조의4제1항제7호 중 “건설기술용역업”을 “건설엔지니어링업”으로 한다.

②부터 ④까지 생략

부칙 〈제934호, 2021. 12. 31.〉

제1조(시행일) 이 규칙은 공포한 날부터 시행한다. 다만, 다음 각 호의 개정규정은 각 호의 구분에 따른 날부터 시행한다.

1. 제6조의2 및 별지 제1호의3서식의 개정규정: 2022년 1월 1일
2. 제28조제6항부터 제8항까지의 개정규정: 2022년 1월 28일
3. 별표 1 및 별표 2의 개정규정: 2022년 8월 1일

제2조(시공능력의 평가에 관한 경과조치) 부칙 제1조제3호에 따른 시행일 전에 제22조제1항 및 제2항에 따른 서류를 거짓으로 제출한 경우에는 별표 1 제1호라목(1)부터 (15) 외의 부분 단서 및 같은 목 (9), 별표 2 제1호라목(1)부터 (13) 외의 부분 단서 및 같은 목 (8)의 개정규정에도 불구하고 종전의 규정에 따른다.

부칙 〈제1207호, 2023. 5. 3.〉

이 규칙은 공포한 날부터 시행한다.

별표 / 서식

[별표 1] 종합공사를 시공하는 업종을 등록한 건설사업자의 시공능력의 평가방법(제23조제2항 관련)

[별표 2] 전문공사를 시공하는 업종을 등록한 건설사업자의 시공능력의 평가방법(제23조제2항 관련)

[별표 3] 공사실적의 주요 공사 종류(제25조제2항 관련)

[별표 4] 건설공사의 현황(제32조제1항 관련)

[별표 5] 건설업등록 등의 수수료액(제38조제1항관련)

[별표 6] 건설근로자 고용평가 방법(제32조의2제2항 관련)

[별지 제1호서식] 건설업 등록신청서

[별지 제1호의2서식] 건설업등록신청서 심사결과 통보서

[별지 제1호의3서식] 주력분야 등록말소 신청서

[별지 제2호서식] 건설업등록 등 정보관리대장
[별지 제3호서식] 건설업등록증
[별지 제4호서식] 건설업등록수첩
[별지 제5호서식] 건설업등록증 · 건설업등록수첩의 기재사항변경신청서
[별지 제6호서식] 건설업 등록증(등록수첩) 재발급신청서
[별지 제7호서식] 삭제 〈2007.12.31〉
[별지 제8호서식] 건설업등록대장
[별지 제9호서식] 삭제 〈2021. 8. 31.〉
[별지 제9호의2서식] 건설업 교육기관 지정서
[별지 제9호의3서식] 건설업 교육수료증
[별지 제9호의4서식] 교육 결과 통보
[별지 제10호서식] 삭제 〈1999.9.1〉
[별지 제11호서식] 삭제 〈1999.9.1〉
[별지 제12호서식] 삭제 〈1999.9.1〉
[별지 제13호서식] 삭제 〈1999.9.1〉
[별지 제14호서식] 건설업양도신고서
[별지 제15호서식] 법인합병신고서
[별지 제16호서식] 건설업상속신고서
[별지 제16호의2서식] 건설업폐업신고서
[별지 제16호의3서식] 삭제 〈2007.12.31〉
[별지 제17호서식] 건설공사대장
[별지 제17호의2서식] 하도급 건설공사대장
[별지 제18호서식] 건설공사 기성실적신고서
[별지 제19호서식] 건설공사기성실적증명(신청)서
[별지 제20호서식] 건설공사 기성실적통보서(공공기관용)
[별지 제21호서식] 건설기술인력보유현황표
[별지 제22호서식] 건설공사용시설·장비의보유현황표
[별지 제22호의2서식] 건설사업관리능력평가 · 공시신청서
[별지 제22호의3서식] 건설사업관리실적현황표
[별지 제22호의4서식] 건설사업관리자재무정보현황표
[별지 제22호의5서식] 건설사업관리관련인력보유현황표
[별지 제22호의6서식] 건설공사의 직접시공계획서

[별지 제23호서식] 건설공사의 하도급계약 통보서
[별지 제23호의2서식] 재하도급 승낙통보서
[별지 제23호의3서식] 건설공사의 재하도급 계약통보서
[별지 제24호서식] [별지 제24의4서식]으로 이동 〈2020. 3. 2.〉
[별지 제24호의2서식] 삭제 〈2016. 8. 4.〉
[별지 제24호의3서식] 하도급 참여제한 확인서
[별지 제24호의4서식] 하도급계획서(입찰시)
[별지 제24호의5서식] 하도급대금 직접지급 합의서
[별지 제25호서식] 현장배치확인표
[별지 제25호의2서식] 건설근로자 고용평가 신청서
[별지 제26호서식] 조사·검사공무원증
[별지 제26호의2서식] 삭제 〈2020. 10. 7.〉
[별지 제26호의3서식] 건설기계 대여대금 현장별 지급보증 안내
[별지 제26호의4서식] 타워크레인 대여계약 통보서
[별지 제27호서식] 건설분쟁조정신청서
[별지 제27호의2서식] 삭제 〈2007.12.31〉
[별지 제28호서식] 건설공사 직접시공분 기성실적 전환신청서
[별지 제29호서식] 건설공사 직접시공분 기성실적 증명(신청)서
[별지 제30호서식] 복합공사 기성실적 전환신청시
[별지 제31호서식] 2개 업종 이상의 전문공사로 구성된 종합공사 기성실적 증명(신청)서

대한민국 법령 시리즈 298

건설산업기본법

법령 / 시행령 / 시행규칙

2023년 6월 13일 인쇄 정가 23,000원
2023년 6월 23일 발행

편 저 편집부
디 자 인 송영미
발 행 인 조준형 http://www.hgbookpub.com
발 행 처 해광출판사 E-mail : munbookcokr@naver.com
주 소 부산광역시 중구 해관로 41-1 (중앙동2가)
전화번호 (051) 253-0001 팩스 (051) 245-1187
등 록 제 2012-000005호

해광출판사에서는 여러분의 소중한 원고와 함께 할 기회를 기다리고 있습니다. 책으로 엮을 원고나 아이디어가 있으신 분들은 이메일 munbookcokr@naver.com 로 책에 대한 간단한 개요와 원고 전체 또는 일부를 연락처와 함께 보내주십시오.

ISBN 979-11-6881-470-7

※ 법령 출처 : 법제처 국가법령정보센터
※ 본 도서는 〈공공데이터 제공 및 이용 활성화에 관한 법률〉을 근거로 출판되었습니다.

해광출판사 **법령 시리즈**

001. 선원법
002. 어선법
003. 선박직원법
004. 해사안전법
005. 해양환경관리법
006. 선박의 입항 및 출항등에 관한 법률
007. 학교안전사고예방 및 보상에 관한 법률
008. 종합부동산세법
009. 방위사업법
010. 행정규제기본법
011. 식품산업진흥법
012. 위험물안전관리법
013. 화재의 예방 및 안전관리에 관한 법률
014. 도시가스사업법
015. 실내공기질관리법
016. 지방세법
017. 소득세법
018. 법인세법
019. 도선법
020. 선박안전법
021. 선박법
022. 수산업법
023. 고압가스안전관리법
024. 국민연금법
025. 공동주택관리법
026. 화학물질관리법
027. 어선원 및 어선 재해보상보험법
028. 장기등 이식에 관한 법률
029. 자연재해대책법
030. 공유재산 및 물품 관리법
031. 산업입지 및 개발에 관한 법률
032. 부정경쟁방지 및 영업비밀보호에 관한 법률
033. 금융지주회사법
034. 온실가스 배출권의 할당 및 거래에 관한 법률
035. 건축사법
036. 산림문화휴양에 관한 법률
037. 전기사업법
038. 사립학교법
039. 고등교육법
040. 액화석유가스의 안전관리 및 사업법
041. 선박투자회사법
042. 수산자원관리법
043. 위험물선박운송및저장규칙
044. 선박평형수관리법
045. 주택임대차보호법
046. 상가건물임대차보호법
047. 지방공기업법
048. 승강기안전관리법
049. 수목원·정원의 조성 및 진흥에 관한 법률
050. 민법
051. 치료감호 등에 관한 법률
052. 대부업 등의 등록 및 금융이용자 보호에 관한 법률
053. 사료관리법
054. 무형문화재 보전 및 진흥에 관한 법률
055. 총포·도검·화약류 등의 안전관리에 관한 법률
056. 경찰관직무집행법
057. 시설물의 안전 및 유지관리에 관한 특별법
058. 수산생물질병 관리법
059. 소비자기본법
060. 국제선박등록법
061. 정보통신망 이용촉진 및 정보보호 등에 관한 법률
062. 해운법
063. 농수산물 품질관리법
064. 수산업협동조합법
065. 해외건설촉진법
066. 수상레저안전법
067. 공무원재해보상법
068. 수상에서의 수색·구조 등에 관한 법률
069. 어촌어항법
070. 항만법
071. 항만운송사업법
072. 해양경비법
073. 해양사고의 조사 및 심판에 관한 법률
074. 외국인근로자의 고용 등에 관한 법률
075. 중소기업기본법
076. 자유무역지역의 지정 및 운영에 관한 법률
077. 대기환경보전법
078. 소음진동관리법
079. 폐기물관리법
080. 하수도법
081. 물환경보전법
082. 토양환경보전법
083. 환경정책기본법
084. 산업재해보상보험법
085. 관세법
086. 노동조합 및 노동관계조정법
087. 근로기준법
088. 군인연금법
089. 먹는물관리법
090. 기술보증기금법
091. 관광진흥법
092. 감염병의 예방 및 관리에 관한 법률
093. 사법경찰관리의 직무를 수행할 자와 그 직무범위에 관한 법률
094. 수의사법
095. 가정폭력방지 및 피해자보호 등에 관한 법률
096. 환경영향평가법
097. 체육시설의 설치 · 이용에 관한 법률
098. 장사 등에 관한 법률
099. 상호저축은행법
100. 은행법
101. 보호관찰 등에 관한 법률
102. 형법
103. 자동차관리법
104. 형사소송법
105. 전자금융거래법
106. 마약류 불법거래 방지에 관한 특례법
107. 도로법
108. 주세법
109. 변리사법
110. 하천법
111. 중소기업진흥에 관한 법률
112. 발달장애인 권리보장 및 지원에 관한 법률
113. 주택법
114. 장애인복지법
115. 농어업경영체 육성 및 지원에 관한 법률
116. 공인중개사법
117. 건강기능식품에 관한 법률
118. 예비군법
119. 개발제한구역의 지정 및 관리에 관한 특별조치법
120. 국유재산법
121. 주차장법
122. 환경기술 및 환경산업 지원법
123. 대기관리권역의 대기환경개선에 관한 특별법
124. 악취방지법
125. 미세먼지 저감 및 관리에 관한 특별법
126. 가축분뇨의 관리 및 이용에 관한 법률
127. 물의 재이용 촉진 및 지원에 관한 법률
128. 물관리기본법
129. 물관리기술 발전 및 물산업 진흥에 관한 법률
130. 자원의 절약과 재활용촉진에 관한 법률
131. 전기 · 전자제품 및 자동차의 자원순환에 관한 법률
132. 건설폐기물의 재활용촉진에 관한 법률
133. 수도권매립지관리공사의 설립 및 운영 등에 관한 법률
134. 폐기물의 국가 간 이동 및 그 처리에 관한 법률
135. 폐기물처리시설 설치촉진 및 주변지역지원 등에 관한 법률
136. 자원순환기본법
137. 잔류성오염물질 관리법
138. 환경분쟁 조정법

해광출판사 법령 시리즈

139. 화학물질의 등록 및 평가 등에 관한 법률
140. 환경오염시설의 통합관리에 관한 법률
141. 환경오염피해 배상책임 및 구제에 관한 법률
142. 중소기업제품 구매촉진 및 판로지원에 관한 법률
143. 환경개선비용 부담법
144. 환경분야 시험·검사 등에 관한 법률
145. 환경친화적 산업구조로의 전환촉진에 관한 법률
146. 환경친화적 자동차의 개발 및 보급 촉진에 관한 법률
147. 환경범죄 등의 단속 및 가중처벌에 관한 법률
148. 생명윤리 및 안전에 관한 법률
149. 장애인차별금지 및 권리구제 등에 관한 법률
150. 부동산투자회사법
151. 정치자금법
152. 과학기술기본법
153. 대리점거래의 공정화에 관한 법률
154. 상속세 및 증여세법
155. 학원의 설립 · 운영 및 과외교습에 관한 법률
156. 해양심층수의 개발 및 관리에 관한 법률
157. 전기용품 및 생활용품 안전관리법
158. 사회기반시설에 대한 민간투자법
159. 공직선거법
160. 정당법
161. 유류오염손해배상 보장법
162. 부정청탁 및 금품등 수수의 금지에 관한 법률
163. 항로표지법
164. 어장관리법
165. 민방위기본법
166. 공직자윤리법
167. 선거관리위원회법
168. 유선 및 도선 사업법
169. 전기공사업법
170. 사회복지사업법
171. 택지개발촉진법
172. 국가공무원법
173. 민간임대주택에 관한 특별법
174. 어음법·수표법
175. 민사집행법
176. 상법
177. 문화예술진흥법
178. 중소기업협동조합법
179. 농업협동조합법
180. 도로교통법
181. 의료사고 피해구제 및 의료분쟁 조정 등에 관한 법률
182. 산림보호법
183. 소년법
184. 동물보호법
185. 건축물관리법
186. 도시개발법
187. 화물자동차 운수사업법
188. 도시 및 주거환경정비법
189. 의료법
190. 국회법
191. 응급의료에 관한 법률
192. 출입국관리법
193. 노인복지법
194. 산림자원의 조성 및 관리에 관한 법률
195. 청소년 보호법
196. 초 · 중등교육법
197. 혁신도시 조성 및 발전에 관한 특별법
198. 경제자유구역의 지정 및 운영에 관한 특별법
199. 공공기관의 운영에 관한 법률
200. 대한민국헌법
201. 국민기초생활 보장법
202. 저작권법
203. 가사소송법
204. 국가유공자 등 예우 및 지원에 관한 법률
205. 국민체육진흥법
206. 전통주 등의 산업진흥에 관한 법률
207. 재난 및 안전관리 기본법
208. 정보통신공사업법
209. 주식회사 등의 외부감사에 관한 법률
210. 공익사업을 위한 토지 등의 취득 및 보상에 관한 법률
211. 개인정보 보호법
212. 국세기본법
213. 에너지이용 합리화법
214. 감정평가 및 감정평가사에 관한 법률
215. 국가인권위원회법
216. 가맹사업거래의 공정화에 관한 법률
217. 보건의료기본법
218. 산업안전보건법
219. 법무사법
220. 교육공무원법
221. 특허법
222. 민사소송법
223. 아동복지법
224. 전파법
225. 하도급거래 공정화에 관한 법률
226. 기초연금법
227. 사립학교교직원 연금법
228. 직업안정법
229. 장애아동 복지지원법
230. 부동산등기법
231. 자동차손해배상 보장법
232. 철도안전법
233. 항공안전법
234. 전자상거래 등에서의 소비자보호에 관한 법률
235. 독점규제 및 공정거래에 관한 법률
236. 상표법
237. 채무자 회생 및 파산에 관한 법률
238. 공무원연금법
239. 축산법
240. 근로복지기본법
241. 민원 처리에 관한 법률
242. 약사법
243. 방문판매 등에 관한 법률
244. 건축기본법
245. 지방세기본법
246. 지방세징수법
247. 지방자치법
248. 도시교통정비 촉진법
249. 공공주택 특별법
250. 국세징수법
251. 공인노무사법
252. 중대재해 처벌 등에 관한 법률
253. 외무공무원법
254. 소방시설공사업법
255. 검역법
256. 공중위생관리법
257. 할부거래에 관한 법률
258. 인터넷 멀티미디어 방송사업법
259. 전기통신사업법
260. 제품안전기본법
261. 철도사업법
262. 어린이제품 안전 특별법
263. 영유아보육법
264. 원자력안전법
265. 보험업법
266. 경비업법
267. 교통안전법
268. 세무사법
269. 관세사법
270. 공인회계사법
271. 지방공무원법
272. 고용정책 기본법
273. 국가경찰과 자치경찰의 조직 및 운영에 관한 법률
274. 협동조합 기본법
275. 재해구호법
276. 환경보건법

해광출판사 법령 시리즈

277. 자살예방 및 생명존중문화 조성을 위한 법률
278. 소방산업의 진흥에 관한 법률
279. 소방기본법
280. 비송사건절차법
281. 자연환경보전법
282. 변호사법
283. 기업구조조정투자회사법
284. 전기통신기본법
285. 에너지법
286. 해양생태계의 보전 및 관리에 관한 법률
287. 사회보장기본법
288. 통신비밀보호법
289. 공증인법
290. 물류시설의 개발 및 운영에 관한 법률
291. 청소년활동 진흥법
292. 형의 집행 및 수용자의 처우에 관한 법률
293. 도시공원 및 녹지 등에 관한 법률
294. 태권도 진흥 및 태권도공원 조성 등에 관한 법률
295. 녹색건축물 조성 지원법
296. 우편법
297. 예금자보호법
298. 건설산업기본법
299. 금융회사의 지배구조에 관한 법률
300. 장애인활동 지원에 관한 법률
301. 언론중재 및 피해구제 등에 관한 법률
302. 국가재정법
303. 농지법
304. 게임산업진흥에 관한 법률
305. 정신건강증진 및 정신질환자 복지서비스 지원에 관한 법률
306. 디자인보호법
307. 의료기사 등에 관한 법률
308. 스마트도시 조성 및 산업진흥 등에 관한 법률
309. 내수면어업법
310. 한국주택금융공사법
311. 의료기기법
312. 유통산업발전법
313. 전통시장 및 상점가 육성을 위한 특별법
314. 여신전문금융업법
315. 해외자원개발 사업법
316. 산업교육진흥 및 산학연협력촉진에 관한 법률
317. 빈집 및 소규모주택 정비에 관한 특례법
318. 기업도시개발 특별법
319. 전력기술관리법
320. 국토기본법
321. 지하수법
322. 식품위생법
323. 광업법
324. 호스피스·완화의료 및 임종과정에 있는 환자의 연명의료결정에 관한 법률
325. 주식·사채 등의 전자등록에 관한 법률
326. 표시·광고의 공정화에 관한 법률
327. 골재채취법
328. 국민건강증진법
329. 새마을금고법
330. 여객자동차 운수사업법
331. 마리나항만의 조성 및 관리 등에 관한 법률
332. 한부모가족지원법
333. 국가를 당사자로 하는 계약에 관한 법률
334. 지방자치단체를 당사자로 하는 계약에 관한 법률
335. 축산물 위생관리법
336. 병역법
337. 음악산업진흥에 관한 법률
338. 국가균형발전 특별법
339. 첨단재생의료 및 첨단바이오의약품 안전 및 지원에 관한 법률
340. 공간정보의 구축 및 관리 등에 관한 법률
341. 공유수면 관리 및 매립에 관한 법률
342. 농수산물 유통 및 가격안정에 관한 법률
343. 아시아문화중심도시 조성에 관한 특별법
344. 신탁법
345. 자연공원법
346. 생활화학제품 및 살생물제의 안전관리에 관한 법률
347. 군인사법
348. 국제조세조정에 관한 법률
349. 낙동강수계 물관리 및 주민지원 등에 관한 법률
350. 주민등록법
351. 집합건물의 소유 및 관리에 관한 법률
352. 집단에너지사업법
353. 산림조합법
354. 반도체집적회로의 배치설계에 관한 법률
355. 자본시장과 금융투자업에 관한 법률
356. 담보부사채신탁법
357. 근로자퇴직급여 보장법
358. 국제과학비즈니스벨트 조성 및 지원에 관한 특별법
359. 수도법
360. 식품 등의 표시 · 광고에 관한 법률
361. 약관의 규제에 관한 법률
362. 인삼산업법
363. 종자산업법
364. 항공사업법
365. 건설기계관리법
366. 군형법
367. 궤도운송법
368. 기술의 이전 및 사업화 촉진에 관한 법률
369. 농수산물의 원산지 표시 등에 관한 법률
370. 담배사업법
371. 석유 및 석유대체연료 사업법
372. 가축전염병 예방법
373. 농어촌정비법
374. 식물신품종 보호법
375. 항공보안법
376. 중소기업창업 지원법
377. 군사법원법
378. 우주개발 진흥법
379. 해저광물자원 개발법
380. 산림복지 진흥에 관한 법률
381. 지능형 로봇 개발 및 보급 촉진법
382. 헌법재판소법
383. 옥외광고물 등의 관리와 옥외광고산업 진흥에 관한 법률
384. 혈액관리법
385. 국제항해선박 등에 대한 해적행위 피해예방에 관한 법률
386. 유료도로법
387. 독립유공자예우에 관한 법률
388. 신에너지 및 재생에너지 개발 · 이용 · 보급 촉진법
389. 신용정보의 이용 및 보호에 관한 법률
390. 출판문화산업 진흥법
391. 공항시설법
392. 국민 평생 직업능력 개발법
393. 아동 · 청소년의 성보호에 관한 법률
394. 방송법쉬
395. 신용보증기금법
396. 화장품법
397. 청소년 기본법
398. 인터넷주소자원에 관한 법률
399. 양곡관리법
400. 도로명주소법
401. 전자문서 및 전자거래 기본법
402. 산업기술의 유출방지 및 보호에 관한 법률
403. 국가기술자격법
404. 양식산업발전법
405. 산업기술혁신 촉진법
406. 새만금사업 추진 및 지원에 관한 특별법
407. 전자정부법
408. 지역 개발 및 지원에 관한 법률
409. 한국농어촌공사 및 농지관리기금법
410. 계량에 관한 법률
411. 기업활동 규제완화에 관한 특별조치법
412. 군에서의 형의 집행 및 군수용자의 처우에 관한 법률
413. 규제자유특구 및 지역특화발전특구에 관한 규제특례법

해광출판사 **법령 시리즈**

414. 금융위원회의 설치 등에 관한 법률
415. 남녀고용평등과 일·가정 양립 지원에 관한 법률
416. 농어업인 삶의 질 향상 및 농어촌지역 개발촉진에 관한 특별법
417. 댐건설·관리 및 주변지역지원 등에 관한 법률
418. 문화재수리 등에 관한 법률
419. 법원조직법
420. 보훈보상대상자 지원에 관한 법률
421. 부패방지 및 국민권익위원회의 설치와 운영에 관한 법률
422. 과학기술분야 정부출연연구기관 등의 설립·운영 및 육성에 관한 법률
423. 연구개발특구의 육성에 관한 특별법
424. 친환경농어업 육성 및 유기식품 등의 관리·지원에 관한 법률
425. 연안관리법
426. 영화 및 비디오물의 진흥에 관한 법률
427. 신용협동조합법
428. 방송통신발전 기본법
429. 범죄피해자 보호법
430. 가축 및 축산물 이력관리에 관한 법률
431. 국가표준기본법
432. 국가통합교통체계효율화법
433. 범죄인 인도법
434. 국가과학기술 경쟁력 강화를 위한 이공계지원 특별법
435. 국제경기대회 지원법
436. 금융혁신지원 특별법
437. 수자원의 조사·계획 및 관리에 관한 법률
438. 축산자조금의 조성 및 운용에 관한 법률
439. 소방시설 설치 및 관리에 관한 법률
440. 양성평등기본법
441. 축산계열화사업에 관한 법률
442. 수입식품안전관리 특별법
443. 대외무역법
444. 국가연구개발사업 등의 성과평가 및 성과관리에 관한 법률
445. 대외무역법
446. 기술사법
447. 광산안전법
448. 농약관리법
449. 농업·농촌 및 식품산업 기본법
450. 문화산업진흥 기본법
451. 부담금관리 기본법
452. 야생생물 보호 및 관리에 관한 법률
453. 한국은행법
454. 별정우체국법
455. 원양산업발전법
456. 콘텐츠산업 진흥법
457. 한국수출입은행법
458. 외국인투자 촉진법
459. 물류정책기본법
460. 전자서명법
461. 산업발전법
462. 산업표준화법
463. 소프트웨어 진흥법
464. 토지이용규제 기본법
465. 해수욕장의 이용 및 관리에 관한 법률
466. 정보통신 진흥 및 융합 활성화 등에 관한 특별법
467. 정보통신산업 진흥법
468. 지진·화산재해대책법
469. 소금산업 진흥법
470. 위치정보의 보호 및 이용 등에 관한 법률
471. 외국법자문사법
472. 이러닝(전자학습)산업 발전 및 이러닝 활용 촉진에 관한 법률
473. 암관리법
474. 실용신안법
475. 가족관계의 등록 등에 관한 법률
476. 무인도서의 보전 및 관리에 관한 법률
477. 감사원법
478. 정보보호산업의 진흥에 관한 법률
479. 결혼중개업의 관리에 관한 법률
480. 공익신고자 보호법
481. 박물관 및 미술관 진흥법
482. 낚시 관리 및 육성법
483. 동산·채권 등의 담보에 관한 법률
484. 임금채권보장법
485. 국민투표법
486. 농림수산업자 신용보증법
487. 국가채권 관리법
488. 중소기업은행법
489. 식품안전기본법
490. 외국환거래법
491. 발명진흥법
492. 건설기술 진흥법
493. 기후위기 대응을 위한 탄소중립·녹색성장 기본법
494. 인체조직안전 및 관리 등에 관한 법률
495. 엔지니어링산업 진흥법
496. 신문 등의 진흥에 관한 법률
497. 식물방역법
498. 석탄산업법
499. 산업융합 촉진법
500. 비료관리법
501. 임업 및 산촌 진흥촉진에 관한 법률
502. 복권법
503. 대규모유통업에서의 거래 공정화에 관한 법률
504. 뉴스통신 진흥에 관한 법률
505. 지능정보화 기본법
506. 자격기본법
507. 중소기업 기술혁신 촉진법
508. 국가공간정보 기본법
509. 농어업재해보험법
510. 방송광고판매대행 등에 관한 법률
511. 지식재산 기본법
512. 초고층 및 지하연계 복합건축물 재난관리에 관한 특별법
513. 해양조사와 해양정보 활용에 관한 법률
514. 공간정보산업 진흥법

*** 해광출판사의 법령 시리즈는 계속 발행 됩니다.**
****각 도서의 개정판은 발행일을 기준으로 제작되었습니다.**